Udo Zölzer

Digitale Audiosignalverarbeitung

Informationstechnik

Herausgegeben von Prof. Dr.-Ing. E.h. Norbert Fliege
und Prof. Dr.-Ing. Martin Bossert

www.viewegteubner.de

Udo Zölzer

Digitale Audio-signalverarbeitung

3., überarbeitete und erweiterte Auflage

Mit 322 Abbildungen und 31 Tabellen

STUDIUM

**VIEWEG+
TEUBNER**

Bibliografische Information der Deutschen Nationalbibliothek
Die Deutsche Nationalbibliothek verzeichnet diese Publikation in der
Deutschen Nationalbibliografie; detaillierte bibliografische Daten sind im Internet über
<http://dnb.d-nb.de> abrufbar.

Höchste inhaltliche und technische Qualität unserer Produkte ist unser Ziel. Bei der Produktion und
Auslieferung unserer Bücher wollen wir die Umwelt schonen: Dieses Buch ist auf säurefreiem und
chlorfrei gebleichtem Papier gedruckt. Die Einschweißfolie besteht aus Polyäthylen und damit aus
organischen Grundstoffen, die weder bei der Herstellung noch bei der Verbrennung Schadstoffe frei-
setzen.

1. Auflage 1995
2., durchgesehene Auflage 1997
3., überarbeitete und erweiterte Auflage 2005

Alle Rechte vorbehalten
© Springer Fachmedien Wiesbaden 2005
Ursprünglich erschienen bei Vieweg+Teubner | GWV Fachverlage GmbH, Wiesbaden 2005
Lektorat: Reinhard Dapper | Andrea Broßler

www.viewegteubner.de

Umschlaggestaltung: KünkelLopka Medienentwicklung, Heidelberg
Gedruckt auf säurefreiem und chlorfrei gebleichtem Papier.

ISBN 978-3-519-26180-3   ISBN 978-3-663-01604-5 (eBook)
DOI 10.1007/978-3-663-01604-5

Vorwort

Die digitale Audiosignalverarbeitung wird zur Aufnahme und Speicherung von Musik-
und Sprachsignalen, zur Tonmischung und Produktion digitaler Tonträger, zur digitalen Übertragung zum Rundfunkempfänger und in Consumergeräten wie CD, DAT
und PC eingesetzt. Hierbei befindet sich das Audiosignal direkt nach dem Mikrofon
bis hin zur Lautsprecherbox in digitaler Form, so dass eine Echtzeit-Verarbeitung mit
schnellen digitalen Signalprozessoren durchgeführt werden kann.

Das vorliegende Buch ist Grundlage einer Vorlesung *Digitale Audiosignalverarbeitung*, die ich seit 1992 an der Technischen Universität Hamburg-Harburg für höhere Se-
mester halte. Es wendet sich an Studenten der Ingenieurwissenschaften, Informatik und
Physik, aber auch an den Praktiker in der Industrie, der sich mit Aufgaben der Audiosignalverarbeitung in den Bereichen Studiotechnik, Consumer-Elektronik und Multimedia beschäftigt. Es werden die mathematischen und systemtheoretischen Grundlagen
der digitalen Audiosignalverarbeitung behandelt und die typischen Anwendungen im
Hinblick auf Realisierungsaspekte diskutiert. Vorausgesetzt werden Kenntnisse in der
Systemtheorie, der digitalen Signalverarbeitung und der Multiraten-Signalverarbeitung.

Das Buch gliedert sich in einen ersten Teil (Kapitel 1 bis 4), in dem die Grundlagen für Hardware-Systeme zur digitalen Audiosignalverarbeitung dargestellt werden,
und in einen zweiten Teil (Kapitel 5 bis 9), in dem Signalverarbeitungsalgorithmen
für digitale Audiosignale diskutiert werden. In Kapitel 1 wird der Weg eines Audiosignals von der Aufnahme im Tonstudio bis hin zur Wiedergabe im Heimbereich beschrieben. Das Kapitel 2 beinhaltet eine Darstellung der Signalquantisierung, Dither-
Techniken und Spektralformung von Quantisierungsfehlern zur Reduktion der nichtlinearen Effekte der Signalquantisierung. Abschließend wird eine Gegenüberstellung
von Festkomma- und Gleitkomma-Zahlendarstellung und deren Auswirkung auf Formatkonversionen und Algorithmen vorgenommen. Kapitel 3 beschreibt die Verfahren
zur AD/DA-Umsetzung von Signalen. Ausgehend von der Nyquist-Abtastung werden
überabtastende und Delta-Sigma Verfahren vorgestellt. Die schaltungstechnische Realisierung von AD/DA-Umsetzern schließt dieses Kapitel ab. In Kapitel 4 werden nach
einer Einführung in digitale Signalprozessoren und digitale Audio-Schnittstellen einfache Hardware-Systeme, basierend auf Einprozessor- und Mehrprozessor-Systemen,
beschrieben. Die in den folgenden Kapiteln 5 bis 9 vorgestellten Algorithmen sind
auf den im Kapitel 4 dargestellten Audio-Verarbeitungssystemen zum großen Teil in
Echtzeit implementiert worden. In Kapitel 5 werden spezielle Audio-Filter beschrieben.
Neben der Realisierung von rekursiven Audio-Filtern werden linearphasige nichtrekursive Filter auf der Grundlage der schnellen Faltung und von Filterbänken vorgestellt.
Im Bereich der rekursiven Filter werden Filterentwürfe, parametrische Filterstrukturen und Maßnahmen zur Reduktion von Quantisierungseffekten ausführlich dargestellt.
Kapitel 6 beschäftigt sich mit der Raumsimulation. Es werden Verfahren zur Simulation von künstlichen Raumimpulsantworten und die Approximation von gemessenen
Raumimpulsantworten erläutert. In Kapitel 7 wird die Dynamikbeeinflussung von Audiosignalen beschrieben. Diese Verfahren werden in allen Bereichen der Audiokette
vom Mikrofon bis zum Lautsprecher zur Anpassung an die Systemdynamik eingesetzt.

Kapitel 8 beinhaltet eine Darstellung von Verfahren zur synchronen und asynchronen Abtastratenumsetzung. Hierzu werden recheneffiziente Algorithmen beschrieben, die sowohl zur Echtzeit-Verarbeitung als auch zur Offline-Verarbeitung geeignet sind. Die verlustlose und verlustbehaftete Audio-Codierung von digitalen Audiosignalen wird in Kapitel 9 erläutert. Während die verlustlose Audio-Codierung in den Bereichen der Archivierung und der Speicherung höherer Wortbreiten Anwendung findet, ist die verlustbehaftete Audio-Codierung in den Bereichen der Übertragungstechnik von großer Bedeutung.

An dieser Stelle möchte ich mich bei den Herren Prof. Fliege und Prof. Kammeyer für die Unterstützung und Förderung meiner Aktivitäten bedanken. Desweiteren danke ich den Mitarbeitern des Arbeitsbereiches Nachrichtentechnik der Technischen Universität Hamburg-Harburg und insbesondere den Herren Dr.-Ing. habil. A. Mertins, Dr.-Ing. T. Boltze, Dr.-Ing. M. Schönle, Dr.-Ing. M. Schusdziarra, Dipl.-Ing. W. Eckel, Dipl.-Ing. G. Dickmann, Frau Dipl.-Ing. T. Karp, Dipl.-Ing. B. Redmer, Dipl.-Ing. T. Scholz, Dipl.-Ing. R. Wolf, Dipl.-Ing. J. Wohlers, Dipl.-Inf. H. Zölzer, Frau B. Erdmann, Frau U. Seifert und Herrn D. Gödecke für ihre freundliche Unterstützung. Darüberhinaus gilt mein Dank allen Studenten, die im Verlauf der letzten Jahre an Teilaspekten erfolgreich mitgearbeitet haben. Herrn Dr. J. Schlembach vom Teubner-Verlag danke ich für die kooperative Zusammenarbeit.

Mein besonderer Dank gilt meiner Frau Elke und meiner Tochter Franziska.

Hamburg, im Dezember 1995   Udo Zölzer

Vorwort zur zweiten Auflage

Die positive Resonanz auf das Buch *Digitale Audiosignalverarbeitung* und die interessanten Hinweise aus dem Kreis der Leserschaft zeigen eine erfreuliche Aufnahme des dargestellten Forschungs- und Entwicklungsgebietes. Die hier vorgelegte zweite Auflage beinhaltet die Beseitigung einiger Schreibfehler und didaktischer Unzulänglichkeiten. Desweiteren wurde eine Ergänzung des Literaturverzeichnisses vorgenommen. Mein Dank für konstruktive Kritik und Diskussionen gilt den Professoren K.D. Kammeyer, U. Heute und N. Fliege. Herrn Dr. J. Schlembach vom Teubner-Verlag danke ich für die gute Zusammenarbeit.

Hamburg, im April 1997   Udo Zölzer

Vorwort zur dritten Auflage

Die hier vorgelegte dritte Auflage stellt eine vollständige Überarbeitung und Erweiterung der einzelnen Kapitel der zweiten Auflage dar. Neben der verbesserten Darstellung sind neue Teilaspekte in die einzelnen Kapitel eingeflossen und mit erweiterten

Literaturhinweisen vervollständigt. Die Inhalte dieses Buches sind immer noch Gegenstand einer englischsprachigen Vorlesung *Digital Audio Signal Processing* an der TU Hamburg-Harburg und einer Vorlesung *Multimedia-Signalverarbeitung* an der Helmut-Schmidt-Universität – Universität der Bundeswehr Hamburg. Zur Vertiefung des Stoffes sind interaktive Audio-Demonstrationen, Übungsaufgaben und Matlab-Beispiele auf der Web-Seite

`http://ant.hsu-hh.de/dasp/`

zu finden. Neben den Grundlagen zur Audiosignalverarbeitung, die in dieser dritten Auflage des Buches eingeführt werden, sind spezielle Verfahren zur Erzeugung von digitalen Audio-Effekten in dem englischsprachigen Buch *DAFX – Digital Audio Effects* (Ed. U. Zölzer) mit der korrespondierenden Web-Seite

`http://www.dafx.de`

dargestellt.

Mein Dank für konstruktive Kritik, Diskussionen und die Durchsicht von Teilen des Buches gilt den Herren Prof. Dr.-Ing. D. Leckschat, Dr.-Ing. G. Schuller, Dipl.-Ing. U. Ahlvers, Dipl.-Ing. F. Keiler, Dipl.-Ing. F.X. Nsabimana, Dipl.-Ing. C. Ruwwe, Dipl.-Ing. H. Schorr und Dipl.-Ing. O. Weikert. Bei der Vorbereitung der Übungsaufgaben und der Matlab-Programme waren die Herren Keiler, Nsabimana und Ruwwe von großer Hilfe. Mein besonderer Dank gilt Frau C. Wilkens für die Unterstützung bei der Text- und Bilderstellung und beim Korrekturlesen.

Hamburg, im November 2004 Udo Zölzer

Inhaltsverzeichnis

Kapitel 1

Einführung

Ein Start in das Gebiet der *Digitalen Audiosignalverarbeitung* ist natürlich ohne einen Einblick in die vielfältigen technischen Geräte und Systeme der Audiotechnik nur schwerlich denkbar. Aus diesem Grund sollen in diesem einführenden Kapitel die Einsatzgebiete der digitalen Audiosignalverarbeitung von der Aufnahme im Tonstudio oder im Konzertsaal bis hin zur Wiedergabe im Heimbereich oder im Automobil aufgezeigt und dargestellt werden (s. Bild 1.1). Die Einsatzgebiete werden in die Bereiche

- Studiotechnik

- Übertragungsverfahren

- Speichermedien für Audiosignale

- Audio-Systeme im Heimbereich

unterteilt.

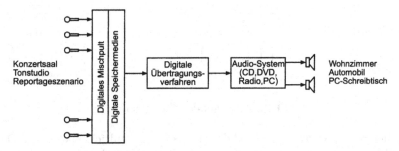

Bild 1.1 Signalverarbeitungskette für Aufnahme, Speicherung, Übertragung und Wiedergabe beim Hörer

Zu den genannten Bereichen werden die grundsätzlichen Prinzipien im Überblick dargestellt, um die vielfältigen Anwendungen digitaler Signalverarbeitung aufzuzeigen. Die

speziellen technischen Realisierungen stehen hierbei nicht im Vordergrund. Sie werden
entscheidend durch die Entwicklungen im Bereich der Rechnertechnologie vorangetrieben, die sich im Jahreszyklus verändern und neue Geräte mit neuen Technologien
hervorbringen. Ziel dieser Einführung ist daher eher die möglichst trendunabhängige
Darstellung der Übertragungskette vom Quellensignal bis hin zum Hörer oder Konsu-
menten mit den zur Zeit gängigen technischen Verfahren und Systemen. Die genaue
Darstellung der Signalverarbeitungsverfahren und deren Algorithmen werden dann in
den folgenden Kapiteln behandelt.

1.1   Studiotechnik

Bei der Aufnahme von Sprache und Musik im Tonstudio oder im Konzertsaal wird
das analoge Mikrofonsignal nach entsprechender Verstärkungsanpassung abgetastet
und digitalisiert und daran anschließend über ein digitales Mischpult auf ein digitales Speichermedium aufgezeichnet. Das Szenario eines digitalen Tonstudios ist in
Bild 1.2 dargestellt. Neben den analogen Signalquellen (Mikrofone) werden digitale

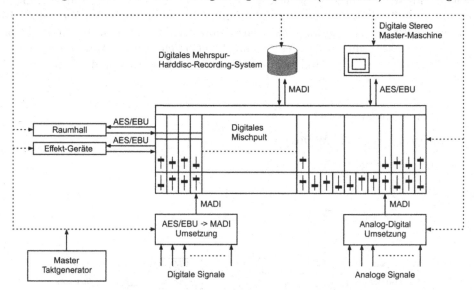

Bild 1.2 Digitales Tonstudio

Signalquellen über mehrkanalige MADI-Schnittstellen (Multichannel Audio Digital Interface [AES91]) dem digitalen Mischpult zugeführt. Digitale Speichermedien wie die
mehrkanaligen Harddisc-Recording-Systeme sind ebenfalls über MADI-Schnittstellen
mit dem Mischpult verbunden. Aktuelle Harddisc-Recoding-Systeme speichern bis zu
24 Audiokanäle mit Wortbreiten bis zu 24 Bit. Durch Kaskadierung dieser Systeme
kann die benötigte Kanalanzahl beliebig erhöht werden. Die Speicherung einer Stereo-
Abmischung erfolgt über die zweikanalige AES/EBU-Schnittstelle (Audio Engineering

Society/European Broadcast Union [AES92]) auf einer zweikanaligen MASTER-Ma-
schine. Externe Effektgeräte oder Raumhall-Simulatoren sind ebenfalls über diese zweikanalige AES/EBU-Schnittstelle angeschlossen. Alle Systeme werden von einem Taktgenerator (MASTER-Takt) synchronisiert. Im Bereich der digitalen Audiotechnik haben sich die drei Abtastfrequenzen[1] f_A = 48 kHz für die professionelle Studiotechnik,
f_A = 44,1 kHz bei der Compact-Disc im Consumer-Bereich und f_A = 32 kHz im
Rundfunkbereich etabliert. Darüber hinaus werden gerade ganzzahlige Vielfache dieser
Abtastfrequenzen wie 88,2, 96, 176,4 und 192 kHz eingesetzt. Die digitalen Audiosignale im zweikanaligen AES/EBU-Format und mehrkanaligen MADI-Format werden
über symmetrische Koaxialkabel oder optische Kabel bitseriell übertragen. Eine Kon-
sumervariante des zweikanaligen Formates mit der Bezeichnung SPDIF (Sony/Philips
Digital Interface Format) benutzt einfachere Steckverbinder und einfache asymmetri-
sche Kabel. Beide zweikanaligen Formate haben eine Datenrate von ca. 3 MBit/s und
sind aufgrund der Signalcodierung selbstsynchronisierend. Neben den zweikanaligen
Formaten existieren mehrere Mehrkanalformate. Die MADI-Schnittstelle erlaubt die
unidirektionale Übertragung von bis zu 56 Signalen über ein symmetrisches Koaxialkabel oder eine optische Kabelverbindung. Daneben existieren zwei 8-kanalige serielle
Formate in Form von ADAT (Alesis) und TDIF (Tascam).

Neben den speziell für den Audiobereich entwickelten digitalen Aufzeichnungssystemen
ermöglichen die Harddisc-Speichermedien der Computerindustrie neue Aufzeichnungs-
konzepte. Aufzeichnungssysteme auf magnetischer und magneto-optischer Basis sind
Ausgangspunkt vollkommen neuartiger Bedienungsphilosophien mit einer anderen Vorgehensweise bei der Aufnahme, da die Umspulzeiten der Bandmaschinen entfallen und
ein sehr schneller direkter Zugriff auf die Audiosignale möglich ist. Darüber hinaus
sind die Editiermöglichkeiten in der digitalen Ebene wesentlich komfortabler, sodass
neben der akustischen Kontrolle die visuelle Darstellung von Audiosignalen auf dem
Bildschirm die Bearbeitung vereinfacht und verbessert. PC-basierte Recording- und
Mischpultsysteme haben mittlerweile die Studiowelt revolutioniert. Mit Hilfe von speziellen AD/DA-Umsetzersystemen ist der Personal Computer ein zentrales Speicher-
und Verarbeitungsmedium bis hin zum Mastering des Stereo-Signals geworden. Neben
der Aufnahme natürlicher Instrumente und dem Mixing-Prozess können mittlerweile Software-Synthesizer und Sound-Sampler komplett auf einem PC realisiert werden.
Der PC-Notebook ist zum leistungsfähigen, volldigitalen Audiostudio geworden und
eröffnet ungeahnte Verarbeitungs- und Produktionsmöglichkeiten.

Zentrale Funktionen innerhalb eines digitalen Tonstudios übernimmt das Tonmischpult
mit seinen funktionellen Einheiten, die in Bild 1.3 aufgezeigt sind. Die N Eingangssignale werden nach einer individuellen Signalverarbeitung (SV) über eine Pegelgewich-
tung und mit Panorama-Stellern zu einem Stereo-Klangbild aufsummiert. Diese Sum-
menbildung ist mehrfach vorhanden, um mehrere Stereo- und/oder Mono-Hilfssummen
für unterschiedliche Zwecke bereitzustellen. Innerhalb eines Tonkanals (s. Bild 1.4) befinden sich ein Filtersystem (FIL) zur Klangbeeinflussung, eine Dynamiksystem (DYN)

---

[1] Datenrate: 16 Bit x 48 kHz = 768 kBit/sec
Datenrate (AES/EBU Signal): 2x(24+8) Bit x 48 kHz = 3,072 MBit/sec
Datenrate (MADI Signal): 56x(24+8) Bit x 48 kHz = 86,016 MBit/sec

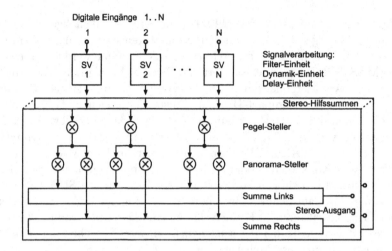

Bild 1.3 N-Kanal Tonmischpult

zur Steuerung der Lautheit und Dynamik des Signals, ein Verzögerungssystem (Delay DEL), ein Pegelsteller zur Verstärkung und Abschwächung des Signals (GAIN) und ein Panoramasteller (PAN), der die Gewichtung des Signals auf den linken und rechten Kanal eines Stereo-Signals durchführt. Zusätzlich zum Eingang und den Ausgängen hinter dem Panoramasteller werden Einschleifpunkte (Inserts) und Hilfsausgänge (Auxiliaries, Direct Outputs) benötigt. Eine vertiefende Darstellung der Tonstudiotechnik findet man in [Dic97, Skr88, Web03].

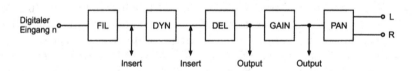

Bild 1.4 Tonkanal

1.2   Übertragungsverfahren

Im folgenden Abschnitt sollen sowohl die drahtlosen als auch die drahtgebundenen digitalen Übertragungsverfahren kurz beschrieben werden. Zur drahtlosen Übertragung von Hörrundfunk sind neben den analogen Verfahren (Amplitudenmodulation im Langwellen, Mittelwellen- und Kurzwellenbereich und Frequenzmodulation im UKW-Bereich) flächendeckend noch keine digitalen Übertragungsverfahren im Einsatz. Demgegenüber hat sich aber aufgrund der Entwicklung des Internet die kabelgebundene

Übertragung rasant entwickelt und ist in jedem Haushalt als Bezugsquelle für digitale Audio- und Videosignale etabliert. Eine langfristige Ablösung des UKW-Hörrundfunks basierend auf einer analogen FM-Übertragung im Frequenzbereich 88–108 MHz (VHF) mit seinem stationären und mobilen Empfang ist durch ein digitales Verfahren mit der Bezeichnung DAB[2] (Digital Audio Broadcasting) in der Einführung. Die Übertragung erfolgt im Frequenzband bei 174–240 MHz oder bei 1452–1492 MHz [Hoe01].

Terrestrischer digitaler Hörrundfunk (DAB)

Mit der Einführung des terrestrischen digitalen Hörrundfunks DAB sollen die Qualitätsstandards der Compact-Disc für den mobilen und den stationären Rundfunkempfang erreicht werden [Ple91]. Das zweikanalige AES/EBU-Signal aus dem Sendestudio wird hierzu in seiner Datenrate mit Hilfe eines Quellencoders [Bra94] reduziert (s. Bild 1.5). Anschließend werden Zusatzinformationen (ZI) wie Programmart (Musik/Sprache) und Verkehrsinformationen hinzugefügt. Zur digitalen Übertragung zu den stationären und mobilen Empfängern wird ein Multiträgerverfahren eingesetzt. Am Senderstandort wird in einem Multiplexer (MUX) eine Kombination mehrerer Rundfunkprogramme zu einem Multiplexsignal vorgenommen. Die Kanalcodierung und Modulation wird mit einem Multiträger-Übertragungsverfahren (OFDM, Orthogonal Frequency Division Multiplex) durchgeführt [Ala87, Kam92, Kam93, Tui93, Kam96].

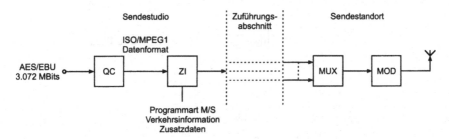

Bild 1.5 DAB-Sender

Der DAB-Empfänger (Bild 1.6) besteht aus dem Demodulator (DMOD), dem Demultiplexer (DMUX) und dem Quellendecoder (QD), der ein linear quantisiertes PCM-Signal (Pulse Code Modulation [Kam96]) liefert. Das PCM-Signal wird über einen Digital-Analog-Umsetzer (DAC) einem Verstärker (AMP) zugeführt.

Zur näheren Beschreibung des Übertragungsverfahrens bei DAB wird zunächst eine Beschreibung basierend auf Filterbänken vorgenommen (s. Bild 1.7). Mit Hilfe einer Analyse-Filterbank (AFB) wird das Audiosignal mit der Datenrate von 768 kBit/sec pro Monokanal in Teilbänder zerlegt. Basierend auf psychoakustischen Modellen wird die Quantisierung und Codierung innerhalb der Teilbänder vorgenommen. Die Datenreduktion erfolgt auf 96..196 kBit/sec. Die quantisierten Teilbandsignale werden

---

[2]http://www.worlddab.org/

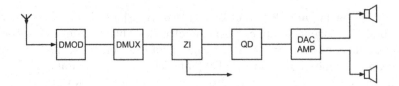

Bild 1.6 DAB-Empfänger

mit einer Zusatzinformation (Header) versehen und zu einem Rahmen (Frame) zusammengefügt. Dieser sogenannte ISO-MPEG1-Rahmen [ISO92] wird zunächst einer Kanalcodierung (KC) unterworfen. Danach erfolgt ein Zeit-Interleaving (Z-IL), welches später noch erläutert wird. Die einzelnen Sendeprogramme werden im Frequenz-

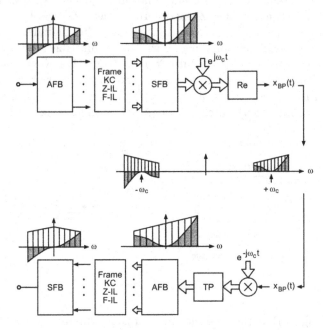

Bild 1.7 Filterbänke bei DAB

multiplex (Frequenz-Interleaving F-IL) mit einer Synthese-Filterbank (SFB) zu einem breitbandigen Sendesignal zusammengefasst. Diese Synthese-Filterbank hat mehrere komplexwertige Eingangssignale und ein komplexwertiges Ausgangssignal. Durch die Modulation mit $e^{j\omega_c t}$ und die sich anschließende Realteilbildung erhält man das reellwertige Sendesignal in der entsprechenden Bandpasslage. Beim Empfänger erfolgt die Demodulation mit $e^{-j\omega_c t}$ und einer Tiefpassfilterung, so dass man das komplexwertige Basisbandsignal erhält. Die komplexwertige Analyse-Filterbank liefert die komplexwertigen Bandpasssignale, aus denen nach dem Frequenz- und Zeit-Deinterleaving und der Kanaldecodierung der ISO-MPEG1-Rahmen gebildet wird. Nach der Extraktion der

Teilbandsignale aus dem Rahmen wird das lineare PCM-Signal durch die Synthese-Filterbank zusammengesetzt.

DAB-Übertragungsverfahren. Die speziellen Probleme einer Mobilfunkübertragung [Kam96] werden mit Hilfe einer Kombination aus dem OFDM-Übertragungsverfahren mit einer DPSK-Modulation und den Maßnahmen Zeit- und Frequenzinterleaving gelöst. Durch eine übergeordnete Kanalcodierung werden eventuell auftretende Störungen minimiert. Ein Blockschaltbild der wesentlichen Teilsysteme ist in Bild 1.8 dargestellt. Die Übertragung eines Sendeprogramms P_1, welches als ISO-MPEG1-

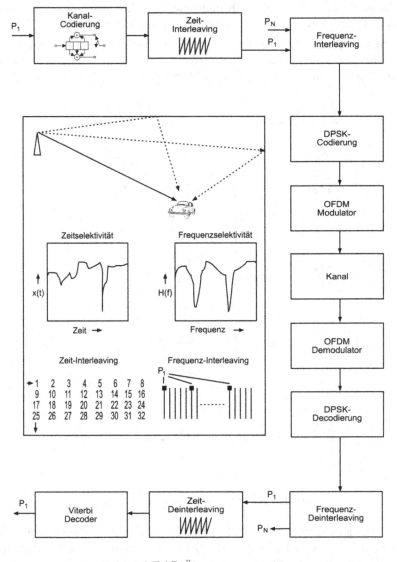

Bild 1.8 DAB-Übertragungsverfahren

Rahmen zugeführt wird, ist exemplarisch in Bild 1.8 dargestellt. Die Kanalcodierung erhöht die Datenrate um den Faktor 2. Den typischen Eigenschaften eines Mobilfunkkanals, wie Zeitselektivität und Frequenzselektivität, wird durch den Einsatz eines Zeit-Interleaving und Frequenz-Interleaving mit Hilfe eines Multiträgerverfahrens begegnet. Die Burst-Störungen aufeinanderfolgender Bits werden durch die Spreizung der Bits über einen größeren Zeitraum auf Fehler von Einzelbits reduziert. Durch die Spreizung des Sendeprogramms P_1 im Frequenzbereich, d.h. Verteilung eines Sendeprogramms auf Trägerfrequenzen in einem bestimmten Abstand, wirken sich schmalbandige Störungen nur auf einzelne Trägerfrequenzen aus. Die dennoch auftretenden Störungen durch den Mobilfunkkanal werden mit Hilfe der Kanalcodierung, d.h. durch Hinzufügen von Redundanz, und Decodierung mit einem Viterbi-Decoder unterdrückt.

OFDM-Übertragung. Das OFDM-Übertragungsverfahren ist in Bild 1.9 dargestellt. Es zeichnet sich durch seine einfache Realisierbarkeit in der digitalen Ebene aus. Die zu übertragende Datenfolge $c_s(k)$ wird blockweise in ein Register der Länge $2M$

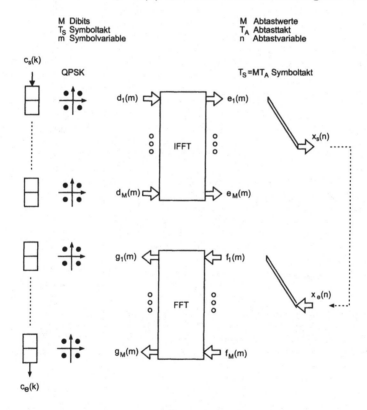

Bild 1.9 OFDM-Übertragungsverfahren

geschrieben. Aus jeweils zwei aufeinanderfolgenden Bits (Dibits) werden die komplexen Zahlen $d_1(m)$ bis $d_M(m)$ gebildet. Hierbei entspricht das erste Bit dem Realteil und das zweite Bit dem Imaginärteil. Im Signalraum ergeben sich die dargestellten 4

Zustände für die sogenannte QPSK [Kam96]. Der Vektor $\mathbf{d}(m)$ wird mit einer inversen FFT (Fast Fourier Transform, [Fli91]) in einen Vektor $\mathbf{e}(m)$ transformiert, der die Werte des Sendesymbols im Zeitbereich beschreibt. Das Sendesymbol $x_s(n)$ wird durch Übertragung der M komplexen Zahlen $e_i(m)$ in jeweils einem Abtasttakt T_A gebildet. Nach einer DA-Umsetzung der Quadratursignale $x_s(n)$ und durch die Modulation mit $e^{j\omega_c t}$ und anschließender Realteilbildung entsteht das reellwertige Sendesymbol in der Hochfrequenzlage. Auf der Empfangsseite wird das Sendesymbol durch die Demodulation mit $e^{-j\omega_c t}$ und durch AD-Umsetzung zu der komplexwertigen Folge $x_e(n)$. Jeweils M Abtastwerte der Folge $x_e(n)$ werden auf die M Eingangszahlen $f_i(m)$ verteilt und mit einer FFT in den Frequenzbereich transformiert. Die so entstandenen komplexen Zahlen $g_i(m)$ werden wieder in Dibits umgewandelt und liefern die Empfangsfolge $c_e(k)$. Ohne den Einfluss eines Übertragungskanals lässt sich die Sendefolge exakt rekonstruieren.

OFDM-Übertragung mit Schutz-Intervall. Zur Beschreibung einer OFDM-Übertragung mit einem Schutz-Intervall wird das Blockschaltbild in Bild 1.10 herangezogen. Bei einer Übertragung über einen Kanal mit der Impulsantwort $h(n)$ und der Länge L ist die Länge des Empfangssignals $y(n)$ gleich $M + L - 1$. Das bedeutet, dass das Empfangssymbol länger als das Sendesymbol ist. Die exakte Rekonstruktion des Sendesymbols ist aufgrund der Überlappung der Empfangssymbole gestört. Eine Rekonstruktion des Sendesymbols ist durch die periodische Fortsetzung des Sendesymbols möglich. Hierbei werden L komplexe Zahlen aus dem Vektor $\mathbf{e}(m)$ wiederholt, so dass sich für die Symboldauer $T_S = (M + L)T_A$ ergibt. Jedes Sendesymbol wird somit auf die Länge $M + L$ erweitert. Nach der Übertragung über einen Kanal mit der Impulsantwortlänge L ist auch die Antwort des Kanals periodisch in der Länge M. Nach dem Abklingen des Einschwingvorgangs des Kanals, d.h. nach den L Abtastwerten des *Schutz-Intervalls*, werden die folgenden M Abtastwerte in ein Register geschrieben. Da sich zwischen dem Sendesymbolstart und der verschobenen Abtastung um L Takte eine Zeitverzögerung ergibt, muss die M Abtastwerte lange Folge zyklisch um L Werte verschoben werden. Die Rücktransformation mit der FFT liefert den Empfangsvektor $\mathbf{g}(m)$. Die komplexen Werte $g_i(m)$ entsprechen aufgrund des Übertragungskanals $h(n)$ nicht den exakten Sendewerten $d_i(m)$, es tritt aber keine Beeinflussung von benachbarten Trägerfrequenzen auf. Jeder Empfangswert $g_i(m)$ ist mit dem entsprechendem Betrag und der Phase des Kanals an der Trägerfrequenz bewertet. Der Einfluss des Übertragungskanals lässt sich durch eine differentielle Codierung aufeinanderfolgender Dibits eliminieren [Kam96]. Der Decodierungsvorgang erfolgt gemäß $z_i(m) = g_i(m)g_i^*(m-1)$. Das zugehörige Dibit ergibt sich durch eine einfache Entscheidung: Real- bzw. Imaginärteil größer oder kleiner Null. Das dargestellte DAB-Übertragungsverfahren zeichnet sich durch die einfache Realisierung mit Hilfe schneller FFT-Algorithmen aus. Die Verlängerung des Sendesymbols um die Länge L der Kanalimpulsantwort und die entsprechenden Maßnahmen zur Synchronisation auf die M Abtastwerte eines Empfangssymbols sind aber durchzuführen. Die Länge des Schutzintervalls muss an die maximale Echolaufzeit des Mehrwegekanals angepasst werden. Die differentielle Codierung der Sendefolge erlaubt es, auf einen Entzerrer am Empfänger zu verzichten.

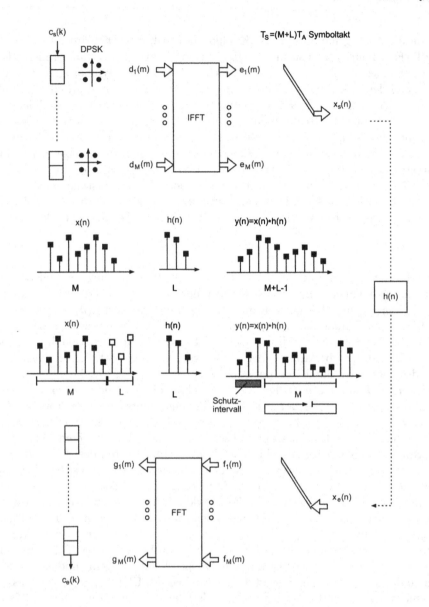

Bild 1.10 OFDM-Übertragungsverfahren mit Schutz-Intervall

Digital Radio Mondiale (DRM)

Im Interesse vieler nationaler und internationaler Rundfunkanstalten liegt die Übertragung ihres Programms in größere regionale oder weltweite Bereiche. Dies geschieht
bisher mit analogen Übertragungsverfahren in Frequenzbereichen unter 30 MHz (LW-,
MW- und KW-Bereich). Die begrenzte Audioqualität des AM-Übertragungsverfahrens

(Kanalbandbreite 9 bzw. 10 kHz) mit einer Audiosignalbandbreite von 4,5 kHz lässt die Akzeptanz für solche Rundfunkausstrahlungen verschwinden. Die Einführung eines digitalen Übertragungsverfahrens DRM[3] soll die existierenden analogen Übertragungsverfahren ablösen. Die digitale Übertragung erfolgt hierbei mit einer Quellencodierung nach MPEG4-AAC in Kombination mit der Bandbreitenerweiterung SBR (Spectral Band Replication) und mit einem codierten OFDM-Modulationsverfahren.

Internet Audio

Das explosionsartige Wachstum des Internet eröffnete völlig neue Verbreitungsmöglichkeiten für Informationen, aber vor allem für Audio- und Videosignale. Die Verbreitung von Audiosignalen erfolgt hauptsächlich im MP3-Format (MPEG-1 Audio Layer III [Bra94]) oder in proprietären Formaten verschiedener Firmen. Diese komprimierte Übertragung ist aufgrund der noch geringen Datenraten von privaten Internetzugängen notwendig. Da die Übertragung im Dateiformat und in Paketen über das Internet durchgeführt wird, hängen die Übertragungszeiten vom Quellserver, dem augenblicklichen Verkehr auf dem Internet und dem Internetzugang des Zielrechners ab. Eine Echtzeitübertragung hochqualitativer Musik ist somit noch nicht möglich. Der fehlende Kopierschutz und die damit verbundene Verletzung des Urheberrechts ist Gegenstand aktueller Aktivitäten und Maßnahmen zur Verbreitung von Musik über das Internet.

Wenn die Kompressionsrate genügend hoch ist, so dass eine gerade akzeptable Audioqualität erreicht wird, ist auch eine Echtzeitübertragung in Form der *Streaming-Technologie* umzusetzen, da die Dateigröße sehr klein ist und eine Übertragung wesentlich weniger Zeit in Anspruch nimmt (s. Bild 1.11). Hierzu wird am Empfänger ein Doppelspeicher kontinuierlich mit ankommenden Paketen eines codierten Audio-Files geladen und parallel dazu die Decodierung durchgeführt. Nach erfolgter Decodierung eines Speichers mit ausreichender Audiolänge, wird dieser Speicher kontinuierlich über die Soundkarte des Rechners ausgegeben. Während des Abspielvorganges des decodierten Audiosignals werden weitere Pakete empfangen und dekomprimiert. Bei Paketverlusten, die nicht rechtzeitig wieder durch Anforderung übermittelt werden können, kommt es zu Unterbrechungen der kontinuierlichen Audio-Wiedergabe. Die Kombination mehrerer Protokolle ermöglicht den Transfer des codierten Audio-Files.

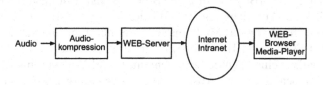

Bild 1.11 Audio-Streaming über das Internet

---

[3]http://www.drm.org

1.3   Speichermedien für Audiosignale

Die Entwicklungen im Bereich der Speichermedien sind durch die Fortschritte in der Halbleitertechnologie geprägt, werden aber wie auch schon in der Vergangenheit durch die reinen Anforderungen aus dem Audiobereich selbst vorangetrieben. Während die Einführung der CD-Audio auf eine verbesserte Speicherung von Audiosignalen ausgerichtet war, verlangen die Speichermedien der zweiten Generation wie SuperAudio-CD und DVD-Audio neben einer verbesserten Klangqualität auch die Sicherstellung eines Kopierschutzes für die gespeicherten Inhalte.

Compact-Disc Audio (CD-Audio)

Die technologischen Fortschritte in der Halbleiterindustrie führten zunächst zu günstigen Speichermedien für digital codierte Informationen. Unabhängig von den Entwicklungen im Computerbereich wurde von Philips und Sony im Jahr 1982 das Compact-Disc-System eingeführt. Die Speicherung der digitalen Audio-Daten erfolgt auf einem optisch lesbaren Speichermedium. Die Compact-Disc arbeitet mit einer Abtastrate von $f_A = 44,1$ kHz[4] und einer 16-Bit PCM-Darstellung der Audiosignale. Die wesentlichen Spezifikationen sind in Tabelle 1.1 zusammengefasst.

R-DAT (Rotary-Head Digital Audio on Tape)

Für eine Zweikanalaufzeichnung benutzt das R-DAT-System eine Schrägspur-Aufzeichnung. Verfügbare Geräte ermöglichen eine Aufzeichnung von 16/24-Bit PCM-Signalen mit allen drei Abtastraten (Tab. 1.2) auf Magnetband. R-DAT-Recorder werden sowohl im Studio- als auch im Consumer-Bereich eingesetzt.

MiniDisc- und MP3-Format

Neuere Speicherverfahren basieren auf Quellencodierungsverfahren, die psychoakustische Effekte zur Datenreduktion heranziehen. Eine weite Verbreitung hat das MiniDisc-System von Sony während der letzten Jahre erfahren. Das MiniDisc-System arbeitet mit dem ATRAC-Verfahren (Adaptive Transform Acoustic Coding, [Tsu92]) und hat eine Datenrate von ca. $2 \cdot 140$ kBit/sec für einen Stereo-Kanal. Ein magneto-optisches Speichermedium wird zur Aufzeichnung und Wiedergabe genutzt. Die Echtzeitaufnahme und die Wiederbeschreibung des Mediums sind hier als Hauptmerkmal zu nennen. Das MP3-Format (MPEG-1 Layer III [Bra94]) ist zwar ebenso zeitgleich entwickelt worden, aber die Verfügbarkeit eines Echtzeitaufzeichnungs- und Wiedergabegerätes hat länger auf sich warten lassen. Einfache Abspielgeräte, sogenannte Player, sind mittlerweile in Kombination mit einem USB-Speicherstick vorhanden. Hier wird die Entwicklung von neuen kompakten und kleinen Speichern für die Rechnertechnik neue Produkte basierend auf dem MP3-Format hervorbringen.

---

[4]3x490x30 Hz (NTSC) = 3x588x25 Hz (CCIR) = 44,1 kHz

Tabelle 1.1 Spezifikationen des CD-Systems [Ben88]

Aufzeichnungsart	
Signalerkennung	optisch
Speicherkapazität	650/700 MB
Audiospezifikationen	
Kanalanzahl	2
Spielzeit	74/80 min.
Frequenzbereich	20–20.000 Hz
Dynamikbereich	> 90 dB
THD	< 0,01 %
Signalformat	
Abtastrate	44,1 kHz
Quantisierung	16-Bit PCM (2er-Komplement)
Preemphase	keine oder 50/15 μs
Fehlerschutzkorrektur	CIRC
Datenrate	2,034 MBit/sec
Modulation	EFM
Kanalbitrate	4,3218 MBit/sec
Redundanz	30 %
Mechanische Spezifikationen	
Durchmesser	120 mm
Dicke	1,2 mm
Durchmesser des Innenloches	15 mm
Programmbereich	50-116 mm
Lesegeschwindigkeit	1,2 – 1,4 m/s
	500 – 200 r/min

Super-Audio Compact-Disc (SACD)

Die Super-Audio Compact-Disc wurde 1999 von Philips und Sony als Weiterentwicklung der Compact-Disc spezifiziert. Ziel war eine Verbesserung der Klangqualität der Compact-Disc. Hier wurde zunächst die Bandbegrenzung auf 20 kHz als nachteilig empfunden sowie die notwendigen steilflankigen Anti-Aliasing und Rekonstruktions-Filter, die zum sogenannten *Ringing* führten. Dieser Effekt resultiert aus den meist linearphasigen Impulsantworten der Filter, bei denen bei kurzzeitigen Audioimpulsen der Einschwingvorgang des Filters hörbar wird. Zur Reduktion dieser Randbedingungen wurde zunächst die Bandbreite auf 100 kHz und die Abtastfrequenz auf 2,8224 MHz erhöht (64 × 44,1 kHz). Hiermit reduzieren sich die Filteranforderungen auf einfache Filter 1. Ordnung. Die Quantisierung der Abtastwerte erfolgt mit 1-Bit pro Abtastwert nach dem Delta-Sigma-Verfahren, welches eine Spektralformung des Amplitudenquantisierungsfehlers durchführt (s. Bild 1.12). Das 1-Bit Signal mit 2.8224 MHz wird als DSD-Signal bezeichnet (Direct Stream Digital). Die DA-Umsetzung eines DSD-Signals in ein Analogsignal erfolgt mit einem einfachen analogen Tiefpassfilter 1. Ordnung. Die Speicherung des DSD-Signals erfolgt auf einer speziellen Compact-Disc (Bild 1.13) mit einem herkömmlichen CD-Layer entsprechend der CD-Spezifikation im PCM-Format

Tabelle 1.2 Spezifikationen des R-DAT-Systems [Ben88]

Aufzeichnungsart	
Signalerkennung	magnetisch
Speicherkapazität	2 GB
Audiospezifikationen	
Kanalanzahl	2
Spielzeit	max. 120 min.
Frequenzbereich	20-20000 Hz
Dynamikbereich	> 90 dB
THD	< 0.01 %
Signalformat	
Abtastrate	48, 44,1, 32 kHz
Quantisierung	16/24-Bit PCM (2er-Komplement)
Fehlerschutzkorrektur	CIRC
Kanalcodierung	8/10-Modulation
Datenrate	2,46 MBit/sec
Kanalbitrate	9,4 MBit/sec
Mechanische Spezifikationen	
Magnetbandbreite	3,8 mm
Dicke	13 μm
Kopftrommeldurchmesser	3 cm
Umdrehungsgeschwindigkeit	2.000 r/min
Rel. Spurgeschwindigkeit	3,133 m/s
	$500 - 200$ r/min

und einem HD-Layer (High Density) mit einem DVD-ähnlichen 4,38 GByte Layer. Auf dem HD-Layer können ein Stereo-Signal im 1-Bit DSD-Format und ein 6-kanaliges 1-Bit-Signal mit einem verlustlosen Kompressionsverfahren (Direct Stream Transfer DST) gespeichert werden [Jan03]. Der CD-Layer der SACD ist auch auf normalen CD-Playern abspielbar, wohingegen spezielle SACD-Player den HD-Layer abspielen können. Eine einführende Diskussion der 1-Bit Delta-Sigma-Verfahren findet man in [Lip01a, Lip01b, Van01, Lip02, Van04].

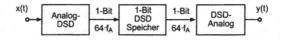

Bild 1.12 SACD System

Digital Versatile Disc - Audio (DVD-A)

Zur Erhöhung der Speicherkapazität des Compact-Disc-Mediums wurde die Digtal Versatile Disc (DVD) entwickelt. Die physikalischen Dimensionen sind identisch mit der CD. Die DVD besitzt aber je nach Ausführung zwei Layer mit jeweils ein oder zwei Seiten, die in ihrer Aufzeichnungsdichte gegenüber der CD erhöht sind. Die Speicher-

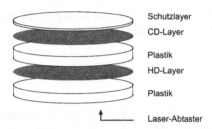

Schutzlayer
CD-Layer
Plastik
HD-Layer
Plastik
Laser-Abtaster

Bild 1.13 Layer der Super-Audio CD

Tabelle 1.3 Vergleichende Spezifikationen von CD, SACD und DVD-A

Parameter	CD	SACD	DVD-A
Codierung	16-Bit PCM	1-Bit DSD	16-/20-/24-Bit PCM
Abtastfrequenz	44,1 kHz	2,8224 MHz	44,1/48/88,2/96/176,4/192 kHz
Kanäle	2	2-6	1-6
Kompression	nein	ja (DST)	ja (MLP)
Spielzeit	74 min.	70–80 min.	62–843 min.
Frequenzbereich	20–20.000 Hz	20–100.000 Hz	20–96.000 Hz
Dynamikbereich	96 dB	120 dB	144 dB
Kopierschutz	nein	ja	ja

kapazität für eine einseitige, einschichtige Version für Audioanwendungen beträgt 4,7 GB. Ein Vergleich der Spezifikationen zwischen den Disc-Medien ist in Tabelle 1.3 wiedergegeben. Es können neben Stereo-Signalen verschiedene Mehrkanal-Formate mit verschiedenen Abtastfrequenzen und Wortbreiten im linearen PCM-Format aufgezeichnet werden. Zur Datenreduktion wird ein verlustloses Kompressionsverfahren MLP (Meridian Lossless Packing) eingesetzt. Die Audioqualitätsverbesserung gegenüber der CD-Audio ergibt sich aufgrund der erhöhten Abtastfrequenzen und Wortbreiten und der Mehrkanal-Eigenschaft der DVD-A.

1.4 Audio-Systeme im Heimbereich

Die schon im Heimbereich eingesetzten digitalen Speichermedien wie Compact-Disc, DAT-Recorder und MiniDisc mit ihren digitalen Ausgängen können zukünftig durch digitale Nachbearbeitungssysteme bis kurz vor die Lautsprecher ergänzt werden. Die individuelle Klanggestaltung wird sich aus den im Folgenden dargestellten Bearbeitungsmöglichkeiten zusammensetzen:

Equalizer

Die beliebige Spektralbewertung des Musiksignals in Amplitude und Phase und die automatische Frequenzgangkorrektur vom Lautsprecher zum Abhörort werden mit Equalizern angestrebt. Equalizer werden auch als Klangformungsfilter bezeichnet und befinden sich in einfacher Form als Bass- und Höhen-Filter in Radios, Verstärkern und Fernsehgeräten.

Raumsimulation

Die Simulation von Raumimpulsantworten und die Bearbeitung des Musiksignals mit einer Raumimpulsantwort werden zur künstlichen Erzeugung eines Raumeindruckes (Konzertsaal, Kirche, Jazz-Club, etc.) genutzt.

Surround-Systeme

Neben der Wiedergabe des Stereo-Signals von der CD über zwei frontale Lautsprecher werden bei zukünftigen digitalen Aufzeichnungsverfahren mehr als zwei Kanäle aufgezeichnet [Lin93]. Dies zeigt sich schon bei der Tonproduktion für Kino-Spielfilme, in denen neben dem Stereo-Signal (L, R) ein Mittensignal (M) und zwei zusätzliche Raumsignale (L_B, R_B) aufgezeichnet werden. Diese *Surround*-Systeme werden auch für das zukünftige digitale Fernsehen eingesetzt. Ein ideales Aufzeichnungsverfahren ist das *Ambisonics*-Verfahren [Ger85], welches eine dreidimensionale Aufzeichnung und Wiedergabe erlaubt.

Digitale Verstärker

Die Grundlage digitaler Verstärker ist die in Bild 1.14 dargestellte Pulsweitenmodulation. Aus dem mit w Bit linear quantisierten Signal wird mit Hilfe eines schnellen Zählers ein pulsweitenmoduliertes Signal gebildet. Man unterscheidet hierbei zwischen einseitig und doppelseitig modulierter Umsetzung und der Darstellung mit 2 bzw. 3 Zuständen. Bei der einseitigen Modulation (2 Zustände, -1 und +1) wird ein Zähler mit einem Vielfachen des Abtasttaktes von Null aufwärts gezählt. Der Zahlenbereich des PCM-Signals von -1 bis +1 wird direkt auf einen Zählerstand abgebildet. Mit einem Komparator wird die Dauer der Pulsweite gesteuert. Bei der Pulsweitenmodulation mit 3 Zuständen (-1, 0, +1) bestimmt das Vorzeichen den Zustand. Die Pulsbreite wird durch Abbildung des Zahlenbereichs von 0 bis 1 auf einen Zählerstand bestimmt. Für die zweiseitige Modulation wird ein Aufwärts/Abwärts-Zähler benötigt, der gegenüber der einseitigen Modulation mit der doppelten Taktrate gesteuert werden muss. Die Zuordnungen der Pulsbreiten sind in Bild 1.14 dargestellt.

Zur Reduzierung der notwendigen Taktrate wird eine Pulsweitenmodulation nach einer Überabtastung (Over-Sampling OS) und einer Spektralformung des Quantisierungsfehlers (Noise-Shaping NS) durchgeführt (s. Bild 1.15, [Gol90]). Hierdurch gelingt es, die Taktrate des Zählers auf 180,6 MHz herabzusetzen. Das Eingangssignal wird erst um den Faktor 16 aufwärtsgetastet und anschließend wird eine Quantisierung auf 8 Bit mit einem Noise-Shaping 3. Ordnung durchgeführt.

Eine Pulsformung nach Delta-Sigma Modulation zeigt Bild 1.16 [And92]. Hierbei wird eine direkte Umsetzung des Delta-Sigma modulierten 1-Bit Signals vorgenommen, in

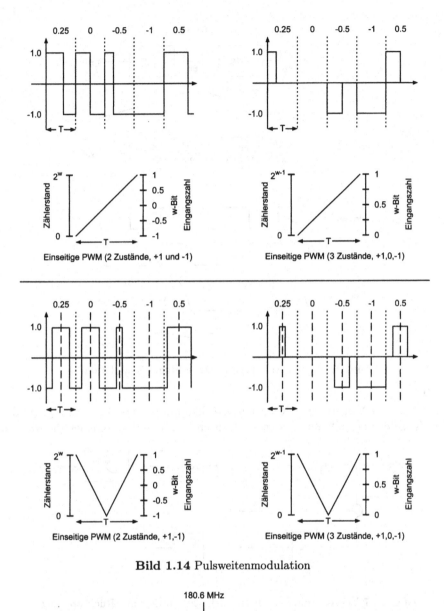

Bild 1.14 Pulsweitenmodulation

Bild 1.15 Pulsweitenmodulation mit Überabtastung und Noise-Shaping

dem ein Puls-Converter die seriellen Datenbits in ihrer Hüllkurve formt. Die anschließende Tiefpassfilterung rekonstruiert das zeitkontinuierliche Signal. Zur Reduzierung

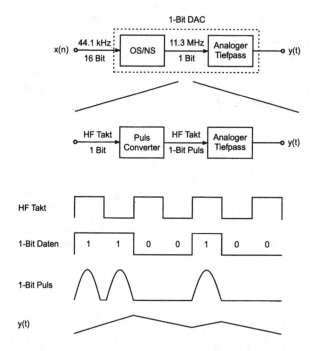

Bild 1.16 Pulsformung nach Delta-Sigma Modulation

der nichtlinearen Verzerrungen wird eine Rückkopplung des Ausgangssignals durchgeführt (s. Bild 1.17, [Klu92]). Neuere Verfahren zur Generierung einer Pulsweitenmo-

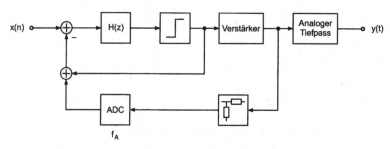

Bild 1.17 Delta-Sigma modulierter Schaltverstärker mit Rückkopplung

dulation arbeiten mit einer Reduktion der Taktraten bei gleichzeitiger Reduktion der hochfrequenten Störanteile [Str99].

Digitale Signalverarbeitung für Lautsprecher

Einen Überblick zur digitalen Signalverarbeitung für Lautsprecher findet man in [Lec92] und [Mül99]. Maßnahmen zur Entzerrung des nichtlinearen Verhaltens von Lautsprechern werden in [Kli94, Kli98a, Kli98b] diskutiert. Beispielhaft soll hier zur Realisierung von Lautsprecherfrequenzweichen eine linearphasige Zerlegungen des Signals mit speziellen Filterbänken [Zöl92] angegeben werden (s. Bild 1.18). Das Eingangssignal wird

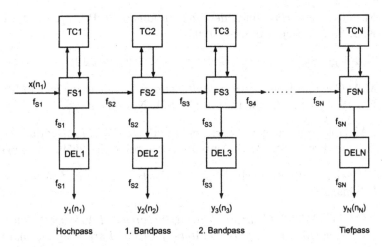

Bild 1.18 Digitale Frequenzweiche (FSi Frequenzaufspaltung, TCi Steuerung der Übergangsbandbreite, DELi Verzögerungsausgleich)

in einer ersten Stufe in einen Hochpass- und einen Tiefpassanteil zerlegt, wobei der Hochpassanteil über eine Delay-Einheit einem DA-Umsetzer zugeführt wird. Der Tiefpassanteil wird in den nächsten Stufen weiter zerlegt. Die einzelnen Bandpasssignale und das Tiefpasssignal werden auf die Eingangsabtastrate interpoliert und über DA-Umsetzer dem jeweiligen Lautsprecher zugeführt.

Literaturverzeichnis

[AES91]   AES10-1991 (ANSI S4.43-1991): AES Recommended Practice for Digital Audio Engineering - Serial Multichannel Audio Digital Interface (MADI).

[AES92]   AES3-1992 (ANSI S4.40-1992): AES Recommended Practice for Digital Audio Engineering - Serial Transmission Format for Two-Channel Linearly Represented Digital Audio.

[Ala87]   M. Alard, R. Lasalle: *Principles of Modulation and Channel Coding for Digital Broadcasting for Mobile Receivers*, EBU Review, No. 224, pp. 168–190, Aug. 1987.

[And92]   M. Andersen: *New Principle for Digital Audio Power Amplifiers*, Proc. 92nd AES Convention, Preprint No. 3226, Vienna 1992.

[Ben88]   K.B. Benson: *Audio Engineering Handbook*, McGraw-Hill, New York 1988.

[Bra94] K. Brandenburg, G. Stoll: *ISO/MPEG-1 Audio: A Generic Standard for Coding of High Quality Digital Audio*, J. Audio Eng. Soc., Vol. 42, No. 10, pp. 780–792, October 1994.

[Dic97] M. Dickreiter: *Handbuch der Tonstudiotechnik*, Bd. 1/2, 6. verb. Auflage, K.G. Saur Verlag, München 1997.

[Fli91] N. Fliege: *Systemtheorie*, B.G. Teubner, Stuttgart 1991.

[Ger85] M.A. Gerzon: *Ambisonics in Multichannel Broadcasting and Video*, J. Audio Eng. Soc., Vol. 33, No. 11, pp. 859–871, November 1985.

[Gol90] J.M. Goldberg, M.B. Sandler: *New Results in PWM for Digital Power Amplification*, Proc. 89th AES Convention, Preprint No. 2959, Los Angeles 1990.

[Hoe01] W. Hoeg, T. Lauterbach: *Digital Audio Broadcasting*, Chichester, J. Wiley & Sons, 2001.

[ISO92] ISO/IEC 11172-3: *Coding of Moving Pictures and Associated Audio for Digital Storage Media at up to 1.5 Mbits/s - Audio Part*, International Standard, 1992.

[Jan03] E. Janssen, D. Reefman: *Super Audio CD: An Introduction*, IEEE Signal Processing Magazine, pp. 83–90, July 2003.

[Kam96] K.D. Kammeyer: *Nachrichtenübertragung*, 2. Auflage, Stuttgart, B.G. Teubner, 1996.

[Kam92] K.D. Kammeyer, U. Tuisel, H. Schulze, H. Bochmann: *Digital Multicarrier-Transmission of Audio Signals over Mobile Radio Channels*, Europ. Trans. on Telecommun. ETT, vol. 3, pp. 243–254, May-June 1992.

[Kam93] K.D. Kammeyer, U. Tuisel: *Synchronisationsprobleme in digitalen Multiträgersystemen*, Frequenz, Vol. 47, pp. 159–166, Mai 1993.

[Kli94] W. Klippel: *Das nichtlineare Übertragungsverhalten elektroakustischer Wandler*, Habilitationsschrift, Technische Universität Dreseden, 1994.

[Kli98a] W. Klippel: *Direct Feedback Linearization of Nonlinear Loudspeaker Systems*, J. Audio Eng. Soc., Vol. 46, No. 6, pp. 499–507, 1998.

[Kli98b] W. Klippel: *Adaptive Nonlinear Control of Loudspeaker Systems*, J. Audio Eng. Soc., , Vol. 46, No. 11, pp. 939–954, 1998.

[Klu92] J. Klugbauer-Heilmeier: *A Sigma Delta Modulated Switching Power Amp*, Proc. 92nd AES Convention, Preprint No. 3227, Vienna 1992.

[Lec92] D. Leckschat: *Verbesserung der Wiedergabequalität von Lautsprechern mit Hilfe von Digitalfiltern*, Dissertation, RWTH Aachen, 1992.

[Lin93]   B. Link, D. Mandell: *A DSP Implementation of a Pro Logic Surround Decoder*, Proc. 95th AES Convention, Preprint No. 3758, New York 1993.

[Lip01a]   S. P. Lipshitz, J. Vanderkooy: *Why 1-Bit Sigma-Delta Conversion is Unsuitable for High-Quality Applications*, Proc 110th Convention of the Audio Engineering Society, Preprint No. 5395, Amsterdam, 2001.

[Lip01b]   S.P Lipshitz. J. Vanderkooy: *Towards a Better Understanding of 1-Bit Sigma-Delta Modulators - Part 2*, Proc. 111th Convention of the Audio Engineering Society, Preprint No. 5477, New York, 2001

[Lip02]   S.P Lipshitz , J. Vanderkooy: *Towards a Better Understanding of 1-Bit Sigma-Delta Modulators - Part 3*, Proc. 112th Convention of the Audio Engineering Society, Preprint No. 5620, Munich, 2002.

[Mül99]   S. Müller: *Digitale Signalverarbeitung für Lautsprecher*, Dissertation, RWTH Aachen, 1999.

[Ple91]   G. Plenge: *DAB - Ein neues Hörrundfunksystem - Stand der Entwicklung und Wege zu seiner Einführung*, Rundfunktechnische Mitteilungen, Jahrg. 35 (1991), H. 2, S. 46–66.

[Skr88]   P. Skritek: *Handbuch der Audio-Schaltungstechnik*, Franzis-Verlag, 1988.

[Str99]   M. Streitenberger, H. Bresch und W. Mathis: *A New Concept for High Performance Class-D Audio Amplification*, Proc. AES 106th Convention, Preprint No. 4941, Munich 1999.

[Tsu92]   K. Tsutsui, H. Suzuki, O. Shimoyoshi, M. Sonohara, K. Akagiri, R. Heddle: *ATRAC: Adaptive Transform Coding for MiniDisc*, Proc. 91st AES Convention, Preprint No. 3216, New York 1991.

[Tui93]   U. Tuisel: *Multiträgerkonzepte für die digitale, terrestrische Hörrundfunkübertragung*, Dissertation, TU Hamburg-Harburg, 1993.

[Van01]   J. Vanderkooy, S. P. Lipshitz: *Towards a Better Understanding of 1-Bit Sigma-Delta Modulators - Part 1*, Proc 110th Convention of the Audio Engineering Society, Preprint No. 5398, Amsterdam, 2001.

[Van04]   J. Vanderkooy, S. P. Lipshitz: *Towards a Better Understanding of 1-Bit Sigma-Delta Modulators - Part 4*, Proc 116th Convention of the Audio Engineering Society, Preprint No. 6093, Berlin, 2004.

[Web03]   J. Webers: *Handbuch der Tonstudiotechnik*, 8. Auflage, Franzis-Verlag, 2003.

[Zöl92]   U. Zölzer, N. Fliege: *Logarithmic Spaced Analysis Filter Bank for Multiple Loudspeaker Channels*, Proc. 93rd AES Convention, Preprint No. 3453, San Francisco 1992.

Kapitel 2

Quantisierung

Grundlegende Operationen zur Analog-Digital-Umsetzung eines kontinuierlichen Signals $x(t)$ sind die Abtastung und die Quantisierung der Abtastwerte $x(n)$ zu einer quantisierten Zahlenfolge $x_Q(n)$ (s. Bild 2.1). Bevor wir die AD/DA-Umsetzung und die Wahl der Abtastfrequenz $f_A = \frac{1}{T_A}$ in Kapitel 3 ausführlich diskutieren, werden wir in diesem Kapitel die *Quantisierung* der Abtastwerte $x(n)$ auf einen endlichen Wertebereich ausführlich behandeln.

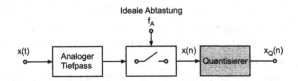

Bild 2.1 Analog-Digital-Umsetzung mit Quantisierung

Die Diskretisierung der Amplitude eines abgetasteten, amplitudenkontinuierlichen Signals bezeichnet man als Quantisierung. Die Auswirkung dieser Signalquantisierung wird ausgehend vom klassischen Quantisierungsmodell im ersten Abschnitt diskutiert. Daran anschließend werden Dither-Techniken dargestellt, die bei geringen Signalpegeln den Quantisierungsvorgang linearisieren. In einem weiteren Abschnitt wird die Spektralformung von Quantisierungsfehlern erläutert. Im letzten Abschnitt werden Zahlendarstellungen für digitale Audiosignale und deren Auswirkung auf Algorithmen behandelt.

2.1 Signalquantisierung

2.1.1 Klassisches Quantisierungsmodell

Der Quantisierungvorgang ist durch das *Quantisierungstheorem von Widrow* beschrieben, welches aussagt, dass man den Quantisierer als Addition eines gleichverteilten

Zufallssignals $e(n)$ zum eigentlichen Nutzsignal $x(n)$ modellieren kann (s. Bild 2.2, [Wid61]). Hiermit folgt für das quantisierte Signal

$$x_Q(n) = x(n) + e(n) \tag{2.1}$$

und für das Fehlersignal

$$e(n) = x_Q(n) - x(n). \tag{2.2}$$

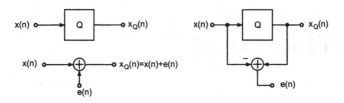

Bild 2.2 Quantisierungsvorgang

Dieses lineare Modell für das Ausgangssignal $x_Q(n)$ ist nur dann gültig, wenn der Quantisierer gut ausgesteuert ist und der Quantisierungsfehler $e(n)$ nicht mit dem Signal korreliert ist. Aus der statistischen Unabhängigkeit aufeinander folgender Quantisierungsfehlerwerte folgt die Autokorrelationsfunktion $r_{EE}(m) = \sigma_E^2 \cdot \delta(m)$ und die spektrale Gleichverteilung des zugehörigen Leistungsdichtespektrums $S_{EE}(e^{j\Omega}) = \sigma_E^2$.

Der nichtlineare Vorgang der Quantisierung einer Zahl $x(n)$ auf die quantisierte Zahl $x_Q(n)$ wird durch die nichtlineare Kennlinie in Bild 2.3a beschrieben. Mit Q wird die Quantisierungsstufe bezeichnet. Die Differenz $e(n) = x_Q(n) - x(n)$ zwischen Ausgang und Eingang des Quantisierers liefert den Quantisierungsfehler, der in Bild 2.3b dargestellt ist. Die Gleichverteilung der Verteilungsdichtefunktion des Quantisierungsfehlers ist durch

$$p_E(e) = \frac{1}{Q}\text{rect}\left(\frac{e}{Q}\right) \tag{2.3}$$

gegeben (s. Bild 2.3b).

Das m-te Moment einer Zufallsvariablen E mit der Dichtefunktion $p_E(e)$ ist definiert als Erwartungswert von E^m:

$$\text{E}\{E^m\} = \int_{-\infty}^{\infty} e^m p_E(e) de. \tag{2.4}$$

Für den rechteckförmig verteilten Zufallsprozess gemäß Gl. (2.3) folgt für die ersten beiden Momente:

$$m_E = \text{E}\{E\} \quad = \quad 0 \qquad \text{Mittelwert} \tag{2.5}$$

$$\sigma_E^2 = \text{E}\{E^2\} \quad = \quad \frac{Q^2}{12} \qquad \text{Varianz.} \tag{2.6}$$

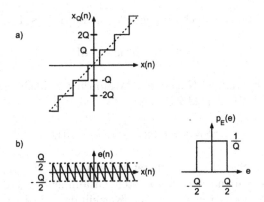

Bild 2.3 a) Nichtlineare Kennlinie des Quantisierers b) Quantisierungsfehler $e(n)$ und dessen Verteilungsdichtefunktion $p_E(e)$

Der Signal-Rauschabstand (<u>S</u>ignal-to-<u>N</u>oise <u>R</u>atio)

$$\text{SNR} = 10 \log_{10} \left(\frac{\sigma_X^2}{\sigma_E^2} \right) \qquad \text{in dB} \qquad (2.7)$$

ist definiert als Verhältnis der Signalleistung σ_X^2 bezogen auf die Fehlerleistung σ_E^2. Für einen Quantisierer mit dem Aussteuerbereich $\pm x_{max}$ und der Wortbreite w folgt für die Quantisierungsstufe

$$Q = 2x_{max}/2^w. \qquad (2.8)$$

Mit der Definition des Spitzenfaktors

$$P_F = \frac{x_{max}}{\sigma_X} = \frac{2^{w-1}Q}{\sigma_X} \qquad (2.9)$$

folgt für die Varianzen des Eingangssignals und des Quantisierungsfehlers

$$\sigma_X^2 = \frac{x_{max}^2}{P_F^2} \qquad \text{und} \qquad (2.10)$$

$$\sigma_E^2 = \frac{Q^2}{12} = \frac{1}{12} \frac{x_{max}^2}{2^{2w}} 2^2 = \frac{1}{3} x_{max}^2 2^{-2w}. \qquad (2.11)$$

Für den Signal-Rauschabstand gilt

$$\text{SNR} = 10 \log_{10} \left(\frac{\frac{x_{max}^2}{P_F^2}}{\frac{1}{3} x_{max}^2 2^{-2w}} \right) = 10 \log_{10} \left(2^{2w} \frac{3}{P_F^2} \right)$$

$$= 6.02\, w - 10 \log_{10}(P_F^2/3) \qquad \text{dB}. \qquad (2.12)$$

Bei einem sinusförmigen Nutzsignal (Verteilungsdichtefunktion in Bild 2.4) mit $P_F = \sqrt{2}$ erhält man

$$\text{SNR} = 6.02\, w + 1.76 \qquad \text{dB}, \qquad (2.13)$$

bei einem Nutzsignal mit rechteckförmiger Dichtefunktion (s. Bild 2.4) und $P_F = \sqrt{3}$

$$\text{SNR} = 6.02\,w \qquad \text{dB} \tag{2.14}$$

und bei einem gaußverteilten Nutzsignal (Wahrscheinlichkeit der Übersteuerung $<$ 10^{-5} führt auf $P_F = 4.61$, s. Bild 2.5) folgt

$$\text{SNR} = 6.02\,w - 8.5 \qquad \text{dB}. \tag{2.15}$$

Die Abhängigkeit des Signal-Rauschabstandes von der Verteilungsdichtefunktion des Eingangssignals wird anhand der abgeleiteten Zusammenhänge deutlich. Für digitale Audiosignale, die näherungsweise eine Gaußverteilung aufweisen, ist der erreichbare Signal-Rauschabstand bei vorgegebener Wortbreite w um 8.5 dB kleiner als die *Daumenregel* gemäß (2.14).

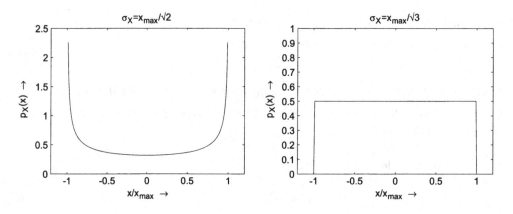

Bild 2.4 Verteilungsdichte (Sinusförmiges Signal und gleichverteiltes Signal)

2.1.2 Quantisierungstheorem

Die Formulierung eines *Quantisierungstheorems* zur Amplitudendiskretisierung von Signalen ist von Widrow [Wid61] durchgeführt worden. Das Pendant für die Zeitdiskretisierung (Abtastung) von Signalen ist in dem *Abtasttheorem* von Shannon [Sha48] formuliert. In Bild 2.6 sind die Amplitudenquantisierung und die Zeitquantisierung exemplarisch veranschaulicht. Zur Ableitung des *Quantisierungstheorems* erfolgt zunächst die Bestimmung der Verteilungsdichte des Ausgangssignals eines Quantisierers in Abhängigkeit der Verteilungsdichte des Eingangssignals. In Bild 2.7 sind diese beiden Verteilungsdichtefunktionen dargestellt. Die zugehörigen charakteristischen Funktionen (Fourier-Transformierte der Verteilungsdichten) bilden die Grundlage zur Formulierung des *Quantisierungstheorems* von Widrow.

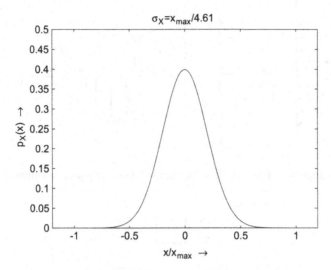

Bild 2.5 Verteilungsdichte (gaußverteiltes Signal)

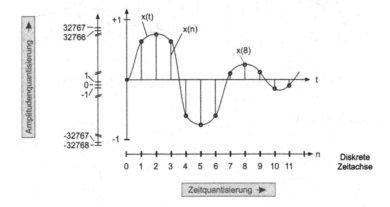

Bild 2.6 Amplituden- und Zeitquantisierung

Statistik 1. Ordnung des Ausgangssignals eines Quantisierers

Die Quantisierung des amplitudenkontinuierlichen Signals $x(n)$ mit der Verteilungs-dichtefunktion $p_X(x)$ führt auf das amplitudendiskrete Signal $y(n)$ mit der Verteilungs-dichtefunktion $p_Y(y)$ (s. Bild 2.8). Die kontinuierliche Verteilungsdichtefunktion des Eingangssignals wird durch eine Integration über alle Quantisierungsintervalle abge-tastet (Zonenabtastung) und führt zur diskreten Verteilungsdichtefunktion des Aus-gangssignals.

In den Quantisierungsintervallen wird die diskrete Dichtefunktion des Ausgangssignals

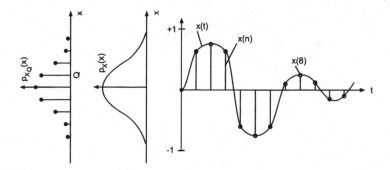

Bild 2.7 Verteilungsdichtefunktion des Eingangssignals $x(n)$ und des quantisierten Signals $x_Q(n)$

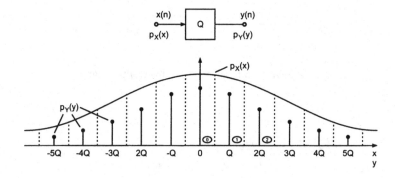

Bild 2.8 Zonenabtastung der Verteilungsdichtefunktion

durch die Wahrscheinlichkeit

$$W[kQ] = W\left[-\frac{Q}{2} + kQ \leq x < \frac{Q}{2} + kQ\right] = \int\limits_{-\frac{Q}{2}+kQ}^{\frac{Q}{2}+kQ} p_X(x)dx \qquad (2.16)$$

bestimmt. Für die Intervalle $k = 0, 1, 2$ folgt

$$p_Y(y) = \begin{cases} \delta(0) \int\limits_{-\frac{Q}{2}}^{\frac{Q}{2}} p_X(x)dx & -\frac{Q}{2} \leq y < \frac{Q}{2}, \\ \delta(y-Q) \int\limits_{-\frac{Q}{2}+Q}^{\frac{Q}{2}+Q} p_X(x)dx & -\frac{Q}{2} + Q \leq y < \frac{Q}{2} + Q, \\ \delta(y-2Q) \int\limits_{-\frac{Q}{2}+2Q}^{\frac{Q}{2}+2Q} p_X(x)dx & -\frac{Q}{2} + 2Q \leq y < \frac{Q}{2} + 2Q. \end{cases} \qquad (2.17)$$

Die Summation aller Intervalle liefert die Verteilungsdichtefunktion des Ausgangssignals

$$p_Y(y) \;=\; \sum_{k=-\infty}^{\infty} \delta(y - kQ)W(kQ) \tag{2.18}$$

$$=\; \sum_{k=-\infty}^{\infty} \delta(y - kQ)W(y) \tag{2.19}$$

mit

$$W(kQ) = \int_{-\frac{Q}{2}+kQ}^{\frac{Q}{2}+kQ} p_X(x)dx \tag{2.20}$$

$$W(y) \;=\; \int_{-\infty}^{\infty} \mathrm{rect}\left(\frac{y-x}{Q}\right) p_X(x)dx \tag{2.21}$$

$$=\; \mathrm{rect}\left(\frac{y}{Q}\right) * p_X(y). \tag{2.22}$$

Mit

$$\delta_Q(y) = \sum_{k=-\infty}^{\infty} \delta(y - kQ) \tag{2.23}$$

folgt für die Verteilungsdichtefunktion des Ausgangssignals

$$p_Y(y) = \delta_Q(y) \left[\mathrm{rect}(\frac{y}{Q}) * p_X(y) \right]. \tag{2.24}$$

Die Bestimmung der Verteilungsdichtefunktion des Ausgangssignals eines Quantisierers lässt sich als Faltung der Eingangsverteilungsdichtefunktion mit einer rect-Funktion und anschließender *Amplitudenabtastung* mit der Auflösung Q gemäß (2.24) beschreiben (s. Bild 2.9).

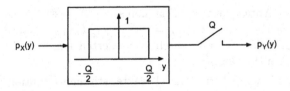

Bild 2.9 Bestimmung der Verteilungsdichtefunktion des Ausgangssignals

Mit Hilfe von $F\{f_1(t) \cdot f_2(t)\} = \frac{1}{2\pi} F_1(j\omega) * F_2(j\omega)$ lautet die charakteristische Funktion

(Fourier-Transformierte der Dichtefunktion $p_Y(y)$):

$$P_Y(ju) \;=\; \frac{1}{2\pi} u_o \sum_{k=-\infty}^{\infty} \delta(u - ku_o) * \left[Q \frac{\sin(u\frac{Q}{2})}{u\frac{Q}{2}} \cdot P_X(ju) \right] \qquad (2.25)$$

$$\text{mit} \quad u_o = \frac{2\pi}{Q}$$

$$=\; \sum_{k=-\infty}^{\infty} \delta(u - ku_o) * \left[\frac{\sin(u\frac{Q}{2})}{u\frac{Q}{2}} \cdot P_X(ju) \right] \qquad (2.26)$$

$$\boxed{\; P_Y(ju) = \sum_{k=-\infty}^{\infty} P_X(ju - jku_o) \frac{\sin[(u - ku_o)\frac{Q}{2}]}{(u - ku_o)\frac{Q}{2}} \;} \qquad (2.27)$$

Die Gleichung (2.27) beschreibt eine Abtastung der kontinuierlichen Verteilungsdichtefunktion des Eingangssignals. Wenn die Quantisierungsfrequenz $u_o = 2\pi/Q$ zweimal so groß wie die höchste Frequenzkomponente in der charakteristischen Funktion $P_X(ju)$ ist, überlappen die periodisch fortgesetzten Spektren nicht, und eine Rekonstruktion der Verteilungsdichtefunktion $p_X(x)$ des Eingangssignals aus der quantisierten Verteilungsdichtefunktion $p_Y(y)$ ist möglich (s. Bild 2.10). Dieses wird als *Quantisierungstheorem* nach Widrow bezeichnet.

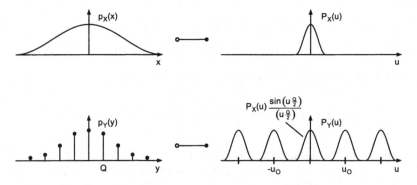

Bild 2.10 Spektraldarstellung

Im Gegensatz zum Abtasttheorem (Shannon'sches Abtasttheorem, ideale Amplitudenabtastung im Zeitbereich) $F^A(j\omega) = \frac{1}{T} \sum_{k=-\infty}^{\infty} F_a(j\omega - jk\omega_o)$ erkennt man die zusätzliche Multiplikation der periodisch überlagerten kontinuierlichen charakteristischen Funktion mit $\text{si}[(u - ku_o)\frac{Q}{2}]$.

Betrachtet man das Basisspektrum der charakteristischen Funktion ($k = 0$)

$$P_Y(ju) = P_X(ju) \underbrace{\frac{\sin(u\frac{Q}{2})}{u\frac{Q}{2}}}_{P_E(ju)}, \qquad (2.28)$$

so erkennt man das Produkt zweier charakteristischer Funktionen. Die Multiplikation der charakteristischen Funktionen führt auf die Faltung der Verteilungsdichtefunktionen, woraus die Addition zweier statistisch unabhängiger Signale zu schließen ist. Die charakteristische Funktion des Quantisierungsfehlers lautet somit

$$P_E(ju) = \frac{\sin(u\frac{Q}{2})}{u\frac{Q}{2}} \tag{2.29}$$

und die Verteilungsdichtefunktion

$$p_E(e) = \frac{1}{Q}\text{rect}\left(\frac{e}{Q}\right) \tag{2.30}$$

(s. Bild 2.11).

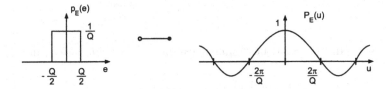

Bild 2.11 Verteilungsdichtefunktion und charakteristische Funktion des Quantisierungsfehlers

Die Modellierung des Quantisierungsvorganges als Addition eines statistisch unabhängigen Rauschsignals zum unquantisierten Eingangssignal führt zu einer kontinuierlichen Verteilungsdichtefunktion des Ausgangssignals (s. Bild 2.12, Faltung der Verteilungsdichtefunktionen und Abtastung im Intervall Q liefert die diskrete Verteilungsdichtefunktion des Ausgangssignals). Die Verteilungsdichtefunktion des wertediskreten

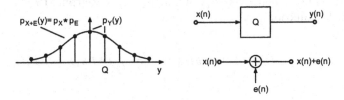

Bild 2.12 Verteilungsdichtefunktion des Modells

Ausgangssignals besteht aus Dirac-Impulsen im Abstand Q mit den Gewichten der kontinuierlichen Verteilungsdichte (s. hierzu Gl. (2.24)). Nur bei Gültigkeit des *Quantisierungstheorems* kann die kontinuierliche Verteilungsdichtefunktion aus der diskreten Verteilungsdichtefunktion gewonnen werden.

In vielen Fällen ist es nicht notwendig die Verteilungsdichtefunktion des Eingangssignals zu rekonstruieren. Es ist ausreichend, die Momente des Eingangssignals aus dem

Ausgangssignal zu berechnen. Das m-te Moment lässt sich sowohl durch die Verteilungsdichtefunktion als auch durch deren charakteristische Funktion ausdrücken:

$$\mathrm{E}\{Y^m\} \;=\; \int\limits_{-\infty}^{\infty} y^m p_Y(y)\,dy \tag{2.31}$$

$$=\; (-j)^m \frac{d^m P_Y(ju)}{du^m}\bigg|_{u=0}. \tag{2.32}$$

Wenn das *Quantisierungstheorem* erfüllt ist, überlappen die periodischen Anteile in (2.27) nicht, und die m-te Ableitung von $P_Y(ju)$ ist allein durch das Basisband[1] bestimmt, so dass sich mit (2.27)

$$\mathrm{E}\{Y^m\} = (-j)^m \frac{d^m}{du^m} P_X(ju) \frac{\sin(u\frac{Q}{2})}{u\frac{Q}{2}}\bigg|_{u=0} \tag{2.33}$$

schreiben lässt. Mit Gl. (2.33) bestimmen sich die ersten beiden Momente zu

$$m_Y = \mathrm{E}\{Y\} \;=\; \mathrm{E}\{X\}, \tag{2.34}$$

$$\sigma_Y^2 = \mathrm{E}\{Y^2\} \;=\; \underbrace{\mathrm{E}\{X^2\}}_{\sigma_X^2} + \underbrace{\frac{Q^2}{12}}_{\sigma_E^2}. \tag{2.35}$$

Statistik 2. Ordnung des Ausgangssignals eines Quantisierers

Zur Beschreibung der spektralen Eigenschaften des Ausgangssignals werden zwei Ausgangswerte $y_1(n_1)$ (zum Zeitpunkt n_1) und $y_2(n_2)$ (zum Zeitpunkt n_2) betrachtet. Für die Verbunddichtefunktion gilt

$$p_{Y_1 Y_2}(y_1, y_2) = \delta_{QQ}(y_1, y_2)\left[\mathrm{rect}(\frac{y_1}{Q}, \frac{y_2}{Q}) * p_{X_1 X_2}(y_1, y_2)\right] \tag{2.36}$$

mit

$$\delta_{QQ}(y_1, y_2) = \delta_Q(y_1) \cdot \delta_Q(y_2) \tag{2.37}$$

und

$$\mathrm{rect}\left(\frac{y_1}{Q}, \frac{y_2}{Q}\right) = \mathrm{rect}\left(\frac{y_1}{Q}\right) \cdot \mathrm{rect}\left(\frac{y_2}{Q}\right). \tag{2.38}$$

---

[1]Dies gilt ebenfalls aufgrund der schwächeren Bedingung nach Sripad und Snyder [Sri77] aus dem nächsten Abschnitt.

Für die zweidimensionale Fourier-Transformierte folgt

$$P_{Y_1Y_2}(ju_1, ju_2) = \sum_{k=-\infty}^{\infty} \sum_{l=-\infty}^{\infty} \delta(u_1 - ku_o)\delta(u_2 - lu_o)$$

$$* \left[\frac{\sin(u_1\frac{Q}{2})}{u_1\frac{Q}{2}} \cdot \frac{\sin(u_2\frac{Q}{2})}{u_2\frac{Q}{2}} \cdot P_{X_1X_2}(ju_1, ju_2)\right] \qquad (2.39)$$

$$= \sum_{k=-\infty}^{\infty} \sum_{l=-\infty}^{\infty} P_{X_1X_2}(ju_1 - jku_o, ju_2 - jlu_o)$$

$$\frac{\sin[(u_1 - ku_o)\frac{Q}{2}]}{(u_1 - ku_o)\frac{Q}{2}} \cdot \frac{\sin[(u_2 - lu_o)\frac{Q}{2}]}{(u_2 - lu_o)\frac{Q}{2}}. \qquad (2.40)$$

Analog zum eindimensionalen *Quantisierungstheorem* lässt sich ein zweidimensionales Theorem [Wid61] aufstellen, welches besagt: Die Verbundverteilungsdichte des Eingangssignals ist aus der Verbundverteilungsdichte des Ausgangssignals rekonstruierbar, wenn $P_{X_1X_2}(ju_1, ju_2) = 0$ für $u_1 \geq u_o/2$ und $u_2 \geq u_o/2$. Auch hier lassen sich die Momente der Verbundverteilungsfunktion wie folgt berechnen:

$$\mathrm{E}\{Y_1^m Y_2^n\} = (-j)^{m+n} \frac{\partial^{m+n}}{\partial u_1^m \partial u_2^n} P_{X_1X_2}(ju_1, ju_2) \frac{\sin(u_1\frac{Q}{2})}{u_1\frac{Q}{2}} \frac{\sin(u_2\frac{Q}{2})}{u_2\frac{Q}{2}}\Bigg|_{u_1=0, u_2=0}. \qquad (2.41)$$

Daraus lässt sich die Autokorrelationsfunktion mit $m = n_2 - n_1$ gemäß

$$r_{YY}(m) = \mathrm{E}\{Y_1 Y_2\} = \begin{cases} \mathrm{E}\{X^2\} + \frac{Q^2}{12} & m = 0 \\ \mathrm{E}\{X_1 X_2\} & \text{sonst} \end{cases} \qquad (2.42)$$

ableiten (für $m = 0$ folgt Gl. (2.35)).

2.1.3 Statistik des Quantisierungsfehlers

Statistik 1. Ordnung des Quantisierungsfehlers

Die Abhängigkeit der Verteilungsdichtefunktion des Quantisierungsfehlers von der Verteilungsdichtefunktion des Eingangssignals wird im Folgenden behandelt. Der Quantisierungsfehler $e(n) = x_Q(n) - x(n)$ ist beschränkt auf den Wertebereich $[-\frac{Q}{2}, \frac{Q}{2}]$ und ist linear abhängig vom Eingangssignal (s. Bild 2.13). Wenn sich der Eingangswert im Intervall $[-\frac{Q}{2}, \frac{Q}{2}]$ befindet, ist der Fehler $e(n) = 0 - x(n)$. Für dessen Verteilungsdichtefunktion folgt $p_E(e) = p_X(e)$. Befindet sich das Eingangssignal im Intervall $[-\frac{Q}{2} + Q, \frac{Q}{2} + Q]$, ist der Quantisierungsfehler $e(n) = Q\lfloor Q^{-1}x(n) + 0.5\rfloor - x(n)$ und befindet sich wieder im Wertebereich $[-\frac{Q}{2}, \frac{Q}{2}]$. Die Verteilungsdichtefunktion des Quantisierungsfehlers ist demnach $p_E(e) = p_X(e + Q)$ und wird dem ersten Beitrag additiv überlagert. Für die Summe über alle Intervalle gilt

$$p_E(e) = \begin{cases} \sum_{k=-\infty}^{\infty} p_X(e - kQ) & -\frac{Q}{2} \leq e < \frac{Q}{2} \\ 0 & \text{sonst} \end{cases}. \qquad (2.43)$$

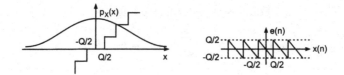

Bild 2.13 Verteilungsdichtefunktion und Quantisierungsfehler

Aufgrund des beschränkten Wertebereiches der Variablen der Verteilungsdichtefunktion kann man

$$p_E(e) \;=\; \mathrm{rect}\left(\frac{e}{Q}\right) \sum_{k=-\infty}^{\infty} p_X(e - kQ) \tag{2.44}$$

$$\;=\; \mathrm{rect}\left(\frac{e}{Q}\right)\left[p_X(e) * \delta_Q(e)\right] \tag{2.45}$$

schreiben. Die Verteilungsdichtefunktion des Quantisierungsfehlers wird aus der Verteilungsdichtefunktion des Eingangssignals durch Verschiebung der Eingangsverteilungsdichte und Ausblenden einer Fläche ermittelt. Alle Einzelflächen werden zur Bildung der Verteilungsdichtefunktion des Quantisierungsfehlers aufsummiert. Eine einfache graphische Interpretation dieses Überlagerungsvorganges ist in Bild 2.14 dargestellt. Anhand des Bildes 2.14 kann man erkennen, dass die Überlagerung zu einer Gleich-

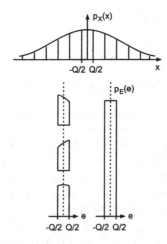

Bild 2.14 Verteilungsdichtefunktion des Quantisierungsfehlers

verteilung des Quantisierungsfehlers führt, wenn die Verteilungsdichtefunktion $p_X(x)$ genügend viele Quantisierungsintervalle überspannt.

Für die Fourier-Transformierte der Verteilungsdichtefunktion nach (2.45) folgt:

$$P_E(ju) = \frac{1}{2\pi} Q \frac{\sin(u\frac{Q}{2})}{u\frac{Q}{2}} * \left[P_X(ju) \frac{2\pi}{Q} \sum_{k=-\infty}^{\infty} \delta(u - ku_o) \right] \tag{2.46}$$

$$= \frac{\sin(u\frac{Q}{2})}{u\frac{Q}{2}} * \left[\sum_{k=-\infty}^{\infty} P_X(jku_o)\delta(u - ku_o) \right] \tag{2.47}$$

$$= \sum_{k=-\infty}^{\infty} P_X(jku_o) \left[\frac{\sin(u\frac{Q}{2})}{u\frac{Q}{2}} * \delta(u - ku_o) \right] \tag{2.48}$$

$$\boxed{P_E(ju) = \sum_{k=-\infty}^{\infty} P_X(jku_o) \frac{\sin[(u - ku_o)\frac{Q}{2}]}{(u - ku_o)\frac{Q}{2}}.} \tag{2.49}$$

Wenn das Quantisierungstheorem erfüllt ist, d.h. wenn $P_X(ju) = 0$ für $u > u_o/2$ ist, gibt es in Gl. (2.49) nur einen von Null verschiedenen Term ($k = 0$). Die charakteristische Funktion des Quantisierungsfehlers reduziert sich mit $P_X(0) = 1$ zu

$$P_E(ju) = \frac{\sin(u\frac{Q}{2})}{u\frac{Q}{2}}. \tag{2.50}$$

Für den Quantisierungsfehler folgt somit die Gleichverteilung

$$p_E(e) = \frac{1}{Q}\text{rect}\left(\frac{e}{Q}\right). \tag{2.51}$$

Sripad und Snyder [Sri77] haben die hinreichende Bedingung von Widrow (bandbegrenzte charakteristische Funktion des Eingangssignals) für einen gleichverteilten Quantisierungsfehler durch die schwächere Bedingung

$$\boxed{P_X(jku_o) = P_X\left(j\frac{2\pi k}{Q}\right) = 0 \qquad \text{für alle } k \neq 0} \tag{2.52}$$

modifiziert. Dies führt dazu, dass ein Eingangssignal mit einer Gleichverteilung

$$p_X(x) = \frac{1}{Q}\text{rect}\left(\frac{x}{Q}\right) \tag{2.53}$$

und der charakteristischen Funktion

$$P_X(ju) = \frac{\sin(u\frac{Q}{2})}{u\frac{Q}{2}} \tag{2.54}$$

zwar nicht die Bedingung der Bandbegrenzung nach Widrow erfüllt, jedoch

$$P_X\left(j\frac{2\pi k}{Q}\right) = \frac{\sin(\pi k)}{\pi k} = 0 \qquad \text{für alle } k \neq 0 \tag{2.55}$$

erfüllt ist. Hieraus folgt die Gleichverteilung (2.50) des Quantisierungsfehlers. Die schwächere Bedingung nach Sripad und Snyder erweitert die Klasse der Eingangssignale, bei denen eine Gleichverteilung des Quantisierungsfehlers angenommen werden kann.

Um die Abweichung von der Gleichverteilung des Quantisierungsfehlers in Abhängigkeit der Verteilungsdichtefunktion des Eingangssignals zu verdeutlichen, schreibt man für (2.49)

$$
\begin{aligned}
P_E(ju) &= P_X(0)\frac{\sin[u\frac{Q}{2}]}{u\frac{Q}{2}} + \sum_{k=-\infty,k\neq0}^{\infty} P_X\left(j\frac{2\pi k}{Q}\right)\frac{\sin[(u-ku_o)\frac{Q}{2}]}{(u-ku_o)\frac{Q}{2}} \\
&= \frac{\sin[u\frac{Q}{2}]}{u\frac{Q}{2}} + \sum_{k=-\infty,k\neq0}^{\infty} P_X\left(j\frac{2\pi k}{Q}\right)\frac{\sin[u\frac{Q}{2}]}{u\frac{Q}{2}} * \delta(u-ku_0). \quad (2.56)
\end{aligned}
$$

Durch Rücktransformation erhält man

$$
\begin{aligned}
p_E(e) &= \frac{1}{Q}\mathrm{rect}\left(\frac{e}{Q}\right)\left[1 + \sum_{k=-\infty,k\neq0}^{\infty} P_X\left(j\frac{2\pi k}{Q}\right)\exp\left(j\frac{2\pi ke}{Q}\right)\right] \quad (2.57) \\
&= \begin{cases} \frac{1}{Q}\left[1 + \sum_{k\neq0}^{\infty} P_X\left(j\frac{2\pi k}{Q}\right)\exp\left(j\frac{2\pi ke}{Q}\right)\right] & -\frac{Q}{2} \leq e < \frac{Q}{2} \\ 0 & \text{sonst.} \end{cases} \quad (2.58)
\end{aligned}
$$

Gleichung (2.57) zeigt den Einfluss der Eingangsverteilungsdichte auf die Abweichung von der Gleichverteilung.

Statistik 2. Ordnung des Quantisierungsfehlers

Zur Beschreibung der spektralen Eigenschaften des Fehlersignals werden zwei Fehlerwerte $e_1(n_1)$ (zum Zeitpunkt n_1) und $e_2(n_2)$ (zum Zeitpunkt n_2) betrachtet. Für die Verbunddichtefunktion folgt

$$
p_{E_1E_2}(e_1,e_2) = \mathrm{rect}\left(\frac{e_1}{Q},\frac{e_2}{Q}\right)\left[p_{X_1X_2}(e_1,e_2) * \delta_{QQ}(e_1,e_2)\right]. \quad (2.59)
$$

Hierbei gilt $\delta_{QQ}(e_1,e_2) = \delta_Q(e_1)\cdot\delta_Q(e_2)$ und $\mathrm{rect}(\frac{e_1}{Q},\frac{e_2}{Q}) = \mathrm{rect}(\frac{e_1}{Q})\cdot\mathrm{rect}(\frac{e_2}{Q})$. Für die Fourier-Transformierte der Verbunddichte lässt sich analog der Vorgehensweise (2.46) bis (2.49)

$$
\begin{aligned}
P_{E_1E_2}(ju_1,ju_2) &= \sum_{k_1=-\infty}^{\infty}\sum_{k_2=-\infty}^{\infty} P_{X_1X_2}(jk_1u_o,jk_2u_o) \\
&\quad \frac{\sin[(u_1-k_1u_o)\frac{Q}{2}]}{(u_1-k_1u_o)\frac{Q}{2}}\frac{\sin[(u_2-k_2u_o)\frac{Q}{2}]}{(u_2-k_2u_o)\frac{Q}{2}}
\end{aligned} \quad (2.60)
$$

schreiben. Wenn das Quantisierungstheorem und/oder die Sripad/Snyder Bedingung

$$\boxed{P_{X_1 X_2}(jk_1 u_o, jk_2 u_o) = 0 \qquad \text{für alle } k_1, k_2 \neq 0} \tag{2.61}$$

erfüllt sind, folgt

$$P_{E_1 E_2}(ju_1, ju_2) = \frac{\sin[u_1 \frac{Q}{2}]}{u_1 \frac{Q}{2}} \frac{\sin[u_2 \frac{Q}{2}]}{u_2 \frac{Q}{2}}. \tag{2.62}$$

Für die Verbundverteilungsdichte des Quantisierungsfehlers gilt dann

$$
\begin{aligned}
p_{E_1 E_2}(e_1, e_2) &= \frac{1}{Q}\text{rect}\left(\frac{e_1}{Q}\right) \cdot \frac{1}{Q}\text{rect}\left(\frac{e_2}{Q}\right) \qquad -\frac{Q}{2} \leq e_1, e_2 < \frac{Q}{2} \tag{2.63} \\
&= p_{E_1}(e_1) \cdot p_{E_2}(e_2). \tag{2.64}
\end{aligned}
$$

Aufgrund der statistischen Unabhängigkeit der Quantisierungsfehlerwerte gemäß Gl. (2.64) kann man

$$E\{E_1^m E_2^n\} = E\{E_1^m\} \cdot E\{E_2^n\} \tag{2.65}$$

schreiben. Für die Momente der Verbundverteilungsfunktion gilt

$$E\{E_1^m E_2^n\} = (-j)^{m+n} \frac{\partial^{m+n}}{\partial u_1^m \partial u_2^n} P_{E_1 E_2}(u_1, u_2)\Big|_{u_1 = 0, u_2 = 0} \tag{2.66}$$

Hieraus folgt mit $m = n_2 - n_1$ für die Autokorrelationsfunktion

$$r_{EE}(m) = E\{E_1 E_2\} = \begin{cases} E\{E^2\} & m = 0 \\ E\{E_1 E_2\} & \text{sonst} \end{cases} \tag{2.67}$$

$$= \begin{cases} \frac{Q^2}{12} & m = 0 \\ 0 & \text{sonst} \end{cases} \tag{2.68}$$

$$= \underbrace{\frac{Q^2}{12}}_{\sigma_E^2} \delta(m). \tag{2.69}$$

Für das Leistungsdichtespektrum des Quantisierungsfehlers folgt somit

$$S_{EE}(e^{j\Omega}) = \sum_{m=-\infty}^{+\infty} r_{EE}(m)e^{-j\Omega m} = \frac{Q^2}{12}. \tag{2.70}$$

Das Leistungsdichtespektrum ist eine Konstante mit dem Wert der Varianz $\sigma_E^2 = \frac{Q^2}{12}$ (der Leistung) des Quantisierungsfehlers (s. Bild 2.15).

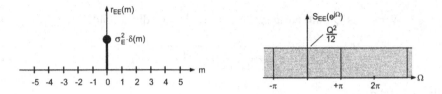

Bild 2.15 Autokorrelationsfunktion $r_{EE}(m)$ und Leistungsdichtespektrum $S_{EE}(e^{j\Omega})$ des Quantisierungsfehlers $e(n)$

Korrelation zwischen Signal und Quantisierungsfehler

Zur Beschreibung der Korrelation zwischen Signal und Quantisierungsfehler [Sri77] wird das zweite Moment des Ausgangssignals mit Gl. (2.27) wie folgt abgeleitet:

$$E\{Y^2\} = (-j)^2 \frac{d^2 P_Y(ju)}{du^2}\bigg|_{u=0} \tag{2.71}$$

$$= (-j)^2 \sum_{k=-\infty}^{\infty} \left[\ddot{P}_X\left(-\frac{2\pi k}{Q}\right) \frac{\sin(\pi k)}{\pi k} \right.$$

$$+ Q\dot{P}_X\left(-\frac{2\pi k}{Q}\right) \frac{\sin(\pi k) - \pi k \cos(\pi k)}{\pi^2 k^2}$$

$$\left. + \frac{Q^2}{4} P_X\left(-\frac{2\pi k}{Q}\right) \frac{(2 - \pi^2 k^2)\sin(\pi k) - 2\pi k \cos(\pi k)}{\pi^3 k^3} \right] \tag{2.72}$$

$$= E\{X^2\} + \frac{Q}{\pi} \sum_{k=-\infty, k\neq 0}^{\infty} \frac{(-1)^k}{k} \dot{P}_X\left(-\frac{2\pi k}{Q}\right) + E\{E^2\}. \tag{2.73}$$

Mit dem Quantisierungsfehler $e(n) = y(n) - x(n)$ folgt

$$E\{Y^2\} = E\{X^2\} + 2E\{X \cdot E\} + E\{E^2\}, \tag{2.74}$$

wobei man für den Term $E\{X \cdot E\}]$ mit (2.73)

$$E\{X \cdot E\} = \frac{Q}{2\pi} \sum_{k=-\infty, k\neq 0}^{\infty} \frac{(-1)^k}{k} \dot{P}_X\left(-\frac{2\pi k}{Q}\right) \tag{2.75}$$

schreiben kann. Bei Annahme einer Gaußverteilung des Eingangssignals

$$p_X(x) = \frac{1}{\sqrt{2\pi}\sigma} \exp\left(\frac{-x^2}{2\sigma^2}\right) \tag{2.76}$$

mit der charakteristischen Funktion

$$P_X(ju) = \exp\left(\frac{-u^2\sigma^2}{2}\right) \tag{2.77}$$

ergibt sich mit (2.58) für die Verteilungsdichtefunktion des Quantisierungsfehlers

$$p_E(e) = \begin{cases} \frac{1}{Q}\left[1 + 2\sum_{k=1}^{\infty}\cos\left(\frac{2\pi ke}{Q}\right)\exp\left(-\frac{2\pi^2 k^2 \sigma^2}{Q^2}\right)\right] & -\frac{Q}{2} \le e < \frac{Q}{2} \\ 0 & \text{sonst.} \end{cases}$$

Bild 2.16a zeigt die Abhängigkeit der Verteilungsdichtefunktion (2.78) für unterschiedliche Varianzen des Eingangsignals.

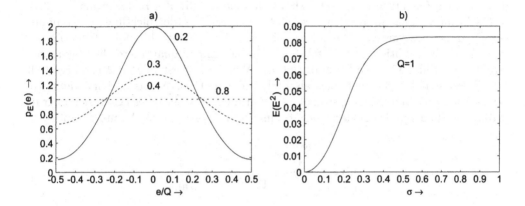

Bild 2.16 a) Verteilungsdichtefunktionen des Quantisierungsfehlers bei verschiedenen Standardabweichungen des gaußverteilten Eingangssignals. b) Varianz des Quantisierungsfehlers bei verschiedenen Standardabweichungen des gaußverteilten Eingangssignals

Für den Mittelwert und die Varianz des Quantisierungsfehlers folgt mit Gl. (2.78)

$$\mathrm{E}\{E\} = 0 \tag{2.78}$$

$$\mathrm{E}\{E^2\} = \int_{-\infty}^{\infty} e^2 p_E(e)\,de = \frac{Q^2}{12}\left[1 + \frac{12}{\pi^2}\sum_{k=1}^{\infty}\frac{(-1)^k}{k^2}\exp\left(-\frac{2\pi^2 k^2 \sigma^2}{Q^2}\right)\right]. \tag{2.79}$$

Bild 2.16b zeigt die Abhängigkeit der Varianz des Quantisierungsfehlers (2.79) für unterschiedliche Varianzen des Eingangssignals.

Bei einem gaußverteilten Eingangssignal gemäß (2.76) und (2.77) folgt für die Korrelation (s. Gl. (2.75)) zwischen Eingangssignal und Quantisierungsfehler

$$\mathrm{E}\{X \cdot E\} = 2\sigma^2 \sum_{k=1}^{\infty}(-1)^k \exp\left(-\frac{2\pi^2 k^2 \sigma^2}{Q^2}\right). \tag{2.80}$$

Die Korrelation wird für große Werte von $\frac{\sigma}{Q}$ vernachlässigbar.

2.2   Dither-Techniken

2.2.1   Prinzip

Die *Re-Quantisierung* (die erneute Quantisierung bereits quantisierter Signale) auf eine begrenzte Wortlänge tritt bei der Speicherung, bei Formatkonversionen und bei Signalverarbeitungsalgorithmen wiederholt auf. Hierbei führen kleine Signalpegel zu Fehlersignalen, die abhängig vom Eingangssignal sind. Durch die Quantisierung treten bei Signalen kleiner Leistung nichtlineare Verzerrungen auf. Die Voraussetzungen für das klassische Quantisierungsmodell sind nicht mehr erfüllt. Zur Reduzierung der Effekte bei kleinen Signalamplituden wird eine Linearisierung der nichtlinearen Kennlinie des Quantisierers vorgenommen. Dies wird vor dem eigentlichen Quantisierungsvorgang durch die Addition einer Zufallsfolge $d(n)$ zu dem zu quantisierenden Signal $x(n)$ erreicht (s. Bild 2.17). Die Spezifikation der Wortbreiten ist in Bild 2.18 dargestellt. Das Zufallssignal bezeichnet man als Dither-Signal. Die statistische Unabhängigkeit des Fehlersignals vom Eingangssignal ist damit nicht erreichbar, es lassen sich aber die bedingten Momente des Fehlersignals beeinflussen [Lip92, Ger89, Wan92, Wan00].

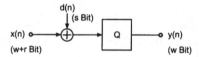

Bild 2.17 Addition einer Zufallsfolge $d(n)$ vor dem Quantisierer

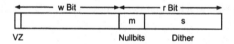

Bild 2.18 Spezifikation der Wortbreiten

Die Folge $d(n)$ wird mit Hilfe eines Zufallszahlengenerators erzeugt und mit einer sehr kleinen Aussteuerung $(-\frac{Q}{2} \leq d(n) \leq \frac{Q}{2})$ dem Eingangssignal $x(n)$ überlagert. Für einen Dither-Wert folgt mit $Q = 2^{-(w-1)}$

$$d_k = k2^{-r}Q \qquad -2^{s-1} \leq k \leq 2^{s-1} - 1. \tag{2.81}$$

Der Index k der Zufallszahl d_k bezeichnet einen Wert aus der Menge der $N = 2^s$ möglichen Zahlen mit der Wahrscheinlichkeit

$$P(d_k) = \begin{cases} 2^{-s} & -2^{s-1} \leq k \leq 2^{s-1} - 1 \\ 0 & \text{sonst} \end{cases}. \tag{2.82}$$

Für den Mittelwert $\overline{d} = \sum_k d_k P(d_k)$ und die Varianz $\sigma_d^2 = \sum_k [d_k - \overline{d}]^2 P(d_k)$ der Zufallsfolge folgt mit dem quadratischen Mittelwert $\overline{d^2} = \sum_k d_k^2 P(d_k)$ die Beziehung $\sigma_d^2 = \overline{d^2} - \overline{d}^2$.

Mit dem Dither-Wert d_k und dem statischen Eingangswert V lässt sich für die Rundungsoperation

$$g(V + d_k) = Q \left\lfloor \frac{V + d_k}{Q} + 0.5 \right\rfloor \qquad (2.83)$$

schreiben [Lip86]. Für den mittleren Ausgangswert $\overline{g}(V)$ in Abhängigkeit des Eingangswertes V gilt

$$\overline{g}(V) = \sum_k g(V + d_k) P(d_k). \qquad (2.84)$$

Der mittlere quadratische Ausgangswert $\overline{g^2}(V)$ für den Eingangswert V lautet

$$\overline{g^2}(V) = \sum_k g^2(V + d_k) P(d_k). \qquad (2.85)$$

Für die Varianz $d_R^2(V)$ in Abhängigkeit des Eingangswertes V gilt

$$d_R^2(V) = \sum_k \{g(V + d_k) - \overline{g}(V)\}^2 P(d_k) = \overline{g^2}(V) - \{\overline{g}(V)\}^2. \qquad (2.86)$$

Die genannten Beziehungen haben als Parameter den Eingangswert V. Mit Gleichung (2.84), (2.85) und (2.86) lassen sich die in Bild 2.19 und 2.20 gezeigten Verläufe für den mittleren Ausgangswert $\overline{g}(V)$ und die Standardabweichung $d_R(V)$ innerhalb einer Quantisierungsstufe darstellen.

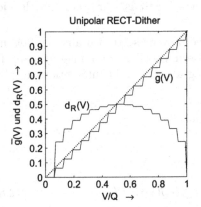
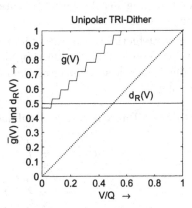

Bild 2.19 Abschneidekennlinie - Linearisierung und Unterdrückung der Rauschmodulation (s=4, m=0)

Die dargestellten Beispiele für Runden und Abschneiden verdeutlichen die Linearisierung der Quantisiererkennlinie. Die grobe Stufung wird durch eine feinere Stufung ersetzt. Die quadratische Abweichung vom mittleren Ausgangswert $d_R^2(V)$ bezeichnet man als *Rauschmodulation*. Für gleichverteiltes Dither ist diese Rauschmodulation amplitudenabhängig (s. Bilder 2.19 und 2.20). Sie ist maximal in der Mitte der

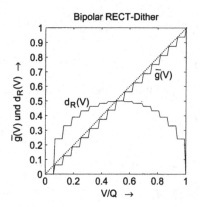 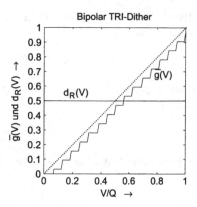

Bild 2.20 Rundungskennlinie - Linearisierung und Unterdrückung der Rauschmodulation
(s=4, m=1)

Quantisierungsstufe und geht gegen Null bei den Quantisierungsstufen. Die Unterdrückung der Rauschmodulation und die Linearisierung der Quantisiererkennlinie erreicht man durch dreieckförmig verteiltes Dither mit einer bipolaren Charakteristik [Van89] und der Rundungsoperation (s. Bild 2.20). Dreieckförmig verteiltes Dither erhält man durch Addition zweier statistisch unabhängiger Dither-Signale mit gleichverteilter Verteilungsdichtefunktion (Faltung der Verteilungsdichtefunktionen). Eine höhere Ordnung der Verteilungsdichte des Dither-Signals ist für Audiosignale nicht notwendig [Lip92, Wan00].

Die Gesamtfehlerleistung dieses Quantisierungsverfahrens setzt sich aus der Leistung des Dither-Signals und der Leistung des Quantisierungsfehlers zusammen [Lip86]. Die folgenden Rauschleistungen erhält man durch Integration über die Integrationsvariablen V wie folgt:

1. Mittlere Rauschleistung d^2 infolge des Dither:

$$d^2 \;=\; \frac{1}{Q}\int_0^Q d_R^2(V)\,dV \tag{2.87}$$

$$=\; \frac{1}{Q}\int_0^Q \sum_k \{g(V+d_k)-\bar{g}(V)\}^2 P(d_k)\,dV \tag{2.88}$$

(Bem.: Abweichung vom mittleren Ausgangswert nach Gl. (2.84))

2. Mittlere Gesamtrauschleistung d_{tot}^2 (gut ausgesteuertes Eingangssignal, Fehlerwerte statistisch unabhängig)

$$d_{tot}^2 = \frac{1}{Q}\int_0^Q \sum_k \{g(V+d_k)-V\}^2 P(d_k)\,dV \tag{2.89}$$

(Bem.: Abweichung von der idealen Geraden)

Zur Ableitung einer Beziehung zwischen d_{tot}^2 und d^2 schreibt man zunächst mit dem Quantisierungsfehler

$$Q(V + d_k) = g(V + d_k) - (V + d_k) \tag{2.90}$$

für (2.89) die Beziehung

$$d_{tot}^2 = \sum_k P(d_k) \frac{1}{Q} \int_0^Q (Q^2(V + d_k) + 2d_k Q(V + d_k) + d_k^2) \, dV \tag{2.91}$$

$$= \sum_k P(d_k) \frac{1}{Q} \int_0^Q Q^2(V + d_k) \, dV$$

$$+ 2 \sum_k d_k P(d_k) \frac{1}{Q} \int_0^Q Q(V + d_k) \, dV$$

$$+ \sum_k d_k^2 P(d_k) \frac{1}{Q} \int_0^Q dV. \tag{2.92}$$

Die Integrale in (2.92) sind unabhängig von d_k. Darüberhinaus gilt $\sum_k P(d_k) = 1$. Mit dem Mittelwert des Quantisierungsfehlers

$$\bar{e} = \frac{1}{Q} \int_0^Q Q(V) \, dV \tag{2.93}$$

und dem mittleren quadratischen Fehler

$$\overline{e^2} = \frac{1}{Q} \int_0^Q Q^2(V) \, dV \tag{2.94}$$

kann man für (2.92)

$$d_{tot}^2 = \overline{e^2} + 2\overline{d}\bar{e} + \overline{d^2} \tag{2.95}$$

schreiben. Die Gl. (2.95) lässt sich mit $\sigma_E^2 = \overline{e^2} - \bar{e}^2$ und $\sigma_D^2 = \overline{d^2} - \bar{d}^2$ wie folgt umformulieren:

$$\boxed{d_{tot}^2 = \sigma_E^2 + (\bar{d} + \bar{e})^2 + \sigma_D^2} \tag{2.96}$$

Die Beziehungen (2.95) und (2.96) beschreiben die Gesamtfehlerleistung in Abhängigkeit der Quantisierung $(\bar{e}, \overline{e^2}, \sigma_E^2)$ und der Dither-Addition $((\bar{d}, \overline{d^2}, \sigma_D^2)$. Aus Gleichung (2.96) erkennt man, dass sich bei mittelwertfreier Quantisierung der Mittelterm zu $\bar{d} + \bar{e} = 0$ ergibt. Dies gilt ebenso, wenn $\bar{d} = -\bar{e}$ ist. Der akustisch wahrnehmbare Anteil an der Gesamtfehlerleistung wird durch die beiden Wechselanteile dargestellt.

2.2.2 Realisierung

Die Zufallsfolge $d(n)$ wird mit Hilfe eines Zufallszahlengenerators mit einer Gleichverteilung erzeugt. Zur Generierung einer dreieckförmig verteilten Zufallsfolge können zwei unabhängige, aber gleichverteilte Zufallsfolgen $d_1(n)$ und $d_2(n)$ additiv überlagert

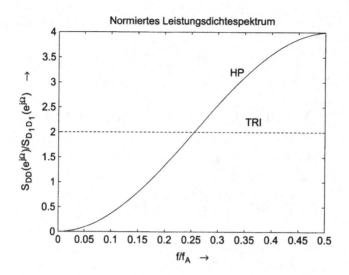

Bild 2.21 Normiertes Leistungsdichtespektrum für dreieckförmig verteiltes Dither (TRI) mit $d_1(n) + d_2(n)$ und dreieckförmig verteiltes Hochpass-Dither (HP) mit $d_1(n) - d_1(n-1)$

werden. Zur Generierung eines Hochpass-Dither wird dem aktuellen Zufallswert $d_1(n)$ der Wert $-d_1(n-1)$ additiv überlagert, womit nur ein Zufallszahlengenerator nötig ist. Hiermit sind folgende Zufallsfolgen realisierbar:

$$d_{\mathrm{RECT}}(n) = d_1(n) \qquad (2.97)$$

$$d_{\mathrm{TRI}}(n) = d_1(n) + d_2(n) \qquad (2.98)$$

$$d_{\mathrm{HP}}(n) = d_1(n) - d_1(n-1). \qquad (2.99)$$

Die Leistungsdichtespektren für dreieckförmig verteiltes Dither und dreieckförmig verteiltes HP-Dither sind in Bild 2.21 dargestellt. In Bild 2.22 sind die Histogramme für ein gleichverteiltes Dither und ein dreieckförmig verteiltes Hochpass-Dither mit den zugehörigen Leistungsdichtespektren dargestellt. Der Wertebereich für ein rechteckförmig verteiltes Dither liegt zwischen $\pm Q/2$, während er für ein dreieckförmig verteiltes Dither zwischen $\pm Q$ liegt. Bei dreieckförmig verteiltem Dither verdoppelt sich die Gesamtrauschleistung.

2.2.3   Beispiele

Der Einfluss der Aussteuerung des Quantisierers wird in Bild 2.23 für einen 16-Bit Quantisierer ($Q = 2^{-15}$) verdeutlicht. Ein Sinussignal mit der Amplitude 2^{-15}, d.h. 1 Bit Aussteuerung, und der Frequenz $f/f_A = 64/1024$ zeigt nach der Quantisierung die in Bild 2.23a/b dargestellten Zeitverläufe. Die zugehörigen Leistungsdichtespektren sind in Bild 2.23c/d dargestellt. Man erkennt für eine Abschneidekennlinie in Bild 2.23c

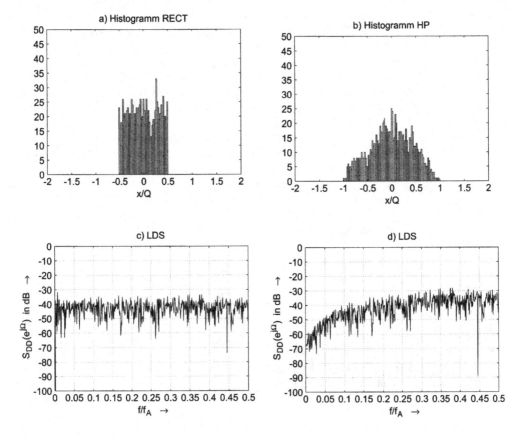

Bild 2.22 a/b) Histogramm und c/d) Leistungsdichtespektrum für gleichverteiltes Dither (RECT) mit $d_1(n)$ und dreieckförmig verteiltes Hochpass-Dither (HP) mit $d_1(n) - d_1(n-1)$

die Spektrallinie für das eigentliche Nutzsignal und die spektrale Verteilung des Quantisierungsfehlers, der sich in einzelnen harmonischen Frequenzen besonders bemerkbar macht. Bild 2.23d zeigt für eine Rundungskennlinie aufgrund der speziellen Signalfrequenz von $f/f_A = 64/1024$, dass sich der Quantisierungsfehler nur in den harmonischen Frequenzen ungerader Ordnung konzentriert.

Im Folgenden wird nur die Rundungskennlinie des Quantisierers genutzt. Durch Addition eines rechteckförmig verteilten Zufallssignals vor dem Quantisierer zu dem eigentlichen Nutzsignal ergeben sich der Zeitverlauf des quantisierten Signals gemäß Bild 2.24a und das Leistungsdichtespektrum in Bild 2.24c. Im Zeitsignal erkennt man, dass einige Amplitudenwerte zu Null quantisiert werden und der regelmäßige Charakter des quantisierten Signals beeinflusst wird. Das daraus resultierende Leistungsdichtespektrum in Bild 2.24c zeigt, dass die harmonischen Frequenzen nicht mehr auftreten und die Leistung des Quantisierungsfehlers spektral gleichverteilt ist. Bei dreieckförmig verteiltem Dither ergibt sich der Zeitverlauf des quantisierten Signals gemäß Bild 2.24b. Aufgrund der dreieckförmigen Verteilung treten neben den Signalwerten $\pm Q$ und Null

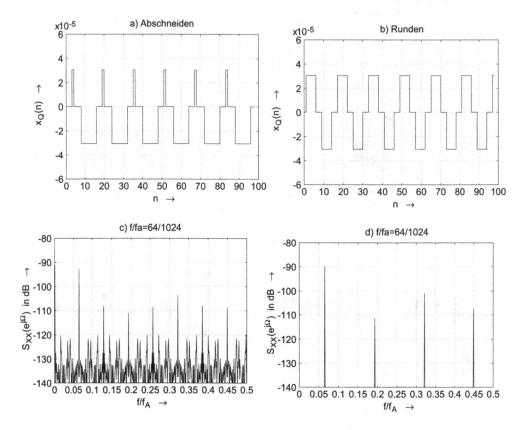

Bild 2.23 1 Bit Aussteuerung des Quantisierers bei Abschneiden a/c und Runden b/d

die Amplituden $\pm 2Q$ auf. Die Erhöhung der Gesamtrauschleistung ist im Leistungs-dichtespektrum in Bild 2.24d zu erkennen.

Zur Veranschaulichung der Rauschmodulation bei rechteckförmig verteiltem Dither wird die Amplitude des Eingangssignals zu $A = 2^{-18}$ und die Frequenz zu $f/f_A = 14/1024$ gewählt. Das bedeutet, dass der Quantisierer mit 0.25 Bit ausgesteuert wird. Bei einem Quantisierer ohne additiven Dither wird das quantisierte Signal zu Null gesetzt. Für ein RECT-Dither ergibt sich der in Bild 2.25a dargestellte Zeitverlauf des quantisierten Signals. Zur Verdeutlichung ist das Eingangssignal mit der Amplitude $0.25Q$ ebenfalls dargestellt. Das zugehörige Leistungsdichtespektrum ist in Bild 2.25c dargestellt. Man erkennt deutlich die Spektrallinie des Nutzsignals und die Gleichvertei-lung des Quantisierungsfehlers. Im Zeitsignal sind aber für positive bzw. negative Ein-gangsamplituden auch positive bzw. negative Ausgangswerte zu erkennen. Dies äußert sich bei akustischen Hörversuchen in der Rauschmodulation, wenn die Amplitude des Eingangsignals kontinuierlich verkleinert wird und unter die Amplitude der Quantisie-rungsstufe fällt. Dieser Vorgang tritt bei allen Abklingvorgängen auf, die bei Sprache und Musik vorkommen können. Für kleine positive Signalamplituden treten die zwei

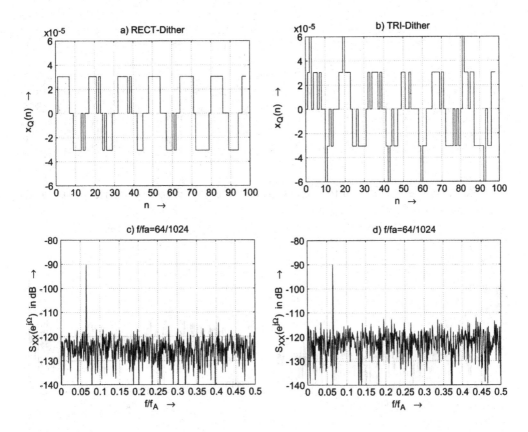

Bild 2.24 1 Bit Aussteuerung - Rundungskennlinie mit RECT-Dither a/c und TRI-Dither b/d

Ausgangszustände Null und Q, und für kleine negative die Ausgangszustände Null und $-Q$ auf. Dies äußert sich bei Hörtests in einem störenden Prasseln (Rauschmodulation), welches dem eigentlichen Signal überlagert ist. Bei verschwindendem Eingangssignal wird das quantisierte Ausgangssignal allerdings zu Null. Zur Vermeidung dieser Rauschmodulation bei kleinen Signalpegeln wird ein dreieckförmig verteiltes Dither eingesetzt. Bild 2.25b zeigt das quantisierte Signal und Bild 2.25d das Leistungsdichtespektrum. Man erkennt im quantisierten Zeitsignal den unregelmäßigen Charakter, so dass eine direkte Zuordnung von positiven Halbwellen zu positiven Ausgangswerten bzw. umgekehrt nicht mehr möglich ist. Im Leistungsdichtespektrum zeigt sich neben der Signalfrequenz eine Erhöhung der Fehlerleistung. Bei akustischen Hörtests äußert sich die Nutzung des dreieckförmig verteilten Dither in einem Rauschsignal mit konstantem Pegel bei verschwindendem Eingangssignal.

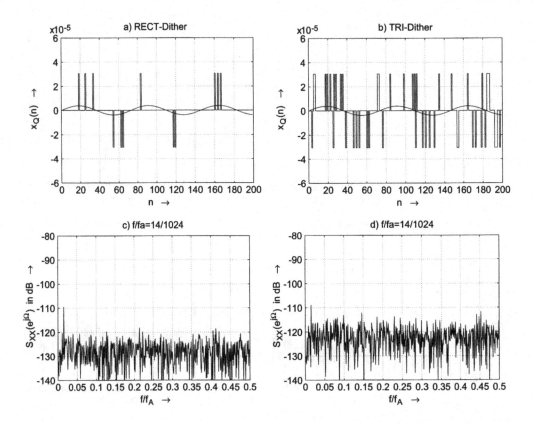

Bild 2.25 0.25 Bit Aussteuerung - Rundungskennlinie mit RECT-Dither a/c und TRI-Dither b/d

2.3 Spektralformung von Quantisierungsfehlern

Mit Hilfe des linearen Modells eines Quantisierers in Bild 2.26 und den Beziehungen

$$e(n) \;=\; y(n) - x(n) \qquad\qquad (2.100)$$
$$y(n) \;=\; [x(n)]_Q \qquad\qquad (2.101)$$
$$\;=\; x(n) + e(n) \qquad\qquad (2.102)$$

wird deutlich, dass bei einem Zugriff auf den Quantisierungsfehler eine Weiterverwendung sinnvoll erscheint. Dies gelingt durch Rückführung des Quantisierungsfehlers $e(n)$

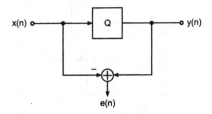

Bild 2.26 Lineares Modell eines Quantisierers

über eine Übertragungsfunktion $H(z)$ gemäß Bild 2.27 und führt auf

$$
\begin{aligned}
y(n) &= [x(n) - e(n) * h(n)]_Q && (2.103) \\
&= x(n) + e(n) - e(n) * h(n) && (2.104) \\
e_1(n) &= y(n) - x(n) && (2.105) \\
&= e(n) * [\delta(n) - h(n)] && (2.106)
\end{aligned}
$$

mit den Z-Transformierten

$$
\begin{aligned}
Y(z) &= X(z) + E(z)[1 - H(z)] && (2.107) \\
E_1(z) &= E(z)[1 - H(z)]. && (2.108)
\end{aligned}
$$

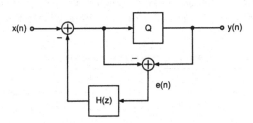

Bild 2.27 Spektralformung des Quantisierungsfehlers

Eine einfache Spektralformung des Quantisierungsfehlers $e(n)$ lässt sich durch eine Rückkopplung mit $H(z) = z^{-1}$ gemäß Bild 2.28 erreichen und führt zu

$$
\begin{aligned}
y(n) &= [x(n) - e(n - 1)]_Q && (2.109) \\
&= x(n) - e(n - 1) + e(n) && (2.110) \\
e_1(n) &= y(n) - x(n) && (2.111) \\
&= e(n) - e(n - 1) && (2.112)
\end{aligned}
$$

mit den Z-Transformierten

$$
\begin{aligned}
Y(z) &= X(z) + E(z)[1 - z^{-1}] && (2.113) \\
E_1(z) &= E(z)[1 - z^{-1}]. && (2.114)
\end{aligned}
$$

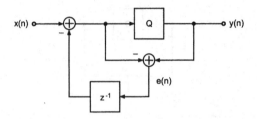

Bild 2.28 Hochpass-Spektralformung des Quantisierungsfehlers

Die Gleichung (2.114) verdeutlicht eine Hochpassbewertung des ursprünglichen Fehler-signals $e(n)$. Durch Wahl von $H(z) = 2z^{-1} - z^{-2}$ ergibt sich eine Hochpassbewertung 2. Ordnung mit

$$E_2(z) = E(z)[1 - 2z^{-1} + z^{-2}]. \tag{2.115}$$

Für das Leistungsdichtespektrum der Fehlersignale gilt

$$S_{E_1 E_1}(e^{j\Omega}) = |1 - e^{-j\Omega}|^2 S_{EE}(e^{j\Omega}) \tag{2.116}$$

$$S_{E_2 E_2}(e^{j\Omega}) = |1 - 2e^{-j\Omega} + e^{-j2\Omega}|^2 S_{EE}(e^{j\Omega}). \tag{2.117}$$

In Bild 2.29 ist die Gewichtung des spektral gleichverteilten Quantisierungsfehlers durch die Spektralformung dargestellt. Durch Addition eines Dither-Signals $d(n)$ folgt für das

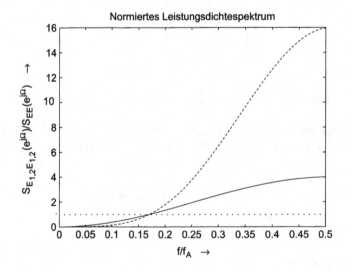

Bild 2.29 Spektralformung ($S_{EE}(e^{j\Omega})$ $\cdots$, $S_{E_1 E_1}(e^{j\Omega})$ —, $S_{E_2 E_2}(e^{j\Omega})$ - - -)

Ausgangssignal in Bild 2.30

$$y(n) = [x(n) + d(n) - e(n-1)]_Q \qquad (2.118)$$
$$= x(n) + d(n) - e(n-1) + e(n) \qquad (2.119)$$
$$e_1(n) = y(n) - x(n) \qquad (2.120)$$
$$= d(n) + e(n) - e(n-1). \qquad (2.121)$$

Für die Z-Transformierten gilt

$$Y(z) = X(z) + E(z)[1 - z^{-1}] + D(z) \qquad (2.122)$$
$$E_1(z) = E(z)[1 - z^{-1}] + D(z). \qquad (2.123)$$

Das modifizierte Fehlersignal $e_1(n)$ setzt sich aus dem Dither-Signal und dem hochpassgeformten Quantisierungsfehler zusammen.

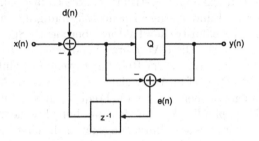

Bild 2.30 Dithering und Spektralformung

Durch eine modifizierte Addition (Bild 2.31) des Dither-Signals direkt vor dem Quantisierer erhält man für das Fehlersignal und das Dither-Signal eine Hochpass-Spektralformung. Hierbei gelten die folgenden Beziehungen:

$$y(n) = [x(n) + d(n) - e_0(n-1)]_Q \qquad (2.124)$$
$$= x(n) + d(n) - e_0(n-1) + e(n) \qquad (2.125)$$
$$e_0(n) = y(n) - [x(n) - e_0(n-1)] \qquad (2.126)$$
$$= d(n) + e(n) \qquad (2.127)$$
$$y(n) = x(n) + d(n) - d(n-1) + e(n) - e(n-1) \qquad (2.128)$$
$$e_1(n) = d(n) - d(n-1) + e(n) - e(n-1) \qquad (2.129)$$

mit den Z-Transformierten

$$Y(z) = X(z) + E(z)[1 - z^{-1}] + D(z)[1 - z^{-1}] \qquad (2.130)$$
$$E_1(z) = E(z)[1 - z^{-1}] + D(z)[1 - z^{-1}]. \qquad (2.131)$$

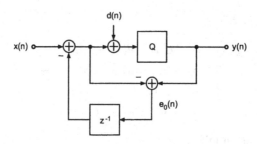

Bild 2.31 Modifiziertes Dithering und Spektralformung

Neben den diskutierten Rückkopplungsstrukturen, die einfach auf einem Signalprozessor zu implementieren sind und zu einer Hochpassformung führen, sind in der Literatur optimale und auf psychoakustischen Faktoren beruhende Spektralformungen angegeben [Ger89, Wan92, Lip93]. Diese Verfahren benutzen für das Rückkopplungsfilter $1 - H(z)$ spezielle Approximationen der Ruhehörschwelle (absolute Hörschwelle). Bild 2.32a zeigt den Schalldruckpegel in Abhängigkeit der Frequenz. Man erkennt die hohe Empfindlichkeit des menschlichen Gehörs für Frequenzen zwischen 1 und 6 kHz, und die stark abnehmende Empfindlichkeit für tiefe und hohe Frequenzen. Ebenfalls in Bild 2.32a eingezeichnet ist eine inverse F-Bewertungskurve, die eine Approximation der Ruhehörschwelle darstellt. Das Rückkopplungsfilter soll den Quantisierungsfehler mit der inversen F-Bewertungskurve beeinflussen, so dass die Quantisierungsfehlerleistung im Frequenzbereich hoher Empfindlichkeit gedämpft wird und zu tiefen und hohen Frequenzen hin verschoben wird. Für zwei spezielle Filter $H(z)$ [Wan92] zeigt Bild 2.33a die Leistungsdichtespektren des Quantisierungsfehlers. Eine Bewertung dieser Leistungsdichtespektren mit der F-Bewertungskurve führt auf die in Bild 2.33b dargestellten bewerteten Leistungsdichtespektren. Man erkennt die Reduktion der wahrnehmbaren Fehlerleistung um ca. 15 dB für die gestrichelte Kurve. Das entspricht einer Erhöhung der Wortbreite um 2.5 Bit. Gerzon hat eine theoretische Grenze von 27 dB angegeben, die bei einer direkten Bewertung mit der Filtercharakteristik der Ruhehörschwelle erreichbar ist [Ger89].

Bild 2.34 zeigt ein Sinussignal mit der Amplitude von $Q = 2^{-15}$, welches auf $w = 16$ Bit mit einer psychoakustischen Spektralformung quantisiert wird. Man erkennt im quantisierten Signal $x_Q(n)$ die verschiedenen Amplitudenstufen des klein ausgesteuerten Signals. Im Leistungsdichtespektrum des quantisierten Signals sieht man die psychoakustische Bewertung des Quantisierungsfehlers mit einem festen Spektralformungsfilter. Eine zeitvariante pschoakustische Spektralformung wird in [DeK03] beschrieben, in dem aus der momentanen Maskierungsschwelle das Spektralformungsfilter entworfen wird.

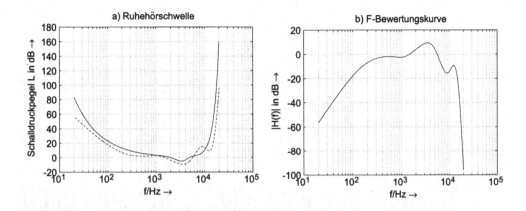

Bild 2.32 a) Ruhehörschwelle (—) und inverse F-Bewertungskurve (···), b) F-Bewertungskurve

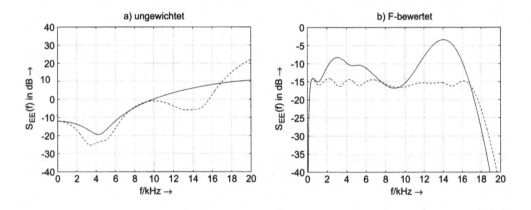

Bild 2.33 Leistungsdichtespektren des Quantisierungsfehlers für zwei Filterapproximationen (Filter 1 ···, Filter 2 —): a) unbewertet, b) F-bewertet

2.4 Zahlendarstellung

Die unterschiedlichen Anwendungen innerhalb einer digitalen Signalverarbeitung und Übertragung von Audiosignalen führen immer wieder zu der Fragestellung nach der Art der Zahlendarstellung für digitale Audiosignale. In diesem Abschnitt werden die grundlegenden Eigenschaften der Festkomma- und Gleitkomma-Zahlendarstellung für die Anwendung in der digitalen Audiosignalverarbeitung dargestellt.

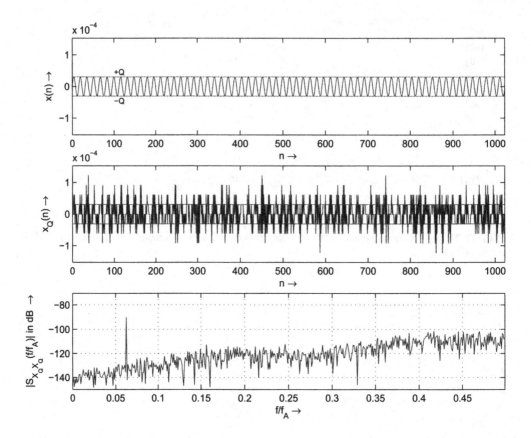

Bild 2.34 Psychoakustische Spektralformung bei der Quantisierung: Zeitsignal $x(n)$, quantisiertes Signal $x_Q(n)$ und Leistungsdichtespektrum des quantisierten Signals

2.4.1   Festkomma-Zahlendarstellung

Allgemein lässt sich eine beliebige reelle Zahl x durch eine endliche Summe

$$x_Q = \sum_{i=-m}^{n} b_i B^i \qquad (2.132)$$

annähern, wobei $0 \le b_i \le B-1$ gilt. Mit B wird die Basis (Radix) des Zahlensystems bezeichnet. Somit kann man für

$$x_Q = (b_n b_{n-1} \cdots b_0 . b_{-1} \cdots b_{-m})_B \qquad (2.133)$$

schreiben. Für das binäre Zahlensystem ist $B=2$ und die möglichen Werte für b_i sind die 0 und die 1.

Im Folgenden wird auf die gemischte Darstellung von Zahlen mit Vor- und Nachkommastellen verzichtet, da durch eine geeignete Skalierung eine Abbildung in den gewünschten Zahlenbereich durchgeführt werden kann. Die Festkomma-Zahlendarstellung mit einer endlichen Anzahl $w = m + n + vz$ von binären Stellen führt auf vier unterschiedliche Interpretationen des darstellbaren Zahlenbereiches (s. Tabelle 2.1 und Bild 2.35).

Tabelle 2.1 Bitzuordnung und Wertebereich

Typ	Bitzuordnung	Wertebereich
2er-K. (VZ)	$x_Q = -b_0 + \sum_{i=1}^{w-1} b_{-i} 2^{-i}$	$-1 \leq x_Q \leq 1 - 2^{-(w-1)}$
2er-K. (o. VZ)	$x_Q = \sum_{i=1}^{w} b_{-i} 2^{-i}$	$0 \leq x_Q \leq 1 - 2^{-w}$
Dualz. (VZ)	$x_Q = -b_{w-1} 2^{w-1} + \sum_{i=0}^{w-2} b_i 2^i$	$-2^{w-1} \leq x_Q \leq 2^{w-1} - 1$
Dualz. (o. VZ)	$x_Q = \sum_{i=0}^{w-1} b_i 2^i$	$0 \leq x_Q \leq 2^w - 1$

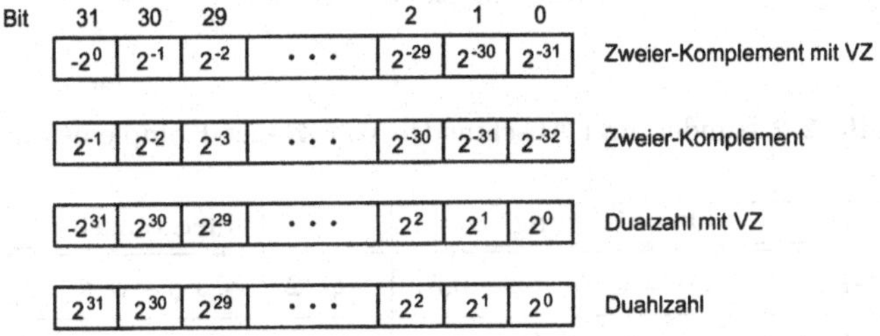

Bild 2.35 Festkomma-Formate

Die vorzeichenbehaftete fraktionale Darstellung (Zweier-Komplement) ist die übliche Form für digitale Audiosignale und für Algorithmen in Festkomma-Arithmetik. Zur Adressierung und bei Modulo-Operationen verwendet man die vorzeichenlose Dualzahl. Aufgrund der endlichen Wortbreite w ergeben sich die in Bild 2.36 dargestellten Überlaufkennlinien, die bei der Durchführung von arithmetischen Operationen, insbesondere bei der Addition in der Zweier-Komplementdarstellung, zu beachten sind.

Die Durchführung der Quantisierung erfolgt gemäß den in Tabelle 2.2 dargestellten Verfahren für die Rundung und das Abschneiden von fraktionalen Zahlen. Mit $Q = 2^{-(w-1)}$ wird die Quantisierungsstufe bezeichnet und die Operation $\lfloor x \rfloor$ bezeichnet die ganze Zahl kleiner als x. In Bild 2.37 sind die Rundungs- und Abschneidekennlinie einer Zweier-Komplementzahl dargestellt. Unter den jeweiligen Kennlinien befindet sich der Verlauf des absoluten Fehlers $e = x_Q - x$.

Die Codierung von digitalen Audiosignalen erfolgt in der sogenannten Zweier-Komplementdarstellung. Für die Zweier-Komplementdarstellung wird der Wertebereich von $-X_{max}$ bis $+X_{max}$ auf den Wertebereich von -1 bis +1 normiert (s. Bild 2.38). Ein mit w Bit quantisierter Wert x_Q liegt also in dem Zahlenbereich von -1 bis +1 und

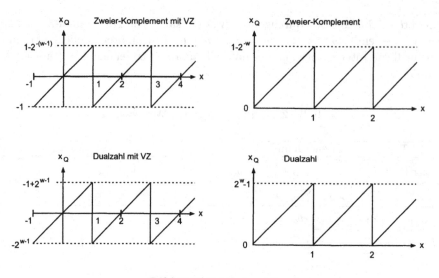

Bild 2.36 Zahlenbereich

Tabelle 2.2 Runden und Abschneiden von Zweier-Komplementzahlen

Typ	Quantisierung	Fehlergrenzen		
2er-K. (R)	$x_Q = Q\lfloor Q^{-1}x + 0{,}5\rfloor$	$-Q/2$	$\leq x_Q - x \leq$	$Q/2$
2er-K. (A)	$x_Q = Q\lfloor Q^{-1}x\rfloor$	$-Q$	$\leq x_Q - x \leq$	0

wird durch die gewichtete endliche Summe $x_Q = -b_1 + b_2 \cdot 0{,}5 + b_3 \cdot 0{,}25 + b_4 \cdot 0{,}125 + \cdots + b_w \cdot 2^{-(w-1)}$ dargestellt. Die Variablen b_1 bis b_w werden als Bits bezeichnet und können die Werte 1 oder 0 annehmen. Das Bit b_1 bezeichnet man als MSB (Most Significant Bit) und das Bit b_w als LSB (Least Significant Bit). Für positive Zahlen ist b_1 gleich 0 und für negative Zahlen ist b_1 gleich 1. Bei einer 3-Bit Quantisierung (s. Bild 2.38) wird ein quantisierter Wert gemäß $x_Q = -b_1 + b_2 \cdot 0{,}5 + b_3 \cdot 0{,}25$ dargestellt. Die kleinste Quantisierungsstufe ist 0,25. Für den positiven Zahlenwert 0,75 gilt $0{,}75 = -0 + 1 \cdot 0{,}5 + 1 \cdot 0{,}25$. Die Bitcodierung für 0,75 lautet 011. Für die negative Zahl -0,75 gilt $-0{,}75 = -1 + 0 \cdot 0{,}5 + 1 \cdot 0{,}25$ und damit für die Bitcodierung 101.

Dynamikbereich. Definiert man den Dynamikbereich (Dynamic Range) einer Zahlendarstellung als Verhältnis von maximal darstellbarer Zahl zur kleinsten darstellbaren Zahl, so erhält man für die Festkomma-Zahlendarstellung mit

$$x_{Qmax} = (1 - 2^{-(w-1)}) \tag{2.134}$$
$$x_{Qmin} = 2^{-(w-1)} \tag{2.135}$$

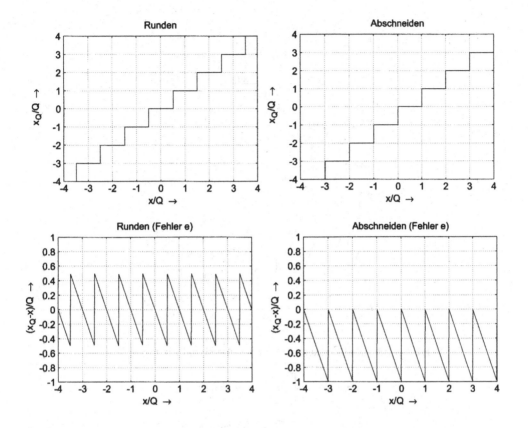

Bild 2.37 Rundungs-und Abschneidekennlinie

den Dynamikbereich

$$\mathrm{DR}_F = 20\log_{10}\left(\frac{x_{Qmax}}{x_{Qmin}}\right) = 20\log_{10}\left(\frac{1-Q}{Q}\right)$$

$$= 20\log_{10}(2^{w-1}-1) \quad \text{in dB}. \tag{2.136}$$

Multiplikation und Addition von Festkomma-Zahlen. Bei der Multiplikation zweier Festkomma-Zahlen im Wertebereich von -1 bis +1 ist das Ergebnis immer kleiner als 1. Bei der Addition zweier Festkomma-Zahlen muss darauf geachtet werden, dass das Ergebnis im Wertebereich von -1 bis +1 bleibt. Eine Addition von $0{,}6 + 0{,}7 = 1{,}3$ muss in der Form $0{,}5(0{,}6 + 0{,}7) = 0{,}65$ ausgeführt werden. Diese Multiplikation mit dem Faktor 0,5 oder allgemein 2^{-s} bezeichnet man als Skalierung. Für s wird eine ganze Zahl im Wertebereich von 1 bis z.B. 8 gewählt.

Fehlersignalmodell. Der Quantisierungsvorgang für Festkomma-Zahlen lässt sich als additives Fehlersignal $e(n)$ zum Signal $x(n)$ modellieren (s. Bild 2.39). Das Fehlersignal ist ein rauschförmiges Signal mit einer spektralen Gleichverteilung und ist unabhängig vom zu quantisierenden Signal $x(n)$.

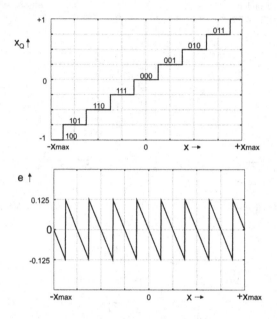

Bild 2.38 Rundungskennlinie und Fehlersignal für $w = 3$ Bit

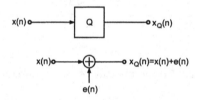

Bild 2.39 Modell des Festkomma-Quantisierers

Signal-Rauschabstand. Der Signal-Rauschabstand eines Festkomma-Quantisierers bestimmt sich zu

$$\text{SNR} = 10 \log_{10} \left(\frac{\sigma_X^2}{\sigma_E^2} \right), \tag{2.137}$$

wobei mit σ_X^2 die Signalleistung und mit σ_E^2 die Fehlerleistung bezeichnet sind.

2.4.2   Gleitkomma-Zahlendarstellung

Die Darstellung einer Zahl im Gleitkomma-Format erfolgt gemäß

$$x_Q = M_G \, 2^{E_G} \tag{2.138}$$

mit

$$0{,}5 \leq M_G < 1, \tag{2.139}$$

wobei M_G die normalisierte Mantisse und E_G den Exponent bezeichnen. Das genormte Standardformat (IEEE) ist in Bild 2.40 dargestellt, wobei die in Tabelle 2.3 aufgeführten Sonderfälle zu beachten sind. Die Mantisse M wird mit einer Wortbreite von w_M

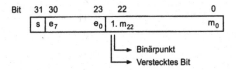

Bild 2.40 Gleitkomma-Zahlendarstellung

Tabelle 2.3 Spezialfälle der Gleitkomma-Zahlendarstellung

Typ	Exponent	Mantisse	Wert
NAN	255	$\neq 0$	undefiniert
Infinity	255	0	$(-1)^s$ Infinity
Normal	$1 \leq e \leq 254$	beliebig	$(-1)^s (0.m) 2^{e-127}$
Zero	0	0	$(-1)^s \cdot 0$

Bit realisiert und ist in Festkomma-Zahlendarstellung. Der Exponent E wird mit w_E Bit realisiert und ist eine ganze Zahl im Wertebereich von $-2^{w_E-1}+2$ bis $2^{w_E-1}-1$. Für eine Exponentwortbreite von $w_E = 8$ Bit liegt der Wertebereich des Exponenten zwischen -126 und +127. Das MSB der Mantisse steuert wiederum das Vorzeichen der Zahl. Der Wertebereich der Mantisse liegt zwischen 0,5 und 1. Dies wird als normalisierte Mantisse bezeichnet und sorgt für eine eindeutige Darstellung einer Zahl. Für eine Festkomma-Zahl im Wertebereich zwischen 0,5 und 1 folgt für den Exponenten der Gleitkomma-Zahlendarstellung die Zahl E=0. Für die Darstellung einer Festkomma-Zahl im Wertebereich 0,25 bis 0,5 durch eine Gleitkomma-Zahl liegt der Wertebereich der normalisierten Mantisse M zwischen 0,5 und 1, und für den Exponenten folgt die Zahl $E = -1$. Als Beispiel folgt für die Festkomma-Zahl 0,75 die Gleitkomma-Zahl $0,75 \cdot 2^0$. Die Festkomma-Zahl 0,375 wird nicht als Gleitkomma-Zahl $0,375 \cdot 2^0$ dargestellt, sondern mit der normalisierten Mantisse folgt die Gleitkomma-Zahl $0,75 \cdot 2^{-1}$. Durch die Normalisierung wird die Vieldeutigkeit der Gleitkomma-Zahlendarstellung unterbunden. Eine Überschreitung des Zahlenbereichs über 1 hinaus ist möglich. Die Zahl 1,5 wird in Gleitkomma-Zahlendarstellung zu $0,75 \cdot 2^1$.

In Bild 2.41 sind die Rundungs- und Abschneidekennlinie der Gleitkomma-Zahlendarstellung wiedergegeben. Unter den Kennlinien ist der Verlauf des absoluten Fehlers $e = x_Q - x$ dargestellt. Die Kennlinie der Gleitkomma-Quantisierung zeigt bei kleineren Aussteuerungen auch kleinere Quantisierungsstufen. Gegenüber der Festkomma-Zahlendarstellung ist der absolute Fehler vom Signal abhängig und nicht mehr konstant.

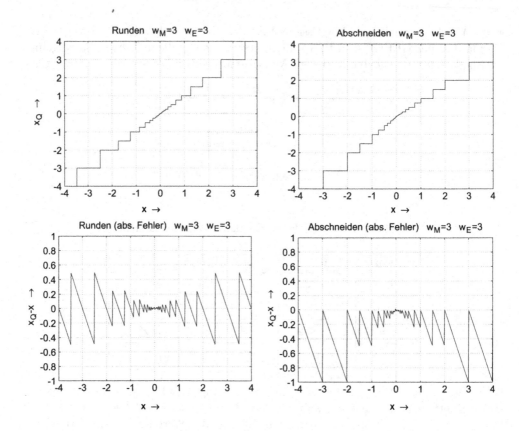

Bild 2.41 Rundungs- und Abschneidekennlinie

Innerhalb der Intervalle

$$2^{E_G} \leq x < 2^{E_G+1} \tag{2.140}$$

gilt für die Quantisierungsstufe

$$Q_G = 2^{-(w_M-1)}2^{E_G}. \tag{2.141}$$

Für den relativen Fehler

$$e_r = \frac{x_Q - x}{x} \tag{2.142}$$

der Gleitkomma-Zahlendarstellung lässt sich die konstante obere Schranke mit

$$|e_r| \leq 2^{-(w_M-1)} \tag{2.143}$$

angeben.

Dynamikbereich. Mit den maximal und minimal darstellbaren Gleitkomma-Zahlen

$$x_{Qmax} = (1 - 2^{-(w_M-1)})2^{E_{Gmax}} \tag{2.144}$$

$$x_{Qmin} = 0,5 \cdot 2^{E_{Gmin}} \tag{2.145}$$

und

$$E_{Gmax} = 2^{w_E-1} - 1 \tag{2.146}$$
$$E_{Gmin} = -2^{w_E-1} + 2 \tag{2.147}$$

folgt für den Dynamikbereich der Gleitkomma-Zahlendarstellung

$$
\begin{aligned}
\mathrm{DR}_G &= 20\log_{10}\left(\frac{(1 - 2^{-(w_M-1)})2^{E_{Gmax}}}{0{,}5\,2^{E_{Gmin}}}\right)\\
&= 20\log_{10}\left((1 - 2^{-(w_M-1)})2^{E_{Gmax}-E_{Gmin}+1}\right)\\
&= 20\log_{10}\left((1 - 2^{-(w_M-1)})2^{2^{w_E}-2}\right) \qquad \text{in dB.} \tag{2.148}
\end{aligned}
$$

Multiplikation und Addition von Gleitkomma-Zahlen. Bei der Arithmetik mit Gleitkomma-Zahlen werden bei der Multiplikation zweier Zahlen $x_{Q1} = M_1 2^{E_1}$ und $x_{Q2} = M_2 2^{E_2}$ die Exponenten der beiden Zahlen addiert und die Mantissen multipliziert. Somit folgt für das Ergebnis $x_Q = M_1 M_2 2^{E_1+E_2}$. Der resultierende Exponent $E_G = E_1 + E_2$ wird rejustiert, so dass $M_G = M_1 M_2$ im Intervall $0{,}5 \le M_G < 1$ liegt. Bei der Addition wird die kleinere der beiden Zahlen entnormalisiert, um die Exponenten anzugleichen, und anschließend wird die Addition der Mantissen vorgenommen. Das Ergebnis muss wieder in eine normalisierte Mantisse überführt werden.

Fehlersignalmodell. Mit der Definition des relativen Fehlers $e_r(n) = \frac{x_Q(n)-x(n)}{x(n)}$ folgt für das quantisierte Signal

$$x_Q(n) = x(n) \cdot [1 + e_r(n)] = x(n) + x(n) \cdot e_r(n). \tag{2.149}$$

Der Quantisierungsvorgang bei der Gleitkomma-Zahlendarstellung lässt sich als additives Fehlersignal $e(n) = x(n) \cdot e_r(n)$ zum Signal $x(n)$ modellieren (s. Bild 2.42). Das Fehlersignal $e(n)$ ist aber abhängig vom zu quantisierenden Signal $x(n)$.

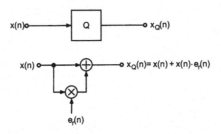

Bild 2.42 Modell des Gleitkomma-Quantisierers

Signal-Rauschabstand. Bei Annahme einer Unabhängigkeit des relativen Fehlers $e_r(n)$ vom Eingangssignal $x(n)$ folgt für die Fehlerleistung des Gleitkomma-Quantisierers

$$\sigma_E^2 = \sigma_X^2 \cdot \sigma_{E_r}^2. \tag{2.150}$$

Für den Signal-Rauschabstand lässt sich somit

$$\begin{aligned}
\text{SNR} &= 10\log_{10}\left(\frac{\sigma_X^2}{\sigma_E^2}\right) \\
&= 10\log_{10}\left(\frac{\sigma_X^2}{\sigma_X^2 \cdot \sigma_{E_r}^2}\right) \\
&= 10\log_{10}\left(\frac{1}{\sigma_{E_r}^2}\right)
\end{aligned} \tag{2.151}$$

schreiben. Anhand der Gleichung (2.151) erkennt man, dass der Signal-Rauschabstand unabhängig vom Pegel des Eingangssignals ist. Er ist nur abhängig von der Fehlerleistung $\sigma_{E_r}^2$, die wiederum nur von der Wortbreite w_M der Mantisse der Gleitkomma-Zahlendarstellung abhängt.

2.4.3   Auswirkungen auf Formatkonversion und Algorithmen

Zunächst wird eine Gegenüberstellung der erreichbaren Signal-Rauschabstände von Fest- und Gleitkomma-Zahlendarstellung vorgenommen. In Bild 2.43 ist der Signal-Rauschabstand über dem Eingangssignalpegel für beide Zahlendarstellungen wiedergegeben. Die Festkomma-Wortbreite beträgt $w = 16$ Bit. Die Wortbreite der Mantisse der Gleitkomma-Zahlendarstellung beträgt ebenfalls $w_M = 16$ Bit und die Wortbreite des Exponenten $w_E = 4$ Bit (Wortbreite der Gleitkomma-Zahlendarstellugn ist also 20 Bit). Der Signal-Rauschabstand der Gleitkomma-Zahlendarstellung zeigt die Unabhängig-

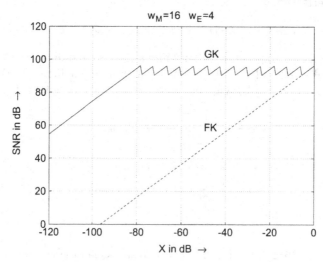

Bild 2.43 Signal-Rauschabstand über dem Eingangssignalpegel

keit vom Eingangssignalpegel und schwankt sägezahnförmig um 6 dB. Wird ein Eingangssignalpegel unterschritten, bei dem eine Normalisierung der Mantisse aufgrund des endlichen Zahlenvorrats des Exponenten nicht mehr möglich ist, nimmt der Signal-Rauschabstand vergleichbar der Festkomma-Zahlendarstellung ab. Für eine Vollaussteuerung ergeben sich für die Festkomma- und die Gleitkomma-Zahlendarstellung die gleichen Signal-Rauschabstände. Man erkennt den signalpegelabhängigen Signal-Rauschabstand der Festkomma-Zahlendarstellung. Dieser Signal-Rauschabstand in der digitalen Ebene ist ein exaktes Abbild des signalpegelabhängigen Signal-Rauschabstands eines analogen Signals in der analogen Ebene. Eine Gleitkomma-Zahlendarstellung wird diesen Signal-Rauschabstand nicht verbessern können. Es kommt vielmehr zu einer vertikalen Verschiebung der Gleitkomma-Kennlinie nach unten auf den Wert des Signal-Rauschabstands des analogen Eingangssignals.

AD/DA-Umsetzung. Vor der digitalen Signalverarbeitung, der Speicherung und der Übertragung von digitalen Audiosignalen wird zunächst die Umsetzung eines zeitkontinuierlichen Audiosignals in eine Folge von Abtastwerten, die durch eine Zahlenfolge repräsentiert sind, durchgeführt. Die Genauigkeit dieses Umsetzungsvorgangs wird durch die Wortbreite w des AD-Umsetzers bestimmt. Der daraus resultierende Signal-Rauschabstand bestimmt sich für gleichverteilte Eingangssignale zu $6w$ dB. Der Signal-Rauschabstand in der analogen Ebene ist abhängig vom Signalpegel. Diese lineare Abhängigkeit des Signal-Rauschabstands vom Signalpegel bleibt nach der AD-Umsetzung mit anschließender Festkomma-Zahlendarstellung erhalten.

AD-Umsetzungsverfahren mit Gleitkomma-Zahlendarstellung sind zwar in der Literatur diskutiert, aber in kommerziell erhältlichen AD-Umsetzern bisher nicht realisiert. Sie basieren auf einem linearen AD-Umsetzer mit einem vorgeschalteten steuerbaren Verstärker, der in 6 dB Schritten für eine Vollaussteuerung des linearen AD-Umsetzers sorgt. Die Verstärkungseinstellung ergibt den Exponenten. Zu beachten ist, dass die AD-Umsetzung mit Gleitkomma-Zahlendarstellung den möglichen Signal-Rauschabstand des analogen Signals nicht verändert oder verbessert, man erhält nur einen signalpegelunabhängigen Signal-Rauschabstand in der digitalen Ebene, der bei einer anschließenden DA-Umsetzung wieder zu einem signalpegelabhängigen Signal-Rauschabstand führt. Die Realisierung von hochauflösenden DA-Umsetzern erfolgt ebenfalls durch Zuführung eines digitalen Audiosignals mit Festkomma-Zahlendarstellung.

Digitale Audio-Übertragungsformate. Grundlage für die etablierten digitalen Audio-Übertragungsformate sind die im vorangegangenen Abschnitt gemachten Bemerkungen über die AD/DA-Umsetzung. Die digitale 2-kanalige AES/EBU-Schnittstelle [AES92] und die 56-kanalige MADI-Schnittstelle [AES91] arbeiten in Festkomma-Zahlendarstellung mit einer Wortbreite von maximal 24 Bit pro Kanal.

Speicherung und Übertragung. Neben den etablierten Speichermedien wie der Compact-Disc und DAT, die zunächst ausschließlich für Audioanwendungen entwickelt wurden, sind die Speichersysteme aus der Computerwelt in Form von Hard-Disc-Systemen auf magnetischer oder magneto-optischer Basis im Einsatz. Diese Systeme arbeiten mit einer Festkomma-Zahlendarstellung. Im Hinblick auf die Übertragung von digitalen Audiosignalen für bandbegrenzte Übertragungskanäle wie Satelliten-Rundfunk (Digital Satellite Radio) oder terrestrischem Hörrundfunk (Digital Audio Broadcasting) sind Reduktionen der Bitraten notwendig. Hierfür wird bei DSR eine Konvertierung eines Blocks von linear codierten Abtastwerten in eine sogenannte Block-Gleitkomma-Darstellung vorgenommen. Im Zusammenhang mit DAB wird eine Datenreduktion der linear codierten Abtastwerte basierend auf psychoakustischen Kriterien durchgeführt.

Audio-Filter. Bei der Realisierung von Audio-Filtern mit rekursiven digitalen Filtern ist der Signal-Rauschabstand von der Auswahl der rekursiven Filterstruktur abhängig. Durch geeignete Wahl der Filterstruktur und zusätzliche Maßnahmen der Spektralformung der Quantisierungsfehler lassen sich optimale Signal-Rauschabstände bei gegebener Wortbreite erzielen. Der Signal-Rauschabstand ist bei der Festkomma-Zahlendarstellung durch die Wortbreite direkt und bei der Gleitkomma-Zahlendarstellung durch die Wortbreite der Mantisse festgelegt. Bei gleicher Filterstruktur und gleichen Wortbreiten ergeben sich vergleichbare Signal-Rauschabstände. Bei Filterrealisierungen mit Festkomma-Arithmetik ist bei Anhebungsfiltern mit einer entsprechenden Skalierung innerhalb des Filteralgorithmus zu arbeiten. Die Eigenschaften der Gleitkomma-Arithmetik sorgen bei Anhebungsfiltern für eine automatische Skalierung. Folgt einem Anhebungsfilter in Gleitkomma-Realisierung ein Ausschleifpunkt in Festkomma-Zahlendarstellung, so muss die gleiche Skalierung des Signals wie bei Festkomma-Arithmetik vorgenommen werden.

Dynamikbeeinflussung. Die Dynamikbeeinflussung geschieht durch einfache multiplikative Bewertung des Signals mit einem Steuerfaktor, der aus der Messung von Spitzen- und Effektivwert des Eingangssignals erfolgt. Die gewählte Zahlendarstellung des Signals hat keinen Einfluss auf die Eigenschaften des Algorithmus. Es ergeben sich aufgrund der normalisierten Mantisse bei der Gleitkomma-Zahlendarstellung einige Vereinfachungen bei der Bestimmung des Steuerfaktors.

Mischung/Summation. Bei der Abmischung von Signalen zu einem Stereo-Signal treten ausschließlich Multiplikationen und Additionen auf. Bei Annahme von nicht kohärenten Signalen ist eine Übersteuerungsreserve abschätzbar. Dies bedeutet für 48 bzw. 96 Quellen eine Reserve von 20 bzw. 30 dB. Die Übersteuerungsreserve wird bei der Festkomma-Realisierung durch eine Anzahl von Übersteuerungsbits im Akkumulator des DSP (Digital Signal Processor) zur Verfügung gestellt. Die automatischen Skalierungseigenschaften sorgen für Übersteuerungsreserven bei der Gleitkomma-Arithmetik. Bei beiden Zahlendarstellungen muss das Summationssignal der Ausgangs-Zahlendarstellung angepasst werden. Wenn es sich um AES/EBU-Ausgänge oder MADI-Ausgänge handelt, ist bei beiden Zahlendarstellungen eine Anpassung auf das Festkomma-Format vorzunehmen. Sind dagegen Hilfssummen innerhalb des Systems weiter zu verarbeiten, ist nur bei Festkomma-Realisierung eine Anpassung vorzunehmen. Innerhalb von heterogenen Systemlösungen mit Festkomma- und Gleitkomma-DSPs ist ebenfalls die heterogene Nutzung beider Zahlendarstellungen sinnvoll. Allerdings muss eine entsprechende Konvertierung der Zahlendarstellungen vorgenommen werden.

Da der Signal-Rauschabstand der Festkomma-Zahlendarstellung vom Signalpegel abhängig ist, führt die Konvertierung von der Festkomma- auf die Gleitkomma-Zahlendarstellung nicht zu einer Veränderung des Signal-Rauschabstands, d.h. der Signal-Rauschabstand wird durch die Konvertierung nicht verbessert. Eine weitere Verarbeitung des Signals mit Gleitkomma- oder Festkomma-Arithmetik verändert den Signal-Rauschabstand nicht, sofern die Algorithmen dementsprechend ausgewählt und programmiert sind. Die Rückkonvertierung von der Gleitkomma- auf die Festkomma-Zahlendarstellung führt wieder zu einem signalpegelabhängigen Signal-Rauschabstand.

Als Folgerungen für zweikanalige DSP-Systeme, die mit AES/EBU-Ein- und Ausgängen oder analogen Ein- und Ausgängen ausgestattet sind, gelten die vorab gemachten Aussagen. Dies gilt ebenso für digitale Mischpultsysteme, bei denen die digitalen Eingangssignale von AD-Umsetzern oder von der Mehrspurmaschine im Festkomma-Format (AES/EBU oder MADI) sind. Die Zahlendarstellung für Einschleifpunkte und Hilfssummen sind systemspezifisch. Die digitalen Ausgangssignale sind in Festkomma-Zahlendarstellung und werden im zweikanaligen AES/EBU- oder MADI-Format übertragen.

Literaturverzeichnis

[DeK03]   D. De Koning, W. Verhelst: *On Psychoacoustic Noise Shaping for Audio Requantization*, Proc. ICASSP-03, Vol. 5, pp. 453–456, April 2003.

[Ger89]   M.A. Gerzon, P.G. Craven: *Optimal Noise Shaping and Dither of Digital Signals*, Proc. 87th AES Convention, New York, Preprint No. 2822, October 1989.

[Lip86]   S.P. Lipshitz, J. Vanderkoy: *Digital Dither*, Proc. 81st AES Convention, Los Angeles, Preprint No. 2412, November 1986.

[Lip92]   S.P. Lipshitz, R.A. Wannamaker, J. Vanderkoy: *Quantization and Dither: A Theoretical Survey*, J. Audio Eng. Soc., Vol. 40, No. 5, pp. 355–375, May 1992.

[Lip93]   S.P. Lipshitz, R.A. Wannamaker, J. Vanderkooy: *Dithered Noise Shapers and Recursive Digital Filters*, Proc 94th AES Convention, Preprint No. 3515, Berlin, March 1993.

[Sha48]   C.E. Shannon: *A Mathematical Theory of Communication*, Bell Systems, Techn. J., pp. 379–423, pp. 623–656, 1948.

[Sri77]   A.B. Sripad, D.L. Snyder: *A Necessary and Sufficient Condition for Quantization Errors to be Uniform and White*, IEEE Trans. ASSP, Vol. 25, pp. 442–448, Oct. 1977.

[Van89]   J. Vanderkooy, S.P. Lipshitz: *Digital Dither: Signal Processing with Resolution Far below the Least Significant Bit*, Proc. AES Int. Conf. on Audio in Digital Times, pp. 87–96, May 1989.

[Wan92]   R.A. Wannamaker: *Psychoacoustically Optimal Noise Shaping*, J. Audio Eng. Soc., Vol. 40, No. 7/8, pp. 611–620, July/August 1992.

[Wan00]   R.A. Wannamaker, S.P. Lipshitz, J. Vanderkooy, J.N. Wright: *A Theory of Nonsubtractive Dither*, IEEE Trans. Signal Processing, Vol. 48, No. 2, pp. 499–516, 2000.

[Wid61]   B. Widrow: *Statistical Analysis of Amplitude-Quantized Sampled-Data Systems*, Trans. AIEE, Pt. II, Vol. 79, pp. 555–568, Jan. 1961.

Kapitel 3

AD/DA-Umsetzung

Die Umsetzung einer zeitkontinuierlichen und wertkontinuierlichen Funktion $x(t)$ (wie z.B. Spannung oder Strom in einer elektrischen Schaltung) in eine zeitdiskrete und wertdiskrete Folge von Zahlen $x(n)$ wird als Analog-Digital-Umsetzung (AD-Umsetzung) bezeichnet, der umgekehrte Vorgang als Digital-Analog-Umsetzung (DA-Umsetzung). Diese Vorgänge unterscheiden sich von den üblicherweise mit Wandlung bezeichneten Verfahren, in denen physikalische Größen wie Strom und Spannung in die jeweilige andere Größe *gewandelt* werden. Die Abtastung einer zeit- und wertkontinuierlichen Funktion $x(t)$ ist durch das *Shannonsche Abtasttheorem* für Zeitsignale beschrieben, welches besagt, dass man ein Zeitsignal der Signalbandbreite f_B mit der Abtastfrequenz (Abtastrate) $f_A > 2f_B$ abtasten muss, ohne den Informationsgehalt des Signals zu verändern. Die Rekonstruktion des wertkontinuierlichen Zeitsignals aus dem wertdiskreten Zeitsignal kann dann durch Tiefpassfilterung mit einem Filter der Bandbreite f_B erfolgen. Neben der Zeitdiskretisierung tritt der nichtlineare Vorgang der wertdiskretisierung (Quantisierung) der abgetasteten Zeitfunktion auf. Im ersten Abschnitt werden die grundlegenden Konzepte der Nyquist-Abtastung, überabtastender Verfahren und der Delta-Sigma Verfahren diskutiert. Im zweiten und dritten Abschnitt werden die schaltungstechnischen Prinzipien für AD-Umsetzer und DA-Umsetzer behandelt.

3.1 Grundlagen

3.1.1 Nyquist-Abtastung

Die Abtastung eines Signals mit der Abtastfrequenz $f_A > 2f_B$ bezeichnet man als Nyquist-Abtastung. Das Blockschaltbild in Bild 3.1 verdeutlicht die Vorgehensweise. Die Bandbegrenzung des Eingangssignals $x(t)$ auf $f_A/2$ wird mit einem analogen Tiefpass durchgeführt (Bild 3.1a). Die anschließende Abtast-Halte-Schaltung tastet das bandbegrenzte Eingangssignal mit der Abtastfrequenz f_A ab. Die über das Abtastintervall $T_A = 1/f_A$ konstante Amplitude der Zeitfunktion wird durch den Quantisierer in eine Zahlenfolge $x(n)$ umgesetzt (Bild 3.1b). Diese Zahlenfolge wird einem digitalen Signalprozessor zugeführt, der sie mit Algorithmen zur digitalen Signalverarbeitung (DSV) verarbeitet. Die Ausgangsfolge $y(n)$ wird einem DA-Umsetzer übergeben, der ein treppenförmiges Ausgangssignal liefert (Bild 3.1c). Durch anschließende Tiefpassfilterung erhält man das analoge Ausgangssignal $y(t)$ (Bild 3.1d). Im Frequenzbereich

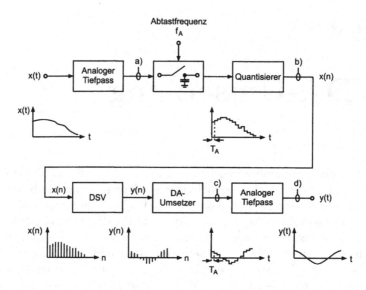

Bild 3.1 Blockschaltbild der Nyquist-Abtastung

verdeutlicht Bild 3.2 die einzelnen Stufen der AD/DA-Umsetzung. Die Spektren in 3.2a–d entsprechen den Ausgangssignalen in Bild 3.1a–d.

Nach der Bandbegrenzung (Bild 3.2a) und Abtastung erhält man das mit der Periode f_A periodische Spektrum in Bild 3.2b des abgetasteten Signals. Unter der Voraussetzung, dass aufeinander folgende Quantisierungsfehler $e(n)$ statistisch unabhängig voneinander sind, ist die Leistung des Quantisierungsfehlers spektral gleichverteilt über den Frequenzbereich von $0 \le f \le f_A$. Das Ausgangssignal des DA-Umsetzers besitzt immer noch ein periodisches Spektrum, welches aber aufgrund der Abtast-Halte-Schaltung mit einer si-Funktion [Fli91] bewertet ist (Bild 3.2c). Die Nullstellen der si-Funktion liegen bei Vielfachen der Abtastfrequenz f_A. Zur Rekonstruktion des Ausgangssignals (Bild 3.2d) werden die Spiegelspektren mit einem analogen Tiefpass (Bild 3.2c) mit einer hinreichenden Sperrdämpfung unterdrückt.

Die Probleme der Nyquist-Abtastung liegen in der steilflankigen Bandbegrenzung (Anti-Aliasing Filter) mit analogem Filter und dem steilflankigen analogen Rekonstruktionsfilter (Anti-Imaging Filter) mit ausreichender Sperrdämpfung. Desweiteren muss eine Kompensation der si-Verzerrung der Abtast-Halte-Schaltung bei der DA-Umsetzung vorgenommen werden.

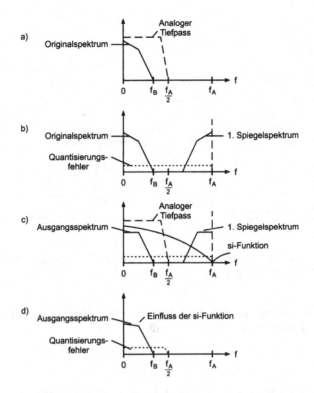

Bild 3.2 Nyquist-Abtastung - Interpretation im Frequenzbereich

3.1.2 Überabtastung

Zur Erhöhung der Umsetzungsgenauigkeit und zur Reduktion des analogen Filteraufwands werden überabtastende Verfahren eingesetzt. Aufgrund der spektralen Gleichverteilung der Fehlerleistung zwischen der Frequenz 0 und der Abtastfrequenz f_A (s. Bild 3.3a) kann die spektrale Leistungsdichte $S_{EE}(f)$ im eigentlichen Nutzband durch eine Überabtastung um den Faktor L mit der neuen Abtastfrequenz Lf_A reduziert werden (s. Bild 3.3b). Bei identischer Quantisierungsstufe Q sind die schraffierten Flächen (Quantisierungsfehlerleistung σ_E^2) in Bild 3.3a und 3.3b gleich groß. Die Erhöhung des Signal-Rauschabstands wird ebenfalls in Bild 3.3 deutlich. Im Nutzband $[-f_B, f_B]$ folgt bei einer Abtastung mit $f_A = 2f_B$ und dem Leistungsdichtespektrum

$$S_{EE}(f) = \frac{Q^2}{12f_A} \tag{3.1}$$

für die Fehlerleistung

$$N_B^2 = \sigma_E^2 = 2 \int_0^{f_B} S_{EE}(f)df = \frac{Q^2}{12}. \tag{3.2}$$

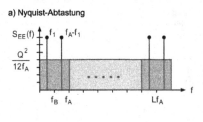

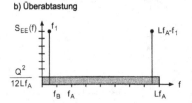

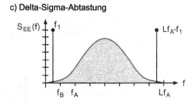

Bild 3.3 Einfluss der Überabtastung und der Delta-Sigma-Abtastung auf die spektrale Leistungsdichte des Quantisierungsfehlers

Durch die Überabtastung um den Faktor L wird eine Reduktion der spektralen Leistungsdichte des Quantisierungsfehlers gemäß

$$S_{EE}(f) = \frac{Q^2}{12Lf_A} \tag{3.3}$$

erreicht (s. Bild 3.3). Mit $f_A = 2f_B$ folgt für die Fehlerleistung im Nutzband $N_B^2 = 2f_B \frac{Q^2}{12Lf_A} = \frac{Q^2}{12}\frac{1}{L}$. Durch die Überabtastung gilt für den Signal-Rauschabstand (bei $P_F = \sqrt{3}$)

$$\text{SNR} = 6.02 \cdot w + 10\log_{10}(L) \qquad \text{in dB,} \tag{3.4}$$

wobei w die Wortbreite des AD-Umsetzers beschreibt. In Bild 3.4a ist ein Blockschaltbild eines überabtastenden AD-Umsetzers dargestellt. Durch die Überabtastung kann der analoge bandbegrenzende Tiefpass den in Bild 3.4b gezeigten Übergangsbereich haben. Die Leistung des Quantisierungsfehlers verteilt sich zwischen 0 und der Abtastfrequenz Lf_A. Zur Reduktion der Abtastfrequenz wird die notwendige Bandbegrenzung mit einem digitalen Tiefpass (s. Bild 3.4c) vorgenommen, welcher eine Anti-Aliasing Filterung durchführt. Anschließend wird die Abtastfrequenz um den Faktor L reduziert (s. Bild 3.4d), indem nur jeder L-te Ausgangswert des digitalen Tiefpassfilters übernommen wird [Fli93]. Dieser Vorgang wird als Abwärtstastung bezeichnet.

Bild 3.5a zeigt das Blockschaltbild eines überabtastenden DA-Umsetzers. Die Abtastfrequenz wird zunächst um den Faktor L erhöht. Hierzu werden zwischen zwei aufeinander folgenden Eingangswerten $L-1$ Nullwerte eingefügt [Fli93]). Diesen Vorgang bezeichnet man als Aufwärtstastung. Der anschließende digitale Tiefpass unterdrückt alle Spiegelspektren (Bild 3.5b) bis auf das Basisbandspektrum und das L-te Spiegelspektrum (Bild 3.5c). Das digitale Tiefpassfilter bezeichnet man als Anti-Imaging Filter. Er sorgt für die korrekte Interpolation der $L-1$ Werte zwischen zwei Eingangsabtastwerten. Der w-Bit DA-Umsetzer arbeitet mit der Abtastfrequenz Lf_A und liefert

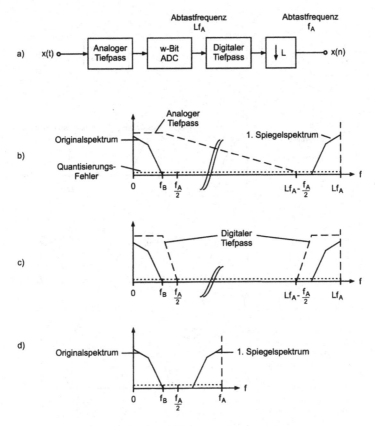

Bild 3.4 Überabtastender AD-Umsetzer und Abtastratenreduktion (ADC: Analog-to-Digital Converter)

sein Ausgangssignal einem analogen Rekonstruktionstiefpass, der das Spiegelspektrum bei der Abtastfrequenz Lf_A unterdrückt (Bild 3.5d).

3.1.3 Delta-Sigma Abtastung

Die überabtastenden Delta-Sigma Verfahren sind aus einer Modifikation der Delta-Modulation abgeleitet worden. Bei der Delta-Modulation in Bild 3.6a wird mit einer sehr hohen Abtastfrequenz Lf_A die Differenz zwischen dem Eingangssignal $x(t)$ und dem Signal $x_1(t)$ in ein zeitdiskretes 1-Bit Signal $y(n)$ umgesetzt. Die Abtastfrequenz ist um ein L-faches höher als die notwendige Nyquistfrequenz f_A. Das quantisierte Signal $y(n)$ liefert über einen analogen Integrierer das Signal $x_1(t)$. Der Demodulator besteht aus einem Integrierer und einem Rekonstruktionstiefpass.

Die Erweiterung zur Delta-Sigma Modulation [Ino63] besteht in der Verschiebung des Integrierers vom Demodulator zum Eingang des Modulators (s. Bild 3.6b). Hierdurch ist es möglich, die beiden Integrierer zu einem Integrierer nach dem Summationspunkt

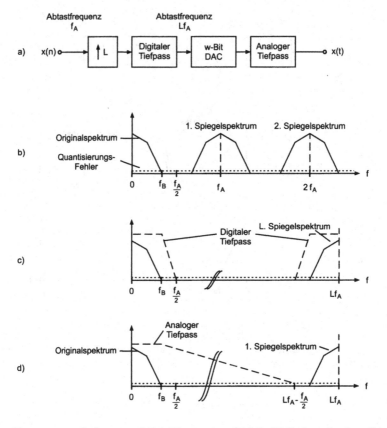

Bild 3.5 Abtastratenerhöhung und DA-Umsetzung (DAC: Digital-to-Analog Converter)

zusammenzufassen (s. Bild 3.7a). Die zugehörigen Zeitsignale sind in Bild 3.8 dargestellt.

Ein zeitdiskretes Modell für den Delta-Sigma Modulator ist in Bild 3.7b angegeben. Für die Z-Transformierte des Ausgangssignals gilt

$$Y(z) = \frac{H(z)}{1+H(z)}X(z) + \frac{1}{1+H(z)}E(z)$$

$$\approx X(z) + \frac{1}{1+H(z)}E(z). \tag{3.5}$$

Bei einer hohen Verstärkung des Systems $H(z)$ wird das Eingangssignal nicht beeinflusst. Der Quantisierungsfehler wird aber spektral mit $\frac{1}{1+H(z)}$ geformt (s. Bild 3.3).

Die Blockschaltbilder zur Delta-Sigma AD/DA-Umsetzung sind in den Bildern 3.9 und 3.10 dargestellt. Beim Delta-Sigma AD-Umsetzer wird zur Reduktion der Abtastfrequenz Lf_A ein digitaler Tiefpass und ein Abwärtstaster um den Faktor L eingesetzt. Aus dem 1-Bit Eingangssignal des digitalen Tiefpasses wird ein w-Bit Ausgangssignal

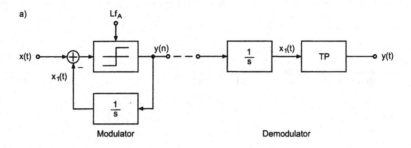

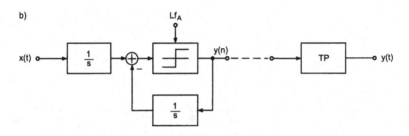

Bild 3.6 Delta-Modulation und Verschiebung des Integrierers

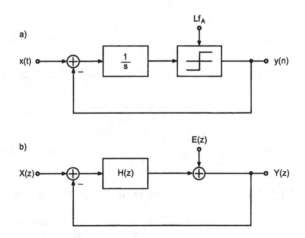

Bild 3.7 Delta-Sigma Modulation und zeitdiskretes Modell

$x(n)$ mit der Abtastfrequenz f_A. Der Delta-Sigma DA-Umsetzer besteht aus einem Aufwärtstaster um den Faktor L, einem digitalen Tiefpass zur Unterdrückung der Spiegelspektren und einem Delta-Sigma Modulator mit anschließendem analogen Rekonstruktionstiefpass. Zur Verdeutlichung der Spektralformung des Quantisierungsfehlers bei der Delta-Sigma Modulation werden im Folgenden Systeme 1. und 2. Ordnung und mehrstufige Verfahren untersucht.

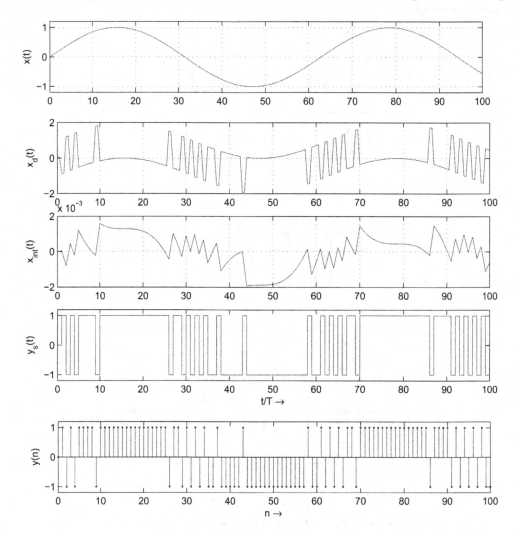

Bild 3.8 Zeitsignale bei der Delta-Sigma Modulation

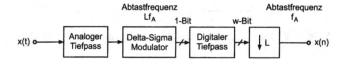

Bild 3.9 Überabtastender Delta-Sigma AD-Umsetzer

Delta-Sigma Modulator 1. Ordnung

Ein zeitdiskretes Modell eines Delta-Sigma Modulators 1. Ordnung ist in Bild 3.11 dargestellt. Die Differenzengleichung für das Ausgangssignal $y(n)$ lautet

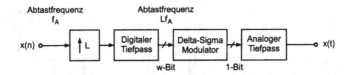

Bild 3.10 Überabtastender Delta-Sigma DA-Umsetzer

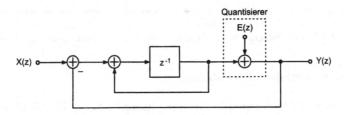

Bild 3.11 Zeitdiskretes Modell eines Delta-Sigma Modulators 1. Ordnung

$$y(n) = x(n-1) + e(n) - e(n-1). \tag{3.6}$$

Die zugehörige Z-Transformierte ist durch

$$Y(z) = z^{-1}X(z) + E(z)\underbrace{(1 - z^{-1})}_{H_E(z)} \tag{3.7}$$

gegeben. Für das Leistungsdichtespektrum des Fehlersignals $e_1(n) = e(n) - e(n-1)$ gilt

$$
\begin{aligned}
S_{E_1E_1}(e^{j\Omega}) &= S_{EE}(e^{j\Omega})\left|1 - e^{-j\Omega}\right|^2 \\
&= S_{EE}(e^{j\Omega})4\sin^2\left(\frac{\Omega}{2}\right),
\end{aligned}
\tag{3.8}
$$

wobei mit $S_{EE}(e^{j\Omega})$ das Leistungsdichtespektrum des Quantisierungsfehlers $e(n)$ bezeichnet ist. Die Fehlerleistung im Nutzband $[-f_B, f_B]$ berechnet sich mit $S_{EE}(f) = \frac{Q^2}{12Lf_A}$ zu

$$
\begin{aligned}
N_B^2 &= S_{EE}(f)2\int_0^{f_B} 4\sin^2\left(\pi\frac{f}{Lf_A}\right)df \tag{3.9}\\
&\simeq \frac{Q^2}{12}\frac{\pi^2}{3}\left(\frac{2f_B}{Lf_A}\right)^3. \tag{3.10}
\end{aligned}
$$

Mit $f_A = 2f_B$ folgt

$$N_B^2 = \frac{Q^2}{12}\frac{\pi^2}{3}\left(\frac{1}{L}\right)^3. \tag{3.11}$$

Die Fehlerleistung des w-Bit Quantisierers ist mit $\frac{Q^2}{12}$ bezeichnet (Anm.: w=1 bei 1-Bit Quantisierer).

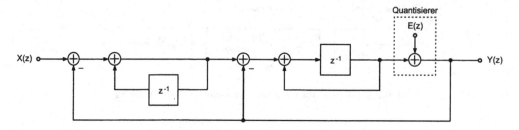

Bild 3.12 Zeitdiskretes Modell eines Delta-Sigma Modulators 2. Ordnung

Delta-Sigma Modulator 2. Ordnung

Für die Delta-Sigma Modulation 2. Ordnung [Can85], die in Bild 3.12 gezeigt ist, gilt die Differenzengleichung

$$y(n) = x(n-1) + e(n) - 2e(n-1) + e(n-2) \tag{3.12}$$

mit der Z-Transformierten

$$Y(z) = z^{-1}X(z) + E(z)\underbrace{(1 - 2z^{-1} + z^{-2})}_{H_E(z)=(1-z^{-1})^2}. \tag{3.13}$$

Das Leistungsdichtespektrum des Fehlersignals $e_1(n) = e(n) - 2e(n-1) + e(n-2)$ berechnet sich zu

$$
\begin{aligned}
S_{E_1E_1}(e^{j\Omega}) &= S_{EE}(e^{j\Omega})\left|1 - e^{-j\Omega}\right|^4 \\
&= S_{EE}(e^{j\Omega})\left[4\sin^2\left(\frac{\Omega}{2}\right)\right]^2 \\
&= S_{EE}(e^{j\Omega})4[1 - \cos(\Omega)]^2.
\end{aligned}
\tag{3.14}
$$

Für die Fehlerleistung im Nutzband $[-f_B, f_B]$ gilt

$$N_B^2 = S_{EE}(f)2\int_0^{f_B} 4[1 - \cos(\Omega)]^2 df \tag{3.15}$$

$$\simeq \frac{Q^2}{12}\frac{\pi^4}{5}\left(\frac{2f_B}{Lf_A}\right)^5 \tag{3.16}$$

und mit $f_A = 2f_B$ folgt

$$N_B^2 = \frac{Q^2}{12}\frac{\pi^4}{5}\left(\frac{1}{L}\right)^5. \tag{3.17}$$

Mehrstufige Delta-Sigma Modulator

Eine mehrstufige Delta-Sigma Modulation (MASH, [Mat87]) ist in Bild 3.13 dargestellt. Für die Z-Transformierten der Teilausgangssignale gilt

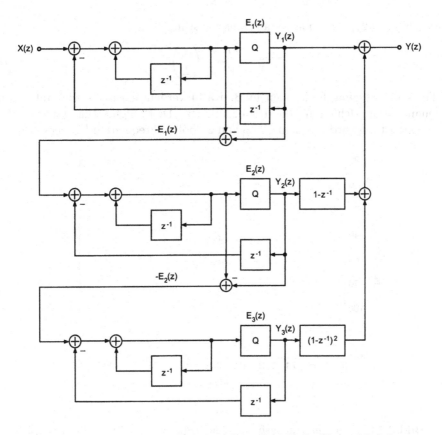

Bild 3.13 Zeitdiskretes Modell eines mehrstufigen Delta-Sigma Modulators

$$Y_1(z) = X(z) + (1 - z^{-1})E_1(z) \tag{3.18}$$

$$Y_2(z) = -E_1(z) + (1 - z^{-1})E_2(z) \tag{3.19}$$

$$Y_3(z) = -E_2(z) + (1 - z^{-1})E_3(z). \tag{3.20}$$

Die Z-Transformierte des Ausgangssignals ergibt sich durch Überlagerung und Filterung zu

$$
\begin{aligned}
Y(z) &= Y_1(z) + (1 - z^{-1})Y_2(z) + (1 - z^{-1})^2 Y_3(z) \\
&= X(z) + (1 - z^{-1})E_1(z) - (1 - z^{-1})E_1(z) \\
&\quad + (1 - z^{-1})^2 E_2(z) - (1 - z^{-1})^2 E_2(z) + (1 - z^{-1})^3 E_3(z) \\
&= X(z) + \underbrace{(1 - z^{-1})^3}_{H_E(z)} E_3(z). \tag{3.21}
\end{aligned}
$$

Die Fehlerleistung im Nutzband $[-f_B, f_B]$

$$N_B^2 = \frac{Q^2}{12} \frac{\pi^6}{7} \left(\frac{2 f_B}{L f_A} \right)^7 \tag{3.22}$$

liefert mit $f_A = 2f_B$ folgende Gesamtrauschleistung

$$N_B^2 = \frac{Q^2}{12} \frac{\pi^6}{7} \left(\frac{1}{L}\right)^7.$$

(3.23)

Die Fehlerübertragungsfunktionen in Bild 3.14 verdeutlichen die spektrale Formung des Quantisierungsfehlers für die drei diskutierten Delta-Sigma Umsetzungsverfahren. Die Fehlerleistung wird aus dem Nutzband zu hohen Frequenzen hin verschoben.

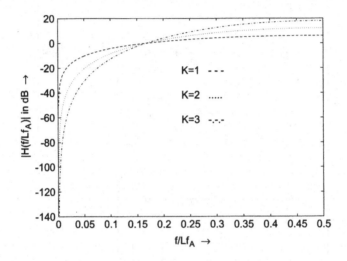

Bild 3.14 Fehlerübertragungsfunktionen $H_E(z) = (1 - z^{-1})^K$ mit $K = 1, 2, 3$

Die Verbesserung des Signal-Rauschabstands durch reine Überabtastung und Delta-Sigma Modulation (1. bis 3. Ordnung) ist in Bild 3.15 dargestellt.

Allgemein gilt für den Signal-Rauschabstand einer Delta-Sigma Umsetzung L-ter Ordnung die Beziehung

$$\text{SNR} = 6.02 \cdot w - 10 \log_{10} \left(\frac{\pi^{2L}}{2L + 1}\right) + (2L + 1)10 \log_{10}(L) \qquad \text{dB}.$$

(3.24)

In Gleichung (3.24) bezeichnet w die Wortbreite der Quantisierung des Delta-Sigma Modulators. Die Signalquantisierung nach der digitalen Tiefpassfilterung und Abtastratenreduktion um den Faktor L kann mit Gl. (3.24) gemäß der Beziehung $w = \text{SNR}/6$ erfolgen.

Delta-Sigma Modulator höherer Ordnung

Eine Verbreiterung des Sperrbereichs in der Hochpassübertragungsfunktion für den Quantisierungsfehler erreicht man durch eine Delta-Sigma Modulation höherer Ordnung [Cha90]. Neben den Nullstellen bei $z = 1$ werden zusätzliche Nullstellen auf dem

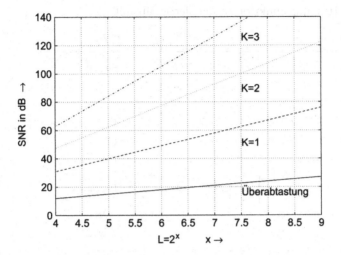

Bild 3.15 Verbesserung des Signal-Rauschabstands als Funktion der Überabtastung ($L = 2^x$)

Einheitskreis um $z = 1$ angeordnet. Des Weiteren werden Polstellen in die Übertragungsfunktion integriert. Ein zeitdiskretes Modell des Delta-Sigma Modulators höherer Ordnung ist in Bild 3.16 dargestellt. Für die Übertragungsfunktion in Bild 3.16 lässt sich

$$
\begin{aligned}
H(z) &= \frac{A_0 + A_1 \frac{z^{-1}}{1-z^{-1}} + A_2 \left(\frac{z^{-1}}{1-z^{-1}}\right)^2 + \ldots}{1 - B_1 \frac{z^{-1}}{1-z^{-1}} - B_2 \left(\frac{z^{-1}}{1-z^{-1}}\right)^2 + \ldots} \\
&= \frac{A_0(z-1)^N + A_1(z-1)^{N-1} + \ldots + A_N}{(z-1)^N - B_1(z-1)^{N-1} - \ldots - B_N} \\
&= \frac{\sum_{i=0}^{N} A_i(z-1)^{N-i}}{(z-1)^N - \sum_{i=1}^{N} B_i(z-1)^{N-i}}
\end{aligned}
\tag{3.25}
$$

schreiben. Für die Z-Transformierte des Ausgangssignals gilt

$$
\begin{aligned}
Y(z) &= \frac{H(z)}{1 + H(z)} X(z) + \frac{1}{1 + H(z)} E(z) \tag{3.26} \\
&= H_X(z)X(z) + H_E(z)E(z). \tag{3.27}
\end{aligned}
$$

Die Übertragungsfunktion des Eingangssignals lautet

$$
H_X(z) = \frac{\sum_{i=0}^{N} A_i(z-1)^{N-i}}{(z-1)^N - \sum_{i=1}^{N} B_i(z-1)^{N-i} + \sum_{i=0}^{N} A_i(z-1)^{N-i}},
\tag{3.28}
$$

und für die Übertragungsfunktion des Fehlersignals gilt

$$H_E(z) = \frac{(z-1)^N - \sum_{i=1}^N B_i(z-1)^{N-i}}{(z-1)^N - \sum_{i=1}^N B_i(z-1)^{N-i} + \sum_{i=0}^N A_i(z-1)^{N-i}}. \qquad (3.29)$$

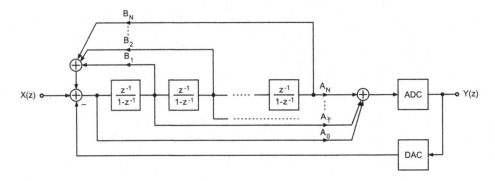

Bild 3.16 Delta-Sigma Modulator höherer Ordnung

Mit Butterworth- oder Chebychev-Filterentwürfen erhält man die in Bild 3.17 dargestellten Frequenzgänge für die Fehlerübertragungsfunktionen. Zum Vergleich sind die
Frequenzgänge für die Delta-Sigma Modulation 1. bis 3. Ordnung dargestellt. Die Verbreiterung des Sperrbereichs für Butterworth- und Chebychev-Filter ist in Bild 3.18 zu
erkennen.

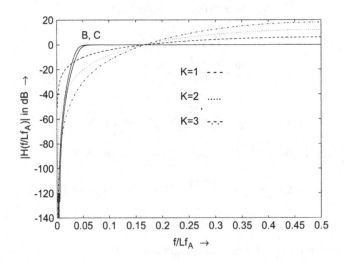

Bild 3.17 Gegenüberstellung der Fehlerübertragungsfunktionen

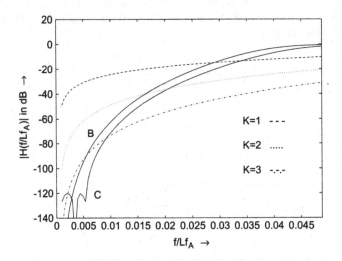

Bild 3.18 Fehlerübertragungsfunktionen im Sperrbereich

Dezimationsfilter

Die Realisierung der notwendigen Dezimationsfilter bei der AD-Umsetzung und der
Interpolationsfilter bei der DA-Umsetzung erfolgt mit Multiratensystemen [Fli93]. Die
hierfür benötigten Abwärts- und Aufwärtstaster sind einfache Systeme, die im ersten
Fall des Abwärtstasters nur jeden n-ten Wert aus der Zahlenfolge herausnehmen bzw.
im Fall des Aufwärtstasters $(n-1)$ Nullwerte zwischen die Werte der Eingangszahlen-
folge einfügen. Bei der Dezimation wird zunächst mit einem Filter $H(z)$ eine Bandbegrenzung vorgenommen und anschließend die Abtastrate um den Faktor L reduziert.
Dieser Vorgang wird aus Rechenkapazitätsgründen in Stufen ausgeführt (s. Bild 3.19).
Die Nutzung einfach realisierbarer Filterstrukturen bei hohen Abtastraten, wie dem

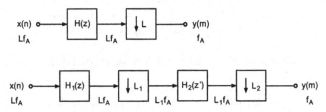

Bild 3.19 Abtastratenreduktion in Stufen

Kammfilter mit der Übertragungsfunktion

$$H_1(z) = \frac{1}{L}\frac{1-z^{-L}}{1-z^{-1}} \qquad (3.30)$$

in Bild 3.20, gestattet einfache Implementierungen, die nur mit Verzögerungssystemen und Additionen auskommen. Zur Erhöhung der Sperrdämpfung erfolgt eine Kaskadierung von Kammfiltern, so dass man

$$H_1^M(z) = \left[\frac{1}{L} \frac{1 - z^{-L}}{1 - z^{-1}} \right]^M \tag{3.31}$$

erhält.

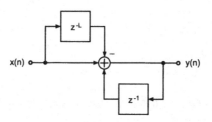

Bild 3.20 Signalflussgraph eines Kammfilters

Neben der einfachen Ausführung von Additionen bei der hohen Abtastrate kann eine weitere Aufwandsreduktion durchgeführt werden. Aufgrund der Abtastratenreduktion um den Faktor L kann eine Verschiebung des Zählerterms $(1 - z^{-L})$ hinter den Abwärtstaster vorgenommen werden (s. Bild 3.21). Für die Kaskadierung von Kammfiltern folgt die Anordnung in Bild 3.22. Im hohen Abtasttakt Lf_A werden insgesamt M einfache rekursive Akkumulatoren abgearbeitet. Dann wird eine Abwärtstastung um den Faktor L durchgeführt. Mit dem Ausgangstakt f_A werden die M nichtrekursiven Systeme berechnet.

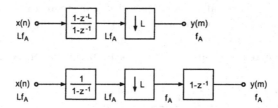

Bild 3.21 Kammfilter zur Abtastratenreduktion

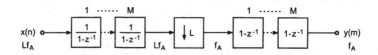

Bild 3.22 Kaskadierung von Kammfiltern zur Abtastratenreduktion

In Bild 3.23a sind die Frequenzgänge einer Kaskadierung von Kammfiltern dargestellt ($L = 16$). Bild 3.23b zeigt den resultierenden Frequenzgang des Quantisierungsfehlers

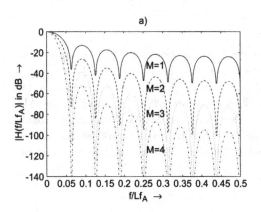
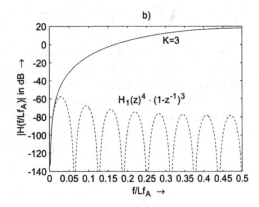

Bild 3.23 a) Übertragungsfunktion $H_1^M(z) = \left[\frac{1}{16}\frac{1-z^{-16}}{1-z^{-1}}\right]^M$ mit $M = 1\ldots 4$, b) Delta-Sigma Modulation 3. Ordnung und Kaskadierung mit $H_1^4(z)$

bei einem Delta-Sigma Modulator 3. Ordnung in Serie mit einem Kammfilter $H_1^4(z)$. Die systembedingte Verzögerungszeit durch die Abtastratenreduktion lässt sich durch

$$t_D = \frac{N-1}{2}\cdot\frac{1}{Lf_A} \qquad (3.32)$$

angeben.

Beispiel: Verzögerungszeit des Umsetzungsvorgangs (Latenzzeit)

1. Nyquist-Umsetzung

$$\begin{aligned} f_A &= 48\,\text{kHz}\\ t_D &= \frac{1}{f_A} = T = 20.83\,\mu s \end{aligned}$$

2. Delta-Sigma Modulation mit einstufiger Abtastratenreduktion

$$\begin{aligned} L &= 64, f_A = 48\,\text{kHz}, N = 4096\\ t_D &= 665\,\mu s \end{aligned}$$

3. Delta-Sigma Modulation mit zweistufiger Abtastratenreduktion

$$\begin{aligned} L &= 64, f_A = 48\,\text{kHz}, L_1 = 16, L_2 = 4, N_1 = 61, N_2 = 255\\ t_{D_1} &= 9.76\,\mu s\\ t_{D_2} &= 662\,\mu s \end{aligned}$$

3.2   AD-Umsetzer

Die Auswahl eines AD-Umsetzers für eine bestimmte Anwendung wird durch viele Faktoren beeinflusst. Hauptaugenmerk ist dabei auf die notwendige Umsetzungsgenauigkeit bei einer vorgegebenen Umsetzungszeit zu richten. Diese beiden Kenngrößen sind voneinander abhängig und maßgeblich durch die Architektur des AD-
Umsetzers beeinflusst. Aus diesem Grund werden zunächst die AD-Kenngrößen diskutiert und anschließend die schaltungstechnischen Prinzipien diskutiert, welche die ge-
genseitigen Abhängigkeiten zwischen Umsetzungsgenauigkeit und Umsetzungzeit beeinflussen.

3.2.1   AD-Kenngrößen

Im Folgenden sind die wichtigsten Kenngrößen der AD-Umsetzung aufgeführt:

Umsetzungsgenauigkeit (Resolution). Die Umsetzungsgenauigkeit bei gegebener
Wortbreite w des AD-Umsetzers bestimmt die kleinste auflösbare Amplitude

$$x_{min} = Q = x_{max} \, 2^{-(w-1)}, \tag{3.33}$$

die gleich der Quantisierungsstufe Q ist.

Umsetzungszeit. Das minimale Abtastintervall $T_A = 1/f_A$ zwischen zwei Abtastwerten bezeichnet man als Umsetzungszeit.

Abtast-Halte-Schaltung. Vor der Quantisierung erfolgt die Abtastung der kontinuierlichen Zeitfunktion mit der Abtast-Halte-Schaltung (Sample&Hold) in Bild 3.24. Das

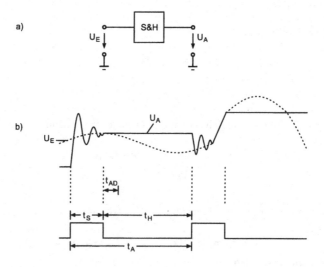

Bild 3.24 a) Abtast-Halte-Schaltung b) Eingangs- und Ausgangssignal mit Taktsignal
(t_S=Abtast-Zeit, t_H=Halte-Zeit, t_{AD}=Apertur-Verzögerung)

Abtastintervall T_A ist in eine Abtast-Zeit t_S, in der die Ausgangsspannung U_A der Eingangsspannung U_E folgt, und eine Halte-Zeit t_H unterteilt. Während dieser Halte-Zeit ist die Ausgangsspannung U_A konstant und wird durch den Quantisierungsvorgang in ein binäres Wort umgesetzt.

Apertur-Verzögerung. Die Zeit t_{AD} zwischen dem Halte-Befehl und dem tatsächlichen Zeitpunkt des Halte-Modus (s. Bild 3.24) bezeichnet man als Apertur-Verzögerung.

Apertur-Jitter. Die Variation der Apertur-Verzögerung von Abtastwert zu Abtastwert wird als Apertur-Jitter t_{ADJ} bezeichnet. Der Einfluss des Apertur-Jitters schränkt die mit entsprechender Auflösung nutzbare Bandbreite des abzutastenden Signals ein, da der Einfluss bei hohen Signalfrequenzen zur Verschlechterung des Signal-Rauschabstands führt. Bei Annahme eines gaußverteilten Apertur-Jitters folgt für den Signal-Rauschabstand.

$$\text{SNR}_J = -20 \log_{10}(2\pi f t_{ADJ}) \quad \text{dB} \tag{3.34}$$

infolge des Apertur-Jitters in Abhängigkeit von der Signalfrequenz f.

Offset-Fehler und Verstärkungsfehler. Die Offset- und Verstärkungsfehler eines AD-Umsetzers sind in Bild 3.25 dargestellt. Der Offset-Fehler äußert sich in einer horizontalen Verschiebung der realen Kennlinie gegenüber der gestrichelt dargestellten idealen Kennlinie des AD-Umsetzers und wird bezogen auf die analoge Eingangsspannung. Der Verstärkungsfehler zeigt sich in der Abweichung von der idealen Steigung der Kennlinie.

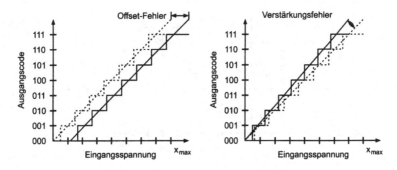

Bild 3.25 Offset-Fehler und Verstärkungsfehler

Differentielle Nichtlinearität. Die differentielle Nichtlinearität

$$\text{DNL} = \frac{\Delta x / Q}{\Delta x_Q} - 1 \quad \text{LSB} \tag{3.35}$$

beschreibt den Stufenbreitenfehler eines bestimmten Codewortes in der Einheit LSB (Least Significand Bit). Bei einer idealen Quantisierung ist die Zunahme Δx der Eingangsspannung bis zum Erreichen des nächsten Ausgangscodes x_Q gleich der Quantisierungsstufe Q (s. Bild 3.26). Die Differenz zweier aufeinander folgender Ausgangscodes ist mit Δx_Q bezeichnet. Beim Wechsel des Ausgangscodes von 010 auf 011 beträgt die Stufenbreite 1.5 LSB und somit die differentielle Nichtlinearität DNL=0.5 LSB. Die Stufenbreite zwischen den Codes 011 und 101 ist 0 LSB und der Code 200 ist überhaupt nicht vorhanden. Die differentielle Nichtlinearität ist DNL=-1 LSB.

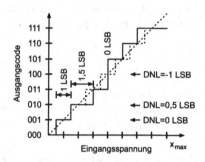

Bild 3.26 Differentielle Nichtlinearität

Integrale Nichtlinearität. Die integrale Nichtlinearität (INL) beschreibt den Fehler zwischen dem quantisierten Wert und dem idealen kontinuierlichen Wert. Dieser Fehler wird in der Einheit LSB angegeben und entsteht durch den kumulierten Stufenbreitenfehler, der sich in Bild 3.27 von einem Ausgangscode zum nächsten ständig ändert.

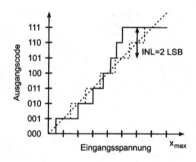

Bild 3.27 Integrale Nichtlinearität

Monotonität. Die progressive Zunahme des Ausgangscodes eines Quantisierers bei kontinuierlich steigender Eingangsspannung und die progressive Abnahme des Ausgangscodes bei kontinuierlich abnehmender Eingangsspannung bezeichnet man mit Monotonität. Ein nicht-monotones Verhalten ist in Bild 3.28 dargestellt, wo ein Ausgangscode nicht auftritt.

Klirrfaktor (THD: Total Harmonic Distortion). Die Bestimmung des Klirrfaktors erfolgt bei Vollaussteuerung des AD-Umsetzers mit einem Sinussignal ($X_1 = 0$ dB) bekannter Frequenz. Die selektive Messung der harmonischen Oberwellen 2. bis

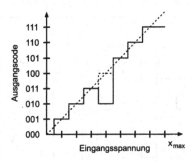

Bild 3.28 Monotonität

mindestens 9. Ordnung werden zur Berechnung des Klirrfaktors gemäß

$$\text{THD} = 20 \log \sqrt{\sum_{n=2}^{\infty} [10^{(-X_n/20)}]^2} \quad \text{dB} \tag{3.36}$$

$$= \sqrt{\sum_{n=2}^{\infty} [10^{(-X_n/20)}]^2} \cdot 100\% \tag{3.37}$$

herangezogen, wobei X_n die harmonischen Oberwellen in dB bezeichnen.

Klirrfaktor plus Rauschen (THD+N: Total Harmonic Distortion plus Noise). Bei der Bestimmung des Klirrfaktors plus Rauschen wird eine Unterdrückung des Testsignals mit einem Bandsperrfilter vorgenommen. Bei der anschließenden Messung werden die breitbandigen Störanteile berücksichtigt, die sich aus den integralen und differentiellen Nichtlinearitäten, fehlender Codes, dem Apertur-Jitter, analogem Rauschen und dem Quantisierungsfehler zusammensetzen.

3.2.2 Parallel-Umsetzer

Parallel-Umsetzer. Eine direkte Methode zur AD-Umsetzung wird als Parallel-Umsetzung (Flash-Umsetzer) bezeichnet. Bei Parallel-Umsetzern wird die Ausgangsspannung der Abtast-Halte-Schaltung mit Hilfe von $2^w - 1$ Komparatoren mit einer Referenzspannung U_R verglichen (s. Bild 3.29). Die Steuerung der Abtast-Halte-Schaltung erfolgt mit der Abtastfrequenz f_A, so dass während der Halte-Zeit t_H eine konstante Spannung am Ausgang der Abtast-Halte-Schaltung anliegt. Die Ausgänge der Komparatoren werden mit dem Abtasttakt in ein $2^w - 1$-Bit Register übernommen und über eine Codierlogik in ein w-Bit Datenwort umgesetzt, welches mit dem Abtasttakt in ein Ausgangsregister übergeben wird. Bei einigen Varianten der Parallel-Umsetzer wird aufgrund der sehr kurzen Umsetzungszeit auf die Abtast-Halte-Schaltung verzichtet. Die erreichbaren Abtastraten liegen zwischen 1 MHz und 500 MHz bei einer Umsetzungsgenauigkeit von bis zu 10 Bit. Aufgrund der hohen Anzahl von Komparatoren ist das Verfahren für höhere Umsetzungsgenauigkeiten nicht praktikabel.

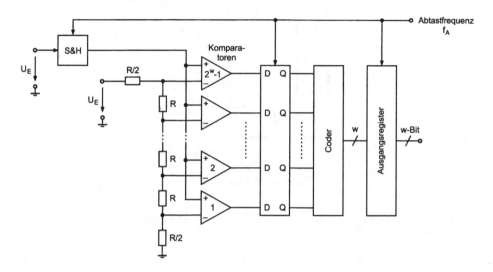

Bild 3.29 Parallel-Umsetzer

Half-Flash Umsetzer. Bei den Half-Flash AD-Umsetzern (s. Bild 3.30) werden zwei m-Bit Parallel-Umsetzer genutzt, um zwei verschiedene Aussteuerungsbereiche umzusetzen. Der erste m-Bit AD-Umsetzer liefert ein digitales Ausgangswort, welches mit einem m-Bit DA-Umsetzer wieder in eine analoge Spannung umgesetzt wird. Diese Spannung wird nun von der Ausgangsspannung der Abtast-Halte-Schaltung subtrahiert, und die um den Faktor 2^m verstärkte Differenzspannung wird mit dem zweiten m-Bit AD-Umsetzer digitalisiert. Die Grob- und Feinquantisierung werden mit einer nachfolgenden Logik zu einem w-Bit Datenwort zusammengefasst.

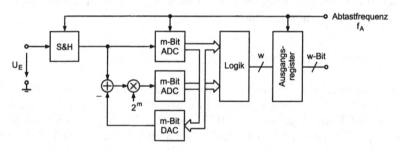

Bild 3.30 Half-Flash AD-Umsetzer

Subranging Umsetzer. Eine Kombination von direkter Umsetzung und sequentieller Vorgehensweise wird bei den Subranging AD-Umsetzern durchgeführt (s. Bild 3.31). Gegenüber den Half-Flash Umsetzern wird nur ein Parallel-Umsetzer benötigt. Die Schalter S_1 und S_2 nehmen die Werte 0 und 1 an und führen in einem ersten Schritt die Ausgangsspannung der Abtast-Halte-Schaltung zu. In einem zweiten Schritt wird die um den Faktor 2^m verstärkte Differenzspannung einem m-Bit AD-Umsetzer übergeben.

Die Differenzspannung wird aus der Ausgangsspannung eines m-Bit DA-Umsetzers und der Ausgangsspannung der Abtast-Halte-Schaltung gebildet. Die Umsetzungsraten liegen zwischen 100 kHz und 40 MHz, wobei man Umsetzungsgenauigkeiten bis zu 16 Bit erreicht.

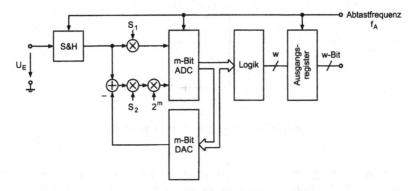

Bild 3.31 Subranging AD-Umsetzer

3.2.3 Sukzessive Approximation

AD-Umsetzer mit sukzessiver Approximation bestehen aus den in Bild 3.32 dargestellten Funktionsmodulen. Eine analoge Spannung wird innerhalb von w Zyklen in ein w-Bit Wort umgesetzt. Hierzu wird ein Komparator, ein w-Bit DA-Umsetzer und eine Logik zur Steuerung der sukzessiven Approximation benötigt.

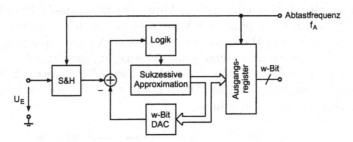

Bild 3.32 AD-Umsetzung mit sukzessiver Approximation

Zur Verdeutlichung hierzu wird das Bild 3.33 betrachtet. Im ersten Schritt wird überprüft, ob eine positive oder negative Spannung am Komparator anliegt. Ist die Spannung positiv, wird im nächsten Schritt durch Ausgabe von $+0.5U_R$ über den DA-Umsetzer überprüft, ob die am Komparatorausgang anliegende Spannung größer oder kleiner als $+0.5U_R$ ist. Danach erfolgt die Ausgabe von $(+0.5 \pm 0.25)U_R$ über den DA-Umsetzer, und der Komparatorausgang wird wieder ausgewertet. Dieser Vorgang wiederholt sich w mal und führt zu dem w-Bit Ausgangswort.

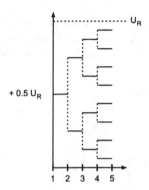

Bild 3.33 Sukzessive Approximation

Die Einsatzbereiche liegen bei einer Umsetzungsgenauigkeit von 12 Bit bis zu Abtast-frequenzen von 1 MHz. Höhere Umsetzungsgenauigkeiten bis über 16 Bit hinaus sind bei reduzierter Abtastfrequenz möglich.

3.2.4 Zählverfahren

Im Gegensatz zu den Umsetzungsverfahren der vorangegangenen Abschnitte für hohe Umsetzungsraten kommen für Abtastfrequenzen kleiner als 50 kHz die folgenden Zählverfahren zum Einsatz.

Vorwärts-Rückwärts-Zählverfahren. Ein Verfahren, welches im Prinzip wie die sukzessive Approximation arbeitet, ist das Vorwärts-Rückwärts-Zählverfahren in Bild 3.34. Eine Logik steuert einen getakteten Vorwärts-Rückwärts-Zähler, dessen Ausgangs-datenwort über einen w-Bit DA-Umsetzer eine analoge Ausgangsspannung liefert. Das Differenzsignal zwischen dieser Spannung und der Ausgangsspannung der Abtast-Halte-Schaltung bestimmt die Zählrichtung des Zählers. Dieser Zählvorgang endet, wenn die entsprechende Ausgangsspannung des DA-Umsetzers mit der Ausgangsspannung der Abtast-Halte-Schaltung übereinstimmt.

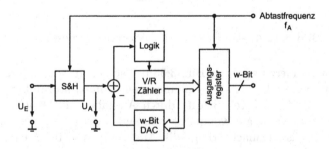

Bild 3.34 AD-Umsetzung mit Vorwärts-Rückwärts-Zähler

Single-Slope Umsetzer. Der in Bild 3.35 dargestellte Single-Slope AD-Umsetzer vergleicht die Ausgangsspannung der Abtast-Halte-Schaltung mit der Spannung eines Rampengenerators. Dieser Rampengenerator wird mit der Abtastfrequenz in jedem Ab-

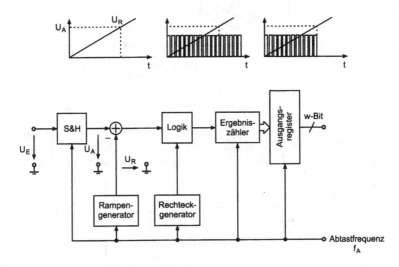

Bild 3.35 Single-Slope AD-Umsetzer

tastintervall neu gestartet. Solange die Eingangsspannung größer als die Spannung des Rampengenerators ist, werden Taktimpulse eines Rechteckgenerators mit Hilfe einer Logik zu einem Ergebniszähler durchgeschaltet. Die ermittelten Zählimpulse entsprechen dem digitalen Wert der Eingangsspannung.

Dual-Slope Umsetzer. Bei dem Dual-Slope AD-Umsetzer in Bild 3.36 wird in einer ersten Phase, in welcher der Schalter S_1 von einem Messdauerzähler für eine Zeit t_1 geschlossen ist, die Ausgangsspannung der Abtast-Halte-Schaltung auf einen Integrierer mit der Zeitkonstanten τ gegeben. In der zweiten Phase wird der Schalter S_2 geschlossen und der Schalter S_1 geöffnet. Die Referenzspannung wird auf den Integrierer geschaltet, und die Zeitdauer t_2 bis zum Erreichen einer Schwelle wird durch Zählung von Taktimpulsen in einem Ergebniszähler ermittelt. In Bild 3.36 ist dies für drei unterschiedliche Spannungen U_A dargestellt. Die Steigung während der Zeitdauer t_1 ist proportional zur Ausgangsspannung U_A der Abtast-Halte-Schaltung, während die Steigung beim Durchschalten der Referenzspannung U_R konstant ist. Das Verhältnis $U_A/U_R = t_2/t_1$ wird als digitales Wort dem Ausgangsregister übergeben.

3.2.5 Delta-Sigma AD-Umsetzer

Der Delta-Sigma AD-Umsetzer in Bild 3.37 benötigt aufgrund seiner hohen Umsetzungsrate keine Abtast-Halte-Schaltung. Der analoge Bandbegrenzungstiefpass und ein digitaler Tiefpass zur Abtastratenreduktion auf die Abtastfrequenz f_A befinden sich mit auf dem Schaltkreis. Der linearphasige nichtrekursive digitale Tiefpass in Bild 3.37 hat

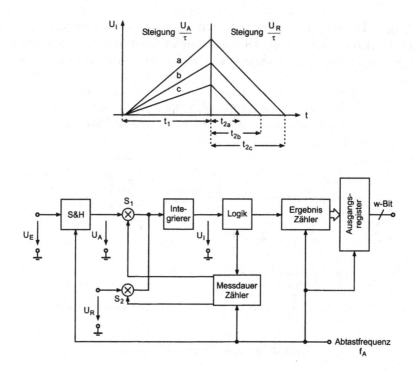

Bild 3.36 Dual-Slope AD-Umsetzer

ein 1-Bit Eingangssignal und führt aufgrund der N Filterkoeffizienten $h_0, h_1, \ldots, h_{N-1}$, die mit einer Wortbreite von w-Bit realisiert sind, auf ein w-Bit Ausgangssignal. Das Ausgangssignal des Filters ergibt sich durch die entweder mit 0 oder 1 gewichtete Aufsummation der Filterkoeffizienten des nichtrekursiven Tiefpasses. Aus dieser w-Bit Ausgangsfolge mit der Abtastfrequenz Lf_A wird nun jeder L-te Wert entnommen und das Signal $x(n)$ gewonnen.

Der Anwendungsbereich von Delta-Sigma AD-Umsetzern befindet sich bei Abtastfrequenzen bis 100 kHz und Umsetzungsgenauigkeiten von bis zu 24 Bit.

3.3   DA-Umsetzer

Bei den schaltungstechnischen Prinzipien zur DA-Umsetzung werden bis auf die Delta-Sigma DA-Umsetzer fast ausschließlich direkte Umsetzungen des digitalen Eingangscodes vorgenommen. Die hiermit erreichbaren Abtastfrequenzen sind dementsprechend hoch.

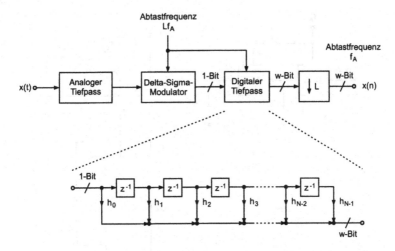

Bild 3.37 Delta-Sigma AD-Umsetzer

3.3.1 DA-Kenngrößen

Die Definition der Umsetzungsgenauigkeit und die messtechnischen Größen wie Klirrfaktor (THD) und Klirrfaktor plus Rauschen (THD+N) entsprechen den Kenngrößen der AD-Umsetzer. Weitere Kenngrößen der DA-Umsetzung werden im Folgenden aufgeführt.

Einstellzeit (Settling time t_{SE}). Die Zeit zwischen dem Übergeben eines binären Wortes und dem Erreichen des analogen Ausgangswertes innerhalb eines spezifizierten Fehlerbandes wird als Einstellzeit bezeichnet. Die Einstellzeit bestimmt die maximale Umsetzungsfrequenz $f_{A_{max}} = 1/t_{SE}$. Innerhalb dieses Zeitraumes kann es zu Überschwingern (Glitches) zwischen aufeinander folgenden Amplitudenwerten kommen (s. Bild 3.38). Mit Hilfe einer Abtast-Halte-Schaltung (Deglitcher) wird die Ausgangsspannung des DA-Umsetzers nach dieser Einstellzeit abgetastet und gehalten.

Offset-Fehler und Verstärkungsfehler. Die Offset- und Verstärkungsfehler eines DA-Umsetzers sind in Bild 3.39 dargestellt.

Differentielle Nichtlinearität. Die differentielle Nichtlinearität beschreibt bei einem DA-Umsetzer den Stufenbreitenfehler eines Codewortes in LSB. Bei einer idealen Quantisierung ist die Zunahme Δx der Ausgangsspannung bis zum Erreichen der zum nächsten Codewort gehörenden Ausgangsspannung gleich der Quantisierungsstufe Q (s. Bild 3.40). Die Differenz zweier aufeinander folgender Eingangscodes ist mit Δx_Q bezeichnet. Für die differentielle Nichtlinearität gilt

$$\text{DNL} = \frac{\Delta x/Q}{\Delta x_Q} - 1 \quad \text{LSB.} \tag{3.38}$$

Beim Wechsel des Ausgangscodes von 001 auf 010 in Bild 3.40 beträgt die Stufenbreite 1.5 LSB. Somit gilt für die differentielle Nichtlinearität DNL=0.5 LSB. Die Stufenbreite

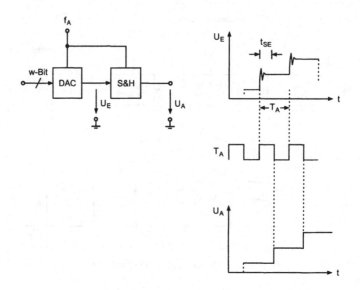

Bild 3.38 Einstellzeit und Abtast-Halte-Funktion

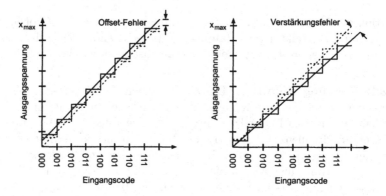

Bild 3.39 Offset-Fehler und Verstärkungsfehler

zwischen den Codes 010 und 100 ist 0.75 LSB, und für die differentielle Nichtlinearität folgt DNL=-0.25 LSB. Die Stufenbreite beim Wechsel des Codes von 011 auf 100 ist 0 LSB (DNL=-1 LSB).

Integrale Nichtlinearität. Die integrale Nichtlinearität beschreibt die maximale Abweichung der Ausgangsspannung des realen DA-Umsetzers von der idealen Geraden (s. Bild 3.41).

Monotonität. Die kontinuierliche Zunahme der Ausgangsspannung bei steigendem Eingangscode und die kontinuierliche Abnahme der Ausgangsspannung bei kleiner werdendem Eingangscode bezeichnet man als Monotonität. Ein nicht-monotones Verhalten ist in Bild 3.42 dargestellt.

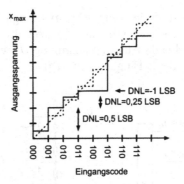

Bild 3.40 Differentielle Nichtlinearität

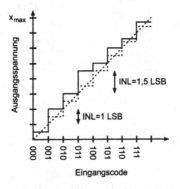

Bild 3.41 Integrale Nichtlinearität

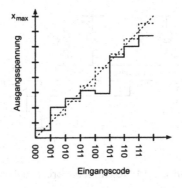

Bild 3.42 Monotonität

3.3.2 Geschaltete Spannungs- und Stromquellen

Geschaltete Spannungsquellen. Die DA-Umsetzung mit geschalteten Spannungsquellen in Bild 3.43a erfolgt mit einer an einer Widerstandskette anliegenden Referenzspannung. Die Abgriffe dieser Widerstandskette aus 2^w gleichen Widerständen werden in einem binär gesteuerten Decoder stufenartig verschaltet, so dass am Ausgang eine dem Eingangscode entsprechende Ausgangsspannung U_A vorliegt. Bild 3.43b verdeutlicht den Decoder für einen 3-Bit Eingangscode 101 .

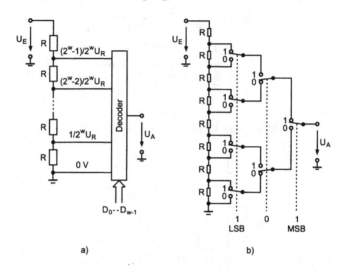

Bild 3.43 Geschaltete Spannungsquelle

Geschaltete Stromquellen. Eine DA-Umsetzung mit geschalteten 2^w Einheitsstromquellen ist in Bild 3.44 dargestellt. Der Decoder schaltet die dem Eingangscode entsprechende Anzahl von Stromquellen auf den Strom-Spannungswandler. Vorteil der beiden

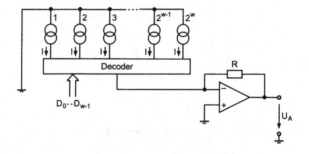

Bild 3.44 Geschaltete Stromquellen

Verfahren ist deren Monotonität, die bei idealen Schaltern aber auch bei leicht differierenden Widerstandswerten oder Stromquellen gewährleistet ist. Die hohe Anzahl von gleichen Widerständen bei geschalteten Spannungsquellen oder die hohe Anzahl von geschalteten Stromquellen macht die beiden Verfahren für DA-Umsetzungen großer Wortbreite problematisch. Die Verfahren werden in Kombination mit anderen Verfahren zur DA-Umsetzung der höherwertigen Bits eingesetzt.

3.3.3 Gewichtete Widerstände und Kapazitäten

Eine Reduktion der Anzahl von identischen Widerständen oder Stromquellen wird durch die folgenden Verfahren erreicht.

Gewichtete Widerstände. Eine DA-Umsetzung mit w geschalteten Stromquellen, die binär gemäß

$$I_1 = 2I_2 = 4I_3 = \ldots = 2^{w-1}I_w \qquad (3.39)$$

gewichtet sind, ist in Bild 3.45 dargestellt. Für die Ausgangsspannung gilt

$$U_A = -R \cdot I = -R \cdot (b_1 I_1 2^0 + b_2 I_2 2^1 + b_3 I_3 2^2 + \ldots + b_w I_w 2^{w-1}), \qquad (3.40)$$

wobei die b_n die Werte 0 oder 1 annehmen. Die Realisierung der DA-Umsetzung mit

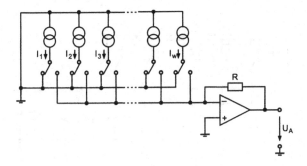

Bild 3.45 Gewichtete Stromquellen

geschalteten Stromquellen erfolgt mit gewichteten Widerständen in Bild 3.46. Für die

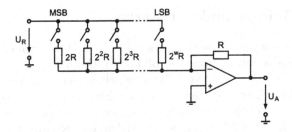

Bild 3.46 DA-Umsetzung mit gewichteten Widerständen

Ausgangsspannung gilt

$$U_A = R \cdot I = R \left(\frac{b_1}{2R} + \frac{b_2}{4R} + \frac{b_4}{8R} + \ldots + \frac{b_w}{2^w R} \right) U_R \qquad (3.41)$$

$$= (b_1 2^{-1} + b_2 2^{-2} + b_3 2^{-3} + \ldots b_w 2^{-w}) U_R. \qquad (3.42)$$

Gewichtete Kapazitäten. Bei einer DA-Umsetzung mit gewichteten Kapazitäten werden während einer ersten Phase (Schalterstellung 1 in Bild 3.47) alle Kapazitäten entladen. In der zweiten Phase werden alle Kapazitäten, die zu den gesetzten Bits gehören, mit der Referenzspannung verbunden. Diejenigen Kapazitäten, deren Bits nicht gesetzt sind, werden mit Masse verbunden. Die Ladung auf den Kapazitäten C_a, die mit der Referenzspannung verbunden sind, wird mit der Gesamtladung auf allen Kapazitäten C_g gemäß

$$U_R\, C_a = U_R \left(b_1 C + \frac{b_2 C}{2} + \frac{b_3 C}{2^2} + \ldots + \frac{b_w C}{2^{w-1}} \right) = C_g\, U_A = 2\, C\, U_A \qquad (3.43)$$

in Beziehung gesetzt. Daher folgt für die Ausgangsspannung

$$U_A = (b_1 2^{-1} + b_2 2^{-2} + b_3 2^{-3} + \ldots + b_w 2^{-w}) U_R. \qquad (3.44)$$

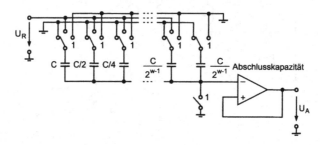

Bild 3.47 DA-Umsetzung mit gewichteten Kapazitäten

3.3.4   R-2R-Widerstandsnetzwerke

Die DA-Umsetzung mit geschalteten Stromquellen kann ebenso mit einem R-2R-Widerstandsnetzwerk durchgeführt werden (s. Bild 3.48). Gegenüber dem Verfahren mit gewichteten Widerständen ist das Verhältnis zwischen kleinstem und größtem Widerstandswert auf 2:1 reduziert. Die Gewichtung der Ströme wird durch eine Stromteilung in jedem Knoten erreicht. Von jedem Knoten nach rechts gesehen ergibt sich ein Abschlusswiderstand $R+2R \parallel 2R = 2R$, der gleich dem vom Knoten in vertikaler Richtung nach unten geführten Widerstand ist. Für den Strom aus Knoten 1 folgt $I_1 = \frac{U_R}{2R}$, und für den Strom aus Knoten 2 gilt $I_2 = \frac{I_1}{2}$, so dass eine binäre Gewichtung der w Ströme gemäß

$$I_1 = 2I_2 = 4I_3 = \ldots = 2^{w-1} I_w \qquad (3.45)$$

erfolgt. Die Ausgangsspannung U_A ist gegeben durch

$$
\begin{aligned}
U_A &= -RI = -R \left(\frac{b_1}{2R} + \frac{b_2}{4R} + \frac{b_3}{8R} + \ldots + \frac{b_w}{2^{w-1}R} \right) U_R & (3.46) \\
&= -U_R (b_1 2^{-1} + b_2 2^{-2} + b_3 2^{-3} + \ldots + b_w 2^{-w}). & (3.47)
\end{aligned}
$$

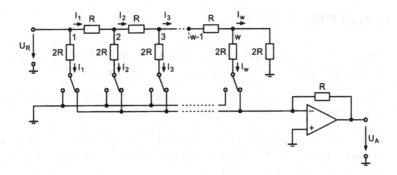

Bild 3.48 Geschaltete Stromquellen mit R-2R-Widerstandsnetzwerk

3.3.5 Delta-Sigma DA-Umsetzer

Das Blockschaltbild eines Delta-Sigma DA-Umsetzers ist in Bild 3.49 dargestellt. Mit der Abtastfrequenz f_A werden dem Umsetzer die w-Bit Datenworte übergeben. Danach erfolgt eine Abtastratenerhöhung auf die Abtastfrequenz Lf_A mit einem Aufwärtstaster und einem digitalen Tiefpassfilter. Mit einem Delta-Sigma Modulator wird das w-Bit Signal zu einem 1-Bit Signal quantisiert. Der Delta-Sigma Modulator entspricht dem Modell aus Abschnitt 3.1.3. Danach erfolgt die DA-Umsetzung dieses 1-Bit Signals und die Rekonstruktion des zeitkontinuierlichen Signals $x(t)$ mit einem analogen Tiefpassfilter.

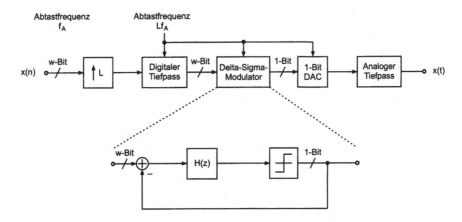

Bild 3.49 Delta-Sigma DA-Umsetzer

Literaturverzeichnis

[Can85]   J.C. Candy: *A Use of Double Integration in Sigma Delta Modulation*, IEEE Trans. Commun., vol. COM-37, pp. 249–258, March 1985.

[Can92]   J.C. Candy, G.C. Temes, Ed.: *Oversampling Delta-Sigma Data Converters*, IEEE Press, Piscataway, NJ, 1992.

[Cha90]   K. Chao et al: *A High Order Topology for Interpolative Modulators for Oversampling A/D Converters*, IEEE Trans. Circuits and Syst., vol. CAS-37, pp. 309–318, March 1990.

[Fli91]   N. Fliege: *Systemtheorie*, B.G. Teubner, Stuttgart 1991.

[Fli93]   N. Fliege: *Multiraten-Signalverarbeitung*, B.G. Teubner, Stuttgart 1993.

[Ino63]   H. Inose, Y. Yasuda: *A Unity Bit Coding Method by Negative Feedback*, Proc. IEEE, vol. 51, pp. 1524–1535, November 1963.

[Mat87]   Y. Matsuya et al: *A 16-bit Oversampling A-to-D Conversion Technology Using Triple-Integration Noise Shaping*, IEEE J. Solid-State Circuits, vol. SC-22, pp. 921–929, Dec. 1987.

[She86]   D.H. Sheingold, Ed.: *Analog-Digital Conversion Handbook*, 3rd ed., Prentice-Hall, Englewood Cliffs, NJ, 1986.

Kapitel 4

Audio-Verarbeitungssysteme

Zur zeitdiskreten Signalverarbeitung werden digitale Signalprozessoren eingesetzt, deren Architektur und Befehlssatz auf die Echtzeitumgebung und die Signalverarbeitungsalgorithmen angepasst sind. Die digitalen Signalprozessoren von verschiedenen Herstellern und die Einbindung in Anwendungsschaltungen werden diskutiert. Die Beschränkung auf die Architektur und die Anwendungsschaltungen sollen dem Anwender die Auswahlkriterien liefern, die für seine spezielle Applikation notwendig sind. Aus den architektonischen Randbedingungen der Prozessoren ergeben sich automatisch die Vorzüge eines speziellen Prozessors hinsichtlich der schnellen Ausführung von Algorithmen (Digitale Filter, adaptive Filter, schnelle Transformationen etc.). Auf die Programmiermethoden und Applikationsprogramme wird daher nur bedingt eingegangen, da man in den entsprechenden Herstellerunterlagen genügend Informationen in Form von Beispielprogrammen zu den oben aufgeführten Algorithmen erhält. Eine erweiterte Einführung in digitale Signalprozessoren findet sich in [Dob00].

Nach einer Abgrenzung der digitalen Signalprozessoren zu anderen Mikrorechnern werden in den einzelnen Abschnitten folgende Themen behandelt:

- Festkomma-Signalprozessoren

- Gleitkomma-Signalprozessoren

- Digitale Audio-Schnittstellen

- Einprozessor-Systeme
  (Peripheriekonzepte, Steuerungskonzepte)

- Mehrprozessor-Systeme
  (Kopplungskonzepte, Steuerungskonzepte)

Der interne Aufbau von Mikrorechnern folgt grundsätzlich zwei Architekturen. Zum einem der *von Neumann*-Architektur, die einen gemeinsamen internen Programm- und

Datenbus nutzt, und zum anderen der *Harvard*-Architektur, die eine Trennung des internen Programm- und Datenbusses vorsieht. Die aus diesen Architekturen abgeleiteten Prozessortypen sind die CISC-Prozessoren, die RISC-Prozessoren und die digitalen Signalprozessoren (DSP), deren Merkmale in Tabelle 4.1 angegeben sind.

Tabelle 4.1 CISC, RISC und DSP

Typ	Eigenschaften
CISC	Complex Instruction Set Computer o von Neumann-Architektur o Assemblerprogrammierung o Große Anzahl von Maschinenbefehlen o Rechnerfamilien o Compiler o Einsatzgebiet: Universelle Mikrorechnertechnik
RISC	Reduced Instruction Set Computer o von Neumann-Architektur/Harvard-Architektur o Anzahl der Maschinenbefehle < 50 o Anzahl der Adressierungsarten < 4, Befehlsformate < 4 o festverdrahtete Maschinenbefehle (keine Mikroprogrammierung) o Ausführung der meisten Befehle in einem Taktzyklus o Optimierende Compiler für höhere Programmiersprachen o Einsatzgebiet: Workstation
DSP	Digital Signal Processor o Harvard-Architektur o mehrere interne Datenbusse o Assemblerprogrammierung o Parallele Ausführung von mehreren Befehlen in einem Taktzyklus o Optimierende Compiler für höhere Programmiersprachen o Echtzeitbetriebssysteme o Einsatzgebiet: Echtzeit-Signalverarbeitung

Neben den im Überblick aufgeführten internen Eigenschaften der digitalen Signalprozessoren besitzen sie spezielle periphere Interface-Möglichkeiten, die auf die Aufgaben der schnellen Signalverarbeitung zugeschnitten sind. Die schnelle Reaktion auf externe Interrupts erlaubt erst die Nutzung von *Echtzeitbetriebssystemen*, da hier der Begriff der Echtzeit eng mit der Abtastrate des zu verarbeitenden Prozesses zusammenhängt.

4.1 Digitale Signalprozessoren

4.1.1 Festkomma-Signalprozessoren

Die zeit- und wertediskreten Ausgangssignale eines linear quantisierenden AD-Umsetzers werden üblicherweise in einem Zweier-Komplement-Zahlenformat dargestellt. Die Verarbeitung dieser Zahlenfolgen wird entweder mit einer Festkomma-Arithmetik oder mit einer Gleitkomma-Arithmetik durchgeführt. Die Ausgabe eines verarbeiteten Signals erfolgt wieder in Zweier-Komplementdarstellung an den DA-Umsetzer. Die vorzeichenbehaftete fraktionale Darstellung (Zweier-Komplement, Signed Fractional) ist die übliche Form für Algorithmen in Festkomma-Arithmetik. Zur Adressierung und bei Modulo-Operationen verwendet man die vorzeichenlose Dualzahl (Unsigned Integer). In Bild 4.1 ist das Blockschaltbild eines typischen Festkomma-Prozessors dargestellt.

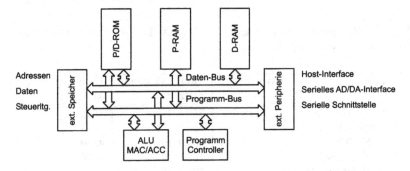

Bild 4.1 Blockschaltbild eines Festkomma-Prozessors

Die Grundbausteine sind ein Programm-Controller, eine arithmetisch logische Einheit (ALU) mit einem Multiplizierer-Akkumulator (MAC), Speicherbereiche und diverse Schnittstellen zu externen Speichern und externer Peripherie, die über ein internes Bussystem miteinander verbunden sind. Das interne Bussystem zeichnet sich durch eine Trennung von Programm- und Datenbus aus. Der Datenbus selbst kann sich aus mehreren parallelen Bussen zusammensetzen, um beispielsweise die beiden Operanden eines Multiplikationsbefehls dem MAC parallel zu übertragen. Der interne Speicherbereich gliedert sich in Programm- und Daten-RAM und zusätzlichem ROM-Speicher, in dem Tabellen abgelegt sind. Dieser interne Speicher erlaubt eine schnelle Abarbeitung der internen Programme und Daten. Zur Erweiterung des Speicherbereichs sind Adress-/Steuer- und Datenleitungen zum externen Anschluss von Speichern in Form von EPROM, ROM und RAM nach außen geführt. Die Ankopplung dieses externen Bussystems an die interne Bus-Architektur ist maßgeblich entscheidend für die effiziente Abarbeitung von externen Programmteilen und der Verarbeitung von externen Daten.

Zur Ankopplung von seriell arbeitenden AD/DA-Umsetzern existieren spezielle serielle Schnittstellen mit hoher Übertragungsrate. Einige Prozessoren unterstützen darüberhinaus die serielle Ankopplung einer RS232-Schnittstelle. Die Steuerung von einem

Mikroprozessor kann ebenso über eine Host-Schnittstelle mit einer Wortbreite von 8 Bit erfolgen.

Einen Überblick der Signalprozessoren mit Festkomma-Arithmetik unter den Gesichtspunkten der Wortbreite, des Prozessortaktes, der Zykluszeit und der Rechenleistung (in MMACS[1]) gibt die Tabelle 4.2. Grundsätzlich ist die doppelt genaue Arithmetik mit jedem der aufgeführten Prozessoren durchführbar, wenn Quantisierungseffekte die Stabilität und die numerische Genauigkeit des eingesetzten Algorithmus beeinflussen. Die Zykluszeit im Zusammenhang mit der Ausführungszeit (in Prozessorzyklen) eines kombinierten Multiplikations- und Akkumulationsbefehls gibt Aufschluss über die Rechenleistung des entsprechenden Prozessortypen. Während die Zykluszeit direkt aus der maximalen Taktfrequenz resultiert, hängt die Befehlsausführungszeit maßgeblich von der internen Programm- und Datenbus-Struktur sowie von der externen Speicheranbindung des Prozessors ab.

Tabelle 4.2 Festkomma-Signalprozessoren (Analog Devices AD, Texas Instruments TI, Motorola MOT, Agere Systems AG)

Typ	Wortbreite	Takt/Zykluszeit MHz/ns	Rechenleistung MMACS
ADSP-BF533	16	756 / 1,3	1512
ADSP-BF561	16	756 / 1,3	3024
ADSP-T201	32	600 / 1,67	4800
TI-TMS320C6414	16	1000 / 1	4000
MOT-DSP56309	24	100 / 10	100
MOT-DSP56L307	24	160 / 6,3	160
AG-DSP16410 x 2	16	195 / 5,1	780

Der schnelle Zugriff auf den externen Programm- und Datenspeicher ist insbesondere bei aufwendigen Algorithmen und großen zu bearbeitenden Datenmengen von Bedeutung. Desweiteren ist die Ankopplung von seriellen Datenverbindungen mit AD-/DA-Umsetzern und die Steuerung von einem übergeordneten Rechner über ein spezielles Host-Interface zu beachten Hierdurch werden aufwendige Interface-Schaltungen vermieden. Für Stand-Alone-Lösungen bietet sich das Booten aus einem einfachen externen EPROM an.

Für die Signalverarbeitungsalgorithmen sind insbesondere die folgenden Software-Befehle MAC (multiply and accumulate, kombinierter Multiplikations- und Akkumulationsbefehl), mit Bit-Reverse/Modulo Adressierung (für FFT, Fensterung, FIR/IIR-Filter) wichtig. Die unterschiedlichen Signalprozessoren besitzen verschiedene Ausführungszeiten für eine FFT-Realisierung. Neuere Signalprozessoren mit verbesserter Architektur zeichnen sich durch schnellere Ausführungszeiten aus. Die Instruktionszyklen für den kombinierten Multiplikations- und Akkumulationsbefehl (Anwendung: Fensterung, FIR/IIR-Filterung) sind bei den verschiedenen Prozessoren annähernd

[1]Million Mulitply and Accumulations per Second

gleich, wobei auf die veränderten Ausführungszeiten bei externen Operanden geachtet werden muss.

4.1.2 Gleitkomma-Signalprozessoren

Das Blockschaltbild eines typischen Gleitkomma-Prozessors zeigt Bild 4.2. Die wesentlichen äußeren Architekturmerkmale sind zum einen die Dual-Port-Konzepte und zum anderen die externe *Harvard*-Architektur. Die Gleitkomma-Signalprozessoren besitzen intern mehrfach vorhandene Bussysteme, um die Datentransfers zur Recheneinheit zu beschleunigen. On-Chip-DMA-Controller und Cache-Speicher unterstützen die erhöhten Transferdatenraten. Eine Übersicht der Gleitkomma-Signalprozessoren ist in Tabelle 4.3 wiedergegeben (Rechenleistung in MFLOPS[2]). Neben der standardisierten Gleitkomma-Darstellung IEEE-754 existieren herstellerspezifische Darstellungen, die aber per Software auf das Standardformat gebracht werden können.

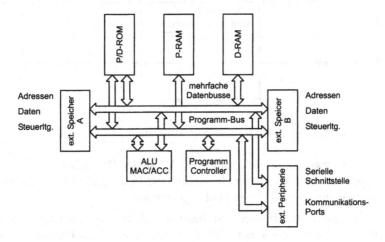

Bild 4.2 Blockschaltbild eines Gleitkomma-Signalprozessors

Tabelle 4.3 Gleitkomma-Signalprozessoren (Analog Devices AD, Texas Instruments TI)

Typ	Wortbreite	Takt/Zykluszeit MHz/ns	Rechenleistung MFLOPS
ADSP 21364	32	300 / 3,3	1800
ADSP 21267	32	150 / 6,6	900
ADSP-21161N	32	100 / 10	600
TI-TMS320C6711	32	200 / 5	1200

---

[2]Million Floating Point Operations per Second

4.2   Digitale Audio-Schnittstellen

Zum Datentransfer von digitalen Audiosignalen sind zwei Übertragungsnormen von der
AES (Audio Engineering Society) und der EBU (European Broadcasting Union) standardisiert. Das sind zum einen eine Zweikanal-Übertragung [AES92] und zum anderen
eine Mehrkanal-Übertragung [AES91] mit bis zu 56 Audiosignalen.

4.2.1   Zweikanalige AES/EBU-Schnittstelle

Bei der zweikanaligen AES/EBU-Schnittstelle wird zwischen einem professionellen Modus und einem Consumer-Modus unterschieden. Der äußere Rahmen ist für beide Modi
identisch und ist in Bild 4.3 dargestellt. Für ein Abtastintervall wird ein Frame defi-

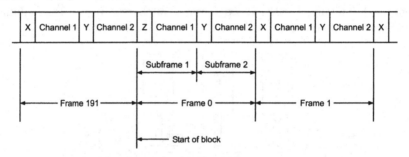

Bild 4.3 Zweikanal-Rahmenformat (Frame) und Blockbildung

niert, der sich aus zwei Subframes für Kanal 1 mit der Präambel X und für Kanal 2
mit der Präambel Y zusammensetzt. Insgesamt 192 Frames bilden einen Block, dessen
Blockstart durch eine spezielle Präambel Z gekennzeichnet ist.

Die Bit-Zuweisung eines Subframes bestehend aus 32 Bit ist in Bild 4.4 wiedergegeben.
Die Präambel setzt sich aus 4 Bit (Bit 0...3) und das Audio-Datenwort aus bis zu
24 Bit (Bit 4...27) zusammen. Die letzten 4 Bit des Subframes kennzeichnen Validity
(Gültigkeit des Datenwortes oder Fehler), User Status (vom Anwender nutzbares Bit),
Channel Status (aus den 192 Bits/Block=24 Bytes codierte Status-Information für den
Kanal) und Parity (gerade Parität).

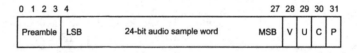

Bild 4.4 Zweikanal-Format (Subframe)

Die Übertragung des seriellen Datenstromes erfolgt mit einer Biphase-Codierung, die
durch eine XOR-Verknüpfung eines Taktsignals (2-fache Bit-Taktrate) mit den seriellen
Datenbits durchgeführt wird (Bild 4.5). Die Taktrückgewinnung am Empfänger wird

durch Detektion der Präambel (X=11100010, Y=11100100, Z=11101000) erreicht, da
sie die Codierungsvorschrift verletzt (s. Bild 4.6).

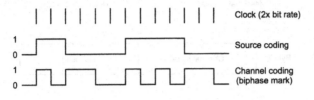

Bild 4.5 Kanalcodierung

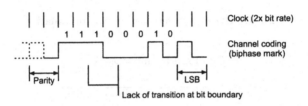

Bild 4.6 Präambel X

Die Bedeutung der 24 Bytes Kanalstatus-Information sind in der Tabelle 4.4 zusammengefasst.

Tabelle 4.4 Kanalstatus-Bytes

Byte	Beschreibung
0	Emphasis, Sampling rate
1	Channel use
2	Sample length
3	Vector for byte 1
4	Reference bits
5	Reserved
6-9	4 bytes of ASCII origin
10-13	4 bytes of ASCII destination
14-17	4 bytes of local address
18-21	Timecode
22	Flags
23	CRC

Eine genaue Bit-Zuweisung der wichtigen ersten drei Bytes dieser Kanalstatus-Information sind in Bild 4.7 dargestellt. In den einzelnen Feldern von Byte 0 sind neben dem
Professional/Consumer-Modus und der Kennzeichnung von Daten/Audio die Preemphase und die Abtastrate spezifiziert (Tab. 4.5 und 4.6). Durch Byte 1 wird der
Kanalmodus festgelegt (Tab. 4.7).

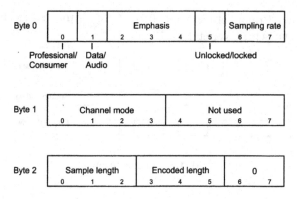

Bild 4.7 Bytes 0...2 der Kanalstatus-Information

Tabelle 4.5 Emphasis-Feld

0	none indicated, override enabled
4	none indicated, override disabled
6	50/15 μs emphasis
7	CCITT J.17 emphasis

Tabelle 4.6 Abtastraten-Feld

0	none indicated (48 kHz default)
1	48 kHz
2	44,1 kHz
3	32 kHz

Tabelle 4.7 Kanalmodus

0	none indicated (2 channel default)
1	Two channel
2	Monaural
3	Primary/Secondary (A=Primary, B=Secondary)
4	Stereo (A=Left, B=Right)
7	Vector to byte 3

Das Consumer-Format (oft mit der Bezeichnung SPDIF=Sony/Philips Digital Interface Format) unterscheidet sich vom Professional-Format in der Definition der Kanalstatus-Informationen und den technischen Spezifikationen der Ein- bzw. Ausgänge. Die Bit-Zuweisung für die ersten 4 Bytes der Kanalstatus-Information sind in Bild 4.8 dargestellt. Im Consumer-Bereich werden zur Übertragung Zweidrahtleitungen mit Cinch-Steckverbindern eingesetzt. Die Ein- und Ausgänge der Geräte sind unsymme-

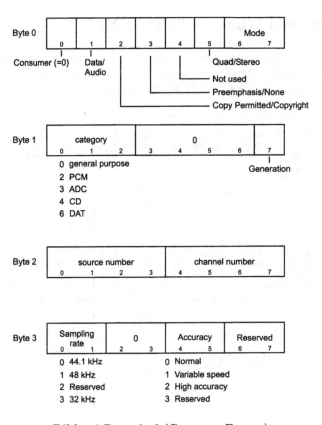

Bild 4.8 Bytes 0...3 (Consumer-Format)

trisch ausgeführt. Daneben existieren optische Verbindungen. Für den professionellen Bereich werden abgeschirmte Zweidrahtleitungen mit XLR-Steckverbindern und symmetrische Ein- und Ausgänge (Professional-Format) benutzt. Tabelle 4.8 zeigt die elektrischen Spezifikationen der professionellen Schnittstelle.

Tabelle 4.8 Elektrische Spezifikationen der professionellen Schnittstelle

Ausgangsimpedanz	Signalamplitude	Jitter
110 Ω	2-7 V	max. 20 ns
Eingangsimpedanz	Signalamplitude	Steckverb.
110 Ω	min. 200 mV	XLR

4.2.2   Mehrkanal-Schnittstelle (MADI)

Zur Verbindung von räumlich getrennten Audio-Verarbeitungssystemen wird eine mehrkanalige MADI-Schnittstelle (Multichannel Audio Digital Interface) eingesetzt. Eine
Systemkopplung mit MADI ist in Bild 4.9 dargestellt.

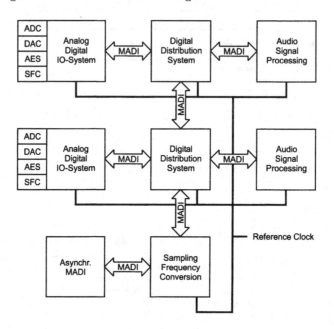

Bild 4.9 Systemkopplung mit MADI

Die analogen/digitalen I/O-Systeme bestehend aus AD/DA-Umsetzern, AES/EBU-
Schnittstellen (AES) und Abtastraten-Umsetzern (SFC=Sampling Frequency Converter) werden über bidirektionale MADI-Links mit digitalen Koppelfeldern (Digital Dis-
tribution System) verbunden. Diese Koppelfelder sind wiederum untereinander über bidirektionale MADI-Links miteinander verbunden. Die eigentliche digitale Audiosignalverarbeitung befindet sich in speziellen Systemen, die ihrerseits über MADI-Links an
die Koppelfelder angeschlossen sind. Alle Systeme müssen über einen gemeinsamen
Takt synchronisiert werden.

Das MADI-Format ist aus dem zweikanaligen AES/EBU-Format abgeleitet und erlaubt
die Übertragung von 56 digitalen Monokanälen (s. Bild 4.10) innerhalb eines Abtastintervalls. Der MADI-Frame besteht aus 56 AES/EBU-Subframes, deren Präambel die
in Bild 4.10 dargestellte Information enthält. Das Bit 0 sorgt für die Erkennung des
0-ten MADI-Kanals (MADI Channel 0).

In Tabelle 4.9 sind die Abtastfrequenzen und die korrespondierenden Datentransferra-
ten aufgelistet. Die maximale Datenrate von 96.768 MBit/sec wird bei einer Abtastfrequenz von 48 kHz+12.5% benötigt. Zur Übertragung dieser Datenraten wird auf

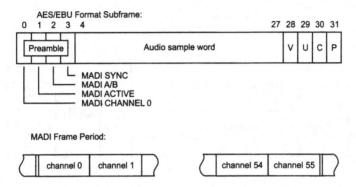

Bild 4.10 MADI Rahmenformat

FDDI-Technologien (<u>F</u>iber <u>D</u>istributed <u>D</u>igital <u>I</u>nterface) zurückgegriffen. Die Übertragungsrate von 125 MBit/sec wird mit speziellen TAXI-Chips realisiert, die eine 4B/5B-Codierung vornehmen. Bisher ist die Übertragung für ein Koaxialkabel spezifiziert (s. Tab. 4.10). Das optische Übertragungsmedium ist noch nicht definiert.

Eine unidirektionale MADI-Verbindung ist in Bild 4.11 dargestellt. Der MADI-Sender und der MADI-Empfänger müssen über einen gemeinsamen Master-Takt synchronisiert werden. Die Übertragung zwischen den FDDI-Chips mit integrierten Encodern/Decodern erfolgt mit einem eigenen Taktgenerator am Sender und einer Taktrückgewinnung am Empfänger.

Tabelle 4.9 MADI-Spezifikationen

Abtastfrequenz	32 kHz - 48 kHz $\pm$ 12.5%
Übertragungsrate	125 MBit/sec
Datentransferrate	100 MBit/sec
Max. Datentransferrate	96.768 MBit/sec (56 Kanäle bei 48 kHz+12.5%)
Min. Datentransferrate	50.176 MBit/sec (56 Kanäle bei 32 kHz−12.5%)

Tabelle 4.10 Elektrische Spezifikationen (MADI)

Ausgangsimpedanz	Signalampl.	Kabellänge	Steckverb.
75 Ω	0.3-0.7 V	50m (Koaxialkabel)	BNC

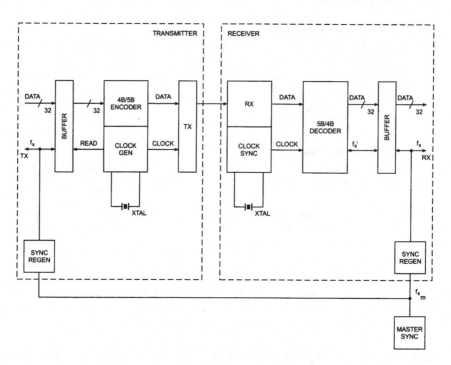

Bild 4.11 MADI-Verbindung

4.3   Einprozessor-Systeme

4.3.1   Peripherie

Eine übliche Systemkonfiguration bestehend aus dem Signalprozessor, Taktversorgung, Programm- und Datenspeicher und einem BOOT-EPROM ist in Bild 4.12 dargestellt. Das BOOT-EPROM dient zum Laden des Programmes nach einem RESET in das interne Programm-RAM des Signalprozessors. Das Laden erfolgt Byte-weise, so dass nur ein EPROM mit 8-Bit Datenwortbreite zur Verfügung stehen muss.

Die Ankopplung von AD/DA-Umsetzern an den digitalen Signalprozessor über dessen serielle Schnittstellen ist die schaltungstechnisch einfachste Lösung. Alle Festkomma-Signalprozessoren unterstützen diese serielle Kopplung, wobei jeweils Leitungen für den Bittakt SCLK, den Abtasttakt/Worttakt WCLK und die seriellen Eingangs- bzw. Ausgangsdaten SDRX/SDTX notwendig sind. Die genannten Taktsignale werden aus einem höheren Referenztakt CLKIN abgeleitet (s. Bild 4.13). Bei nicht seriell arbeiten-den AD/DA-Umsetzern können entsprechende Parallelschnittstellen in den externen Adressbereich des digitalen Signalprozessors eingebunden werden.

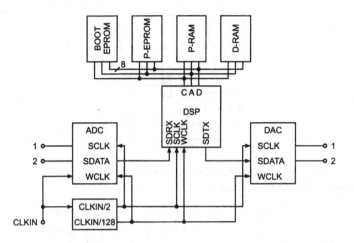

Bild 4.12 Signalprozessorsystem mit zweikanaligen AD/DA-Umsetzern (C=Steuerleitungen, A=Adressleitungen, D=Datenleitungen, SDATA=serielle Daten, SCLK=Bittakt, WCLK=Worttakt, SDRX=serielle Eingangsdaten, SDTX=serielle Ausgangsdaten)

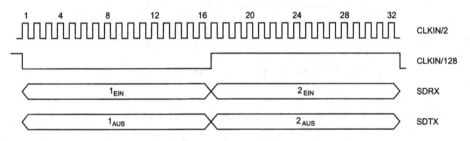

Bild 4.13 Serielles Übertragungsformat

4.3.2 Steuerung

Zur Steuerung des Signalprozessors und zur Kommunikation mit einem übergeordneten Host-Rechner bieten einige Prozessoren ein spezielles Host-Interface, welches direkt beschrieben und gelesen werden kann (s. Bild 4.14). Die Datenwortbreite ist prozessorabhängig. Das Host-Interface wird in den externen Adressbereich des Host-Rechners eingebunden oder ist an ein lokales Bussystem angeschlossen, wie z.B. PC-XT/AT-Bus.

Die Nutzung des Signalprozessors als Coprozessor für spezielle Signalverarbeitungsaufgaben kann durch eine Anbindung über ein Dual-Port-RAM und zusätzliche Interrupt-Logik erfolgen, um Daten zwischen dem Signalprozessorsystem und dem Host-Rechner zu transferieren (s. Bild 4.15). Hierdurch wird eine komplette Entkopplung vom Host-Rechner erreicht. Die Kommunikation kann entweder Interrupt-gesteuert oder über eine Speicheradresse im Dual-Port-RAM im Polling-Verfahren erfolgen.

Eine sehr einfache Steuerung kann direkt über eine RS232-Schnittstelle durchgeführt werden. Dies kann über eine zusätzliche asynchrone serielle Schnittstelle (Serial Commu-

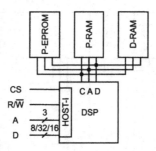

Bild 4.14 Steuerung über Host-Interface des DSP (CS=Chip Select, R/$\overline{\text{W}}$=Read/Write, A=Adressleitungen, D=Datenleitungen)

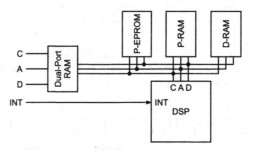

Bild 4.15 Steuerung über Dual-Port-RAM und Interrupt

nication Interface) im Signalprozessor erfolgen (s. Bild 4.16).

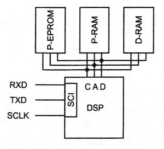

Bild 4.16 Steuerung über serielle Schnittstelle (RS232, RS422)

4.4 Mehrprozessor-Systeme

Der Aufbau von Mehrprozessor-Systemen kann durch eine Kopplung über die seriellen Schnittstellen der Signalprozessoren oder durch parallele Verbindungen mit Hilfe von Dual-Port-Konzepten erreicht werden. Neben den reinen Mehrprozessor-Systemen basierend auf digitalen Signalprozessoren kann eine zusätzliche Anbindung an Standard-Bussysteme durchgeführt werden.

4.4.1 Kopplung über serielle Verbindungen

Bei der Kopplung über serielle Verbindungen werden die Signalprozessoren kaskadiert, so dass Teilprogramme auf die einzelnen Prozessoren verteilt sind (s. Bild 4.17). Die seriellen Ausgangsdaten werden auf die seriellen Eingänge der folgenden Signalprozessoren gegeben. Ein synchroner Bittakt SCLK und eine gemeinsame Synchronisation SYNCH steuern die seriellen Schnittstellen. Mit Hilfe eines seriellen Zeitmultiplex-

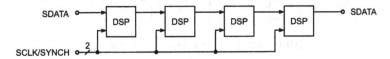

Bild 4.17 Kaskadierung und Pipelining (SDATA= serielle Daten, SCLK=Bittakt, SYNCH= Synchronisation)

Modus (Bild 4.18) lassen sich Parallelanordnungen aufbauen, die z.B. mehrere parallele Signalprozessoren mit seriellen Eingangsdaten versorgen. Die seriellen Ausgänge der Signalprozessoren liefern die Ausgangsdaten im Zeitmultiplex.

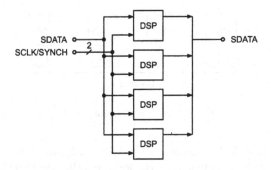

Bild 4.18 Parallelanordnung mit Zeitmultiplex am Ausgang

Eine komplette Zeitmultiplex-Kopplung über die serielle Schnittstelle der Signalprozessoren ist in Bild 4.19 dargestellt. Die Zuordnung eines Signalprozessors auf einen Zeitschlitz kann entweder fest oder über eine Adressierung ADR vorgenommen werden.

4.4.2 Kopplung über parallele Verbindungen

Die Kopplung über parallele Verbindungen ist insbesondere mit den Dual-Port-Prozessoren aber auch durch Dual-Port-RAMs selbst möglich (s. Bild 4.20). Eine Parallel-

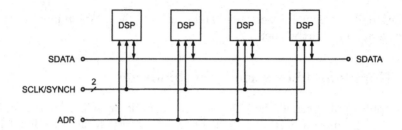

Bild 4.19 Zeitmultiplex-Kopplung (ADR= Adressierung eines Zeitschlitzes)

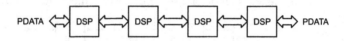

Bild 4.20 Kaskadierung und Pipelining

anordnung von Signalprozessorsystemen mit einem lokalen Bus zeigt Bild 4.21. Die Ankopplung an den lokalen Bus erfolgt entweder über ein Dual-Port-RAM oder direkt über einen zweiten Signalprozessor-Port. Eine weitere Ankopplungsmöglichkeit ist über

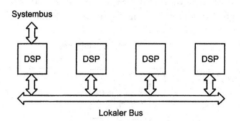

Bild 4.21 Parallelanordnung

ein 4-Port-RAM in Bild 4.22 aufgezeigt. Hierbei erfüllt ein Prozessor die Aufgabe der Kopplung an einen Systembus und versorgt weitere 3 Prozessoren über ein 4-Port-RAM mit Steuer- und Dateninformationen.

4.4.3   Kopplung über Standard-Bussysteme

Die Nutzung von Standard-Bussystemen (VME-Bus, PCI-Bus) zur Steuerung von Mehrprozessor-Systemen ist in Bild 4.23 dargestellt. Die Kopplung der Signalprozessorsysteme kann entweder direkt über den Steuerbus oder aber über einen speziellen Datenbus erfolgen. Dieser parallele Datenbus kann im Zeitmultiplex arbeiten. Man erhält somit eine Entkopplung von Steuerinformationen und Datenkommunikation zwischen den Signalprozessorsystemen.

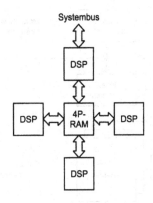

Bild 4.22 Kopplung über 4-Port-RAM

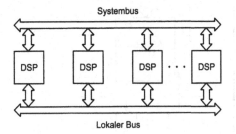

Bild 4.23 Signalprozessorsystem basierend auf Standard-Bussystem

4.4.4   Skalierbares Audio-Verarbeitungssystem

Die funktionelle Aufteilung eines Audio-Verarbeitungssystems in eine analoge Ebene, eine Interface-Ebene, eine digitale Ebene und in ein Mensch-Maschine Interface ist in Bild 4.24 dargestellt. Alle Ebenen werden durch ein übergeordnetes LAN (Local Area Network) gesteuert und kontrolliert. Im analogen Bereich werden Anpassungsschaltungen wie analoge Koppelfelder und Mikrofonverstärker gesteuert. Im reinen Interface-Bereich werden AD/DA-Umsetzer und Abtastraten-Umsetzer eingesetzt. Die Verbindung zu den Signalverarbeitungssystemen wird über AES/EBU-Schnittstellen und MADI-Schnittstellen bereitgestellt. Ein Host-Rechner, an dem eine spezielle Bedienoberfläche für den Tonmeister und Toningenieur angeschlossen ist, dient als zentrale Rechnereinheit. Eine Realisierung der digitalen Ebene mit Hilfe von Standard-Bussystemen ist in Bild 4.25 zu sehen. Eine zentrale Bedienoberfläche steuert über einen Host-Rechner mehrerer Subsysteme, in denen spezielle Steuerungsrechner mehrere DSP-Module kontrollieren. Das Systemkonzept ist innerhalb eines Subsystems modular erweiterbar und durch die Erweiterung mit zusätzlichen Subsystemen beliebig skalierbar. Der Audio-Datentransfer zwischen den Subsystemen erfolgt über die AES/EBU- und MADI-Schnittstelle. Die Aufteilung innerhalb der Subsysteme ist in Bild 4.26 dargestellt, wo neben den DSP-Modulen digitale Schnittstellen (AES/EBU, MADI, Abtastraten-Umsetzer, etc.) und AD/DA-Umsetzer integriert werden können.

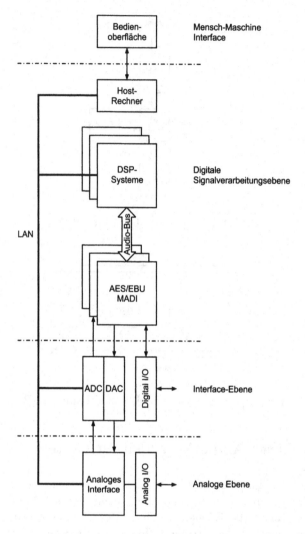

Bild 4.24 Audio-Verarbeitungssystem

Literaturverzeichnis

[AES91]   AES10-1991 (ANSI S4.43-1991): AES Recommended Practice for Digital
          Audio Engineering - Serial Multichannel Audio Digital Interface (MADI).

[AES92]   AES3-1992 (ANSI S4.40-1992): AES Recommended Practice for Digital Au-
          dio Engineering - Serial Transmission Format for Two-Channel Linearly Re-
          presented Digital Audio.

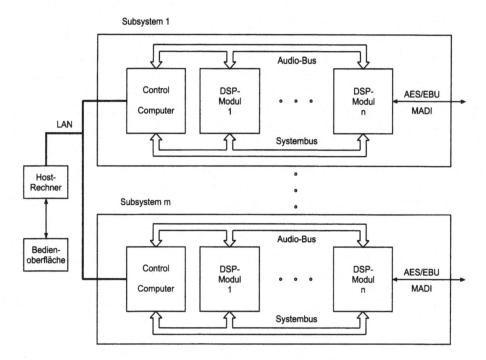

Bild 4.25 Skalierbares digitales Audiosystem

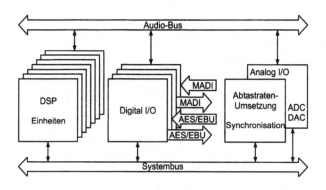

Bild 4.26 Subsystem

[Dob00]   G. Doblinger: *Signalprozessoren*, J. Schlembach Fachverlag, 2000.

Kapitel 5

Audio-Filter

Die spektrale Beeinflussung mit Audio-Filtern, den sogenannten *Equalizern*, ist eines der wichtigsten Verfahren zur Bearbeitung von Audiosignalen. Die hierfür benötigten Audio-Filter kommen auf der gesamten Übertragungsstrecke vom Tonstudio bis zum Hörer in den verschiedensten Varianten zum Einsatz. Die komplexeren Filterfunktionen werden im Bereich der Tonstudios eingesetzt, aber es befinden sich in fast allen Endgeräten wie Autoradio, Hifi-Vollverstärker etc. einfachere Filterfunktionen, um eine individuelle Klanggestaltung vorzunehmen.

Nach einer Einführung in die grundlegenden Filtertypen werden im zweiten Abschnitt der Entwurf und die Realisierung von rekursiven Audio-Filtern diskutiert. Im dritten und vierten Abschnitt werden linearphasige nichtrekursive Audio-Filter und deren Realisierung vorgestellt.

5.1 Grundlagen

Zur Filterung von Audiosignalen werden die folgenden Filtertypen eingesetzt:

- **Tiefpass- und Hochpass-Filter** mit der Grenzfrequenz f_g (3dB-Grenzfrequenz) sind mit ihren Betragsfrequenzgängen in Bild 5.1 dargestellt. Sie besitzen ihren Durchlassbereich im unteren und oberen Frequenzbereich.

- **Bandpass- und Bandsperr-Filter** (Betragsfrequenzgänge in Bild 5.1) sind durch eine Mittenfrequenz f_m und der unteren und oberen Grenzfrequenz f_u und f_o charakterisiert. Sie besitzen ihren Durchlass-/bzw. Sperrbereich im mittleren Frequenzbereich. Für die Bandbreite eines Bandpasses oder einer Bandsperre gilt

$$f_b = f_o - f_u. \tag{5.1}$$

Die Nutzung von Bandpässen mit einer konstanten relativen Bandbreite f_b/f_m sind besonders für Audioanwendungen wichtig [Cre03]. Die Bandbreite eines solchen Bandpasses ist also proportional zur Mittenfrequenz, welche sich durch $f_m = \sqrt{f_u \cdot f_o}$ ausdrücken lässt (s. Bild 5.2).

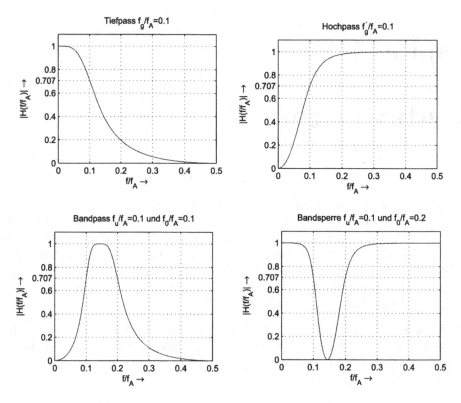

Bild 5.1 Lineare Betragsfrequenzgänge von Tiefpass, Hochpass, Bandpass und Bandsperre über normierter Frequenzachse

- **Oktav-Filter** sind Bandpass-Filter mit den speziellen Grenzfrequenzen

$$f_o = 2 \cdot f_u \qquad (5.2)$$
$$f_m = \sqrt{f_u \cdot f_o} = \sqrt{2} \cdot f_u. \qquad (5.3)$$

Eine Zerlegung des Audio-Frequenzbandes in Oktav-Filter zeigt Bild 5.3. Bei den unteren und oberen Grenzfrequenzen tritt eine Dämpfung von -3 dB auf. Das obere Oktav-Band ist als Hochpass dargestellt. Eine Parallelschaltung von Oktav-Filtern kann zur Analyse eines Audiosignals in Oktav-Bändern benutzt werden. Diese Aufteilung wird zur Bestimmung der Signalleistung in den jeweiligen Oktav-Bändern benutzt. Für die Mittenfrequenzen einer Aufspaltung in Oktav-Bänder gilt $f_{m_i} = 2 \cdot f_{m_{i-1}}$. Die Bewertung der Oktav-Bänder mit Verstärkungsfaktoren A_i und anschließende Addition der bewerteten Oktav-Bänder bilden einen

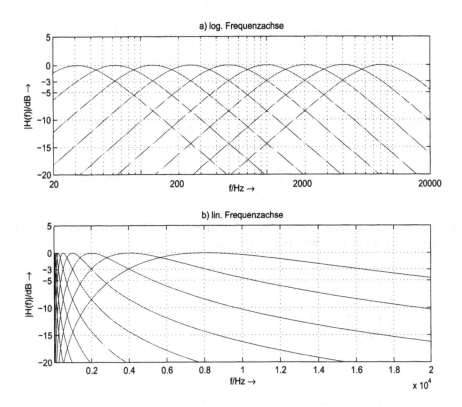

Bild 5.2 Logarithmische Betragsfrequenzgänge von Bandpässen mit konstanter relativer Bandbreite über der Frequenz in Hz

Oktav-Equalizer zur Klanggestaltung (s. Bild 5.4). Hierzu müssen die unteren und oberen Grenzfrequenzen der einzelnen Oktav-Filter eine Dämpfung von -6 dB aufweisen, damit ein Sinussignal bei der Übergangsfrequenz eine Verstärkung von 0 dB aufweist. Man erreicht diese Dämpfung von -6 dB durch Serienschaltung zweier Oktav-Filter mit jeweils -3 dB Dämpfung.

• **Terz-Filter** sind Bandpass-Filter (s. Bild 5.3) mit folgenden Grenzfrequenzen

$$f_o = \sqrt[3]{2} \cdot f_u \tag{5.4}$$
$$f_m = \sqrt[6]{2} \cdot f_u. \tag{5.5}$$

Bei den unteren und oberen Grenzfrequenzen tritt ebenso wie bei den Oktav-Filtern eine Dämpfung von -3 dB auf. Terz-Filter werden auch als 1/3-Oktav-Filter bezeichnet, weil eine Oktave durch drei Terz-Filter zerlegt werden kann (s. Bild 5.3).

• **Shelving-Filter** und **Peak-Filter** sind spezielle Bewertungsfilter, die sich aus Tiefpass/Hochpass/Bandpass und einem Direktpfad (s. Abschnitt 5.2.1) zusammensetzen. Sie besitzen keinen Sperrbereich, wie das bei reinen Tief-/Hoch-

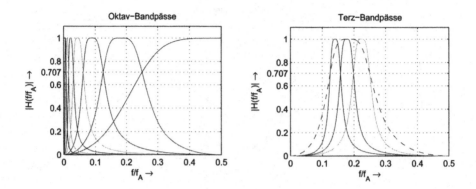

Bild 5.3 Lineare Betragsfrequenzgänge von Oktav-Filtern und Zerlegung eines Oktav-Bandes in drei Terz-Filter über normierter Frequenzachse

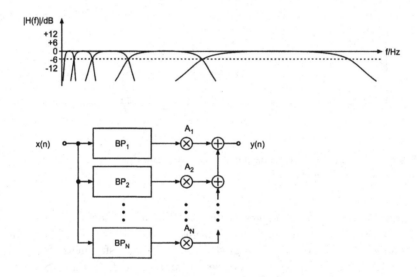

Bild 5.4 Parallelschaltung von Bandpass-Filtern (BP) für Oktav-/Terz-Equalizer mit einer multiplikativen Bewertung (A_i pro Oktav-/Terz-Band) der Teilbänder

/Bandpass-Filtern der Fall ist. Sie werden hauptsächlich in einer Serienschaltung von Teilfiltern (s. Bild 5.5) eingesetzt. Zur Bewertung von tiefen Frequenzen wird ein Tiefpass-Shelving-Filter und für hohe Frequenzen wird ein Hochpass-Shelving-Filter benutzt. Beide Filtertypen erlauben die Einstellung der Grenzfrequenz und des Verstärkungsfaktors (Gain). Für die mittleren Frequenzen werden eine Anzahl von Peak-Filtern mit den variablen Parametern Mittenfrequenz, Bandbreite und Verstärkungsfaktor (Gain) in Serie geschaltet. Diese Shelving- und Peak-Filter können ebenso zum Aufbau von Oktav- und Terz-Equalizern in einer Serienschaltung eingesetzt werden.

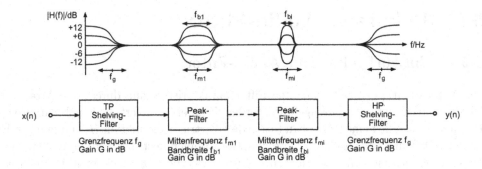

Bild 5.5 Serienschaltung von Shelving- und Peak-Filtern (Tiefpass TP, Hochpass HP)

- **Bewertungsfilter** werden bei der Messung von Rauschen, Lärm und allgemeinen Signalpegeln benutzt. Das zu messende Signal wird zunächst mit einem Bewertungsfilter gefiltert und anschließend wird eine Effektivwert- oder Spitzenwertmessung durchgeführt. Die beiden eingesetzten Filter sind das A-Bewertungsfilter und das CCIR-468 Bewertungsfilter (s. Bild 5.6). Beide Bewertungsfilter berücksichtigen die erhöhte Empfindlichkeit der akustischen Wahrnehmung im Frequenzbereich von 1 kHz bis 6 kHz. Die 0 dB im Betragsfrequenzgang wird bei beiden Filtern bei 1 kHz überschritten. Das CCIR-468 Bewertungsfilter hat eine Verstärkung von 12 dB bei 6 kHz. Eine Variante des CCIR-468 Bewertungsfilters ist das ITU-ARM 2 kHz Bewertungsfilter, welches eine um 5,6 dB abgesenkte Version des CCIR-468 Filters ist und die 0 dB bei 2 kHz durchschreitet.

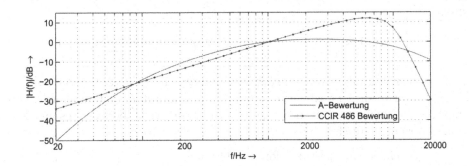

Bild 5.6 Betragsfrequenzgänge von Bewertungsfiltern für die Effektiv- und Spitzenwertmessung von Signalen

5.2 Rekursive Audio-Filter

5.2.1 Entwurf rekursiver Audio-Filter

Die Approximation einer bestimmten Filtercharakteristik kann durch zwei Arten von Übertragungsfunktionen durchgeführt werden. Zum einen liefert die Kombination von Pol- und Nullstellen eine gebrochen rationale Übertragungsfunktion $H(z)$, die mit sehr geringer Ordnung das gegebene Approximationsproblem löst. Die digitale Realisierung dieser Übertragungsfunktion erfordert aufgrund der Polstellen rekursive Prozeduren. Zum anderen lässt sich durch Positionierung von Nullstellen in der Z-Ebene die Approximationsaufgabe lösen. Die Übertragungsfunktion $H(z)$ besitzt neben diesen Nullstellen eine entsprechende Anzahl von Polstellen im Ursprung der Z-Ebene. Die Ordnung dieser Übertragungsfunktion ist bei gleichen Approximationsanforderungen wesentlich höher als bei einer Übertragungsfunktion bestehend aus Pol- und Nullstellen. Im Hinblick auf eine bezüglich des Aufwands günstige Implementierung eines Filteralgorithmus erzielt man mit rekursiven Filtern aufgrund der kleineren Filterordnung die kürzeren Rechenzeiten. Bedingt durch die Abtastfrequenz von $f_A = 48$ kHz stehen für eine Abarbeitung eines Filteralgorithmus $T_A = 20.83\,\mu s$ zur Verfügung. Mit den zur Zeit verfügbaren Signalprozessoren lassen sich innerhalb dieses Abtastintervalls rekursive digitale Filter für die Anwendung im Audiobereich problemlos mit einem Prozessor realisieren. Ausgehend von dem Entwurf der typischen Bewertungsfilter im S-Bereich werden mit Hilfe der bilinearen Transformation die Z-Übertragungsfunktionen dieser Filter abgeleitet [Zöl89].

Tiefpass-/Hochpass-Filter. Zur Begrenzung des Audio-Spektrums werden in analogen Mischpulten Tiefpassfilter mit Potenzverhalten eingesetzt. Der maximal flache Dämpfungsverlauf erlaubt eine durch die Filterordnung n bestimmte Dämpfung pro Oktave ($-n \cdot 6$ dB/oct.) ab einer 3 dB-Grenzfrequenz. Üblich sind Tiefpassfilter 2. Ordnung bis 4. Ordnung. Die normierte und entnormierte Tiefpassfunktion 2. Ordnung lauten

$$H_{TP}(s) = \frac{1}{s^2 + \frac{1}{Q_\infty}s + 1} \quad \text{und} \quad H_{TP}(s) = \frac{\omega_g^2}{s^2 + \frac{\omega_g}{Q_\infty}s + \omega_g^2}. \qquad (5.6)$$

Hierin bezeichnet ω_g die Kreisgrenzfrequenz und Q_∞ die Polgüte. Die Polgüte Q_∞ ist bei der Butterworth-Approximation gleich $1/\sqrt{2}$. Die Entnormierung einer Übertragungsfunktion erhält man, in dem man in der normierten Übertragungsfunktion die Laplace-Variable s durch $\frac{s}{\omega_g}$ ersetzt.

Die entsprechenden Hochpassfunktionen 2. Ordnung

$$H_{HP}(s) = \frac{s^2}{s^2 + \frac{1}{Q_\infty}s + 1} \quad \text{und} \quad H_{HP}(s) = \frac{s^2}{s^2 + \frac{\omega_g}{Q_\infty}s + \omega_g^2} \qquad (5.7)$$

erhält man durch eine Tiefpass-Hochpass-Transformation. Bild 5.7 verdeutlicht die Pol-Nullstellenlage in der S-Ebene. Der Betragsfrequenzgang ist für einen Hochpass mit

a)
b)

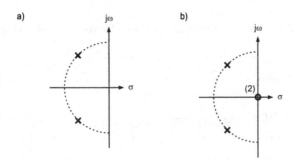

Bild 5.7 Pol-Nullstellenlage für a) TP 2. Ordnung und b) HP 2. Ordnung

einer 3 dB-Grenzfrequenz von 50 Hz und einen Tiefpass mit einer 3 dB-Grenzfrequenz von 5000 Hz in Bild 5.8 über der logarithmisch skalierten Frequenzachse aufgetragen. Es werden jeweils Filter 2. bzw. 4. Ordnung dargestellt.

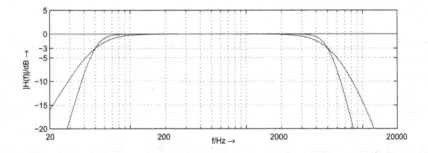

Bild 5.8 Frequenzgänge von Tiefpass- und Hochpass-Filtern - Hochpass f_g=50 Hz (2./4. Ordnung), Tiefpass f_g=5000 Hz (2./4. Ordnung)

Die Tabelle 5.1 fasst die Übertragungsfunktionen der Tiefpass-und Hochpass-Filter mit Potenzverhalten zusammen.

Bandpass- und Bandsperr-Filter. Die normierte und entnormierte Bandpass-Übertragungsfunktion 2. Ordnung lauten

$$H_{BP}(s) = \frac{\frac{1}{Q_\infty}s}{s^2 + \frac{1}{Q_\infty}s + 1} \quad \text{und} \quad H_{BP}(s) = \frac{\frac{\omega_g}{Q_\infty}s}{s^2 + \frac{\omega_g}{Q_\infty}s + \omega_g^2}. \tag{5.8}$$

Die Bandsperr-Übertagungsfunktionen sind durch

$$H_{BS}(s) = \frac{s^2 - 1}{s^2 + \frac{1}{Q_\infty}s + 1} \quad \text{und} \quad H_{BS}(s) = \frac{s^2 - \omega_g^2}{s^2 + \frac{\omega_g}{Q_\infty}s + \omega_g^2} \tag{5.9}$$

Tabelle 5.1 Übertragungsfunktionen von Tiefpass-und Hochpass-Filtern

Tiefpass	$H(s) = \frac{1}{s^2+\sqrt{2}s+1}$	2. Ordnung
	$H(s) = \frac{1}{(s^2+1.848s+1)(s^2+0.765s+1)}$	4. Ordnung
Hochpass	$H(s) = \frac{s^2}{s^2+\sqrt{2}s+1}$	2. Ordnung
	$H(s) = \frac{s^4}{(s^2+1.848s+1)(s^2+0.765s+1)}$	4. Ordnung

gegeben. Die relative Bandbreite wird durch den Gütefaktor

$$Q_\infty = \frac{f_m}{f_b} \tag{5.10}$$

festgelegt, der sich als Quotient aus Mittenfrequenz f_m und 3 dB-Bandbreite f_b ergibt. Die Betragsfrequenzgänge für Bandpässe mit konstanter relativer Bandbreite, die auch als *Constant-Q-Filter* bezeichnet werden, sind in Bild 5.2 dargestellt. Das geometrisch-symmetrische Verhalten des Frequenzgangs bezüglich der Mittenfrequenz f_m ist dort erkennbar (Symmetrie bezüglich der Mittenfrequenz bei logarithmischer Frequenzachse).

Shelving-Filter. Neben den reinen Begrenzungsfiltern wie Tief- bzw. Hochpass werden zur Bewertung bestimmter Frequenzbereiche sogenannte Shelving-Filter benutzt. Ein einfacher Ansatz zu einem Bewertungsfilter ist durch die Übertragungsfunktion 1. Ordnung

$$\boxed{H(s) = 1 + H_{TP}(s) = 1 + \frac{H_0}{s+1}} \tag{5.11}$$

gegeben, die sich aus der Parallelschaltung eines Tiefpasses 1. Ordnung mit der Gleichspannungsverstärkung H_0 und eines Systems mit der Übertragungsfunktion $H(s) = 1$ ergibt. Für (5.11) lässt sich

$$H(s) = \frac{s + (1 + H_0)}{s+1} = \frac{s + V_0}{s+1}, V_0 > 1 \tag{5.12}$$

schreiben, wobei V_0 die Verstärkung bei $\omega = 0$ bestimmt. Durch Variation des Parameters V_0 lassen sich beliebige Anhebungen ($V_0 > 1$) und Absenkungen ($V_0 < 1$) einstellen. Das Diagramm in Bild 5.9 verdeutlicht dies, wobei die Asymptoten des Frequenzgangs dargestellt sind. Für den Fall $V_0 < 1$ verschiebt sich die differenzierende Wirkung der Nullstelle zu Frequenzen, die kleiner als die Kreisgrenzfrequenz $\omega_g = 1$ sind.

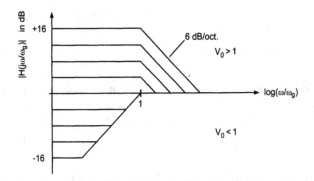

Bild 5.9 Asymptoten des Frequenzgangs der Übertragungsfunktion (5.12)

Um eine Symmetrie des Betragsfrequenzgangs bezüglich der Frequenzachse zu erreichen, ohne die Kreisgrenzfrequenz zu ändern, muss die Übertragungsfunktion (5.12) für den Absenkungsfall invertiert werden, welches eine Vertauschung der Rolle der Pol- bzw. Nullstelle zur Folge hat. Dieses führt auf die Übertragungsfunktion

$$H(s) = \frac{s+1}{s+V_0}, V_0 > 1 \tag{5.13}$$

für den Absenkungsfall (Bild 5.10). Bild 5.11 zeigt den Verlauf der Pol- bzw. Nullstelle

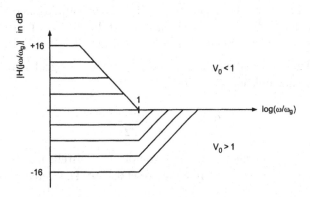

Bild 5.10 Asymptoten des Frequenzgangs der Übertragungsfunktion (5.13)

für den Anhebungs- und Absenkungsfall. Durch Verschiebung der Null- bzw. Polstelle auf der negativen σ-Achse lassen sich die Anhebungen und Absenkungen einstellen.

Das äquivalente Shelving-Filter zur Bewertung hoher Frequenzen erhält man mit

$$\boxed{H(s) = 1 + H_{HP}(s) - 1 + \frac{H_0 s}{s+1},} \tag{5.14}$$

welches eine Parallelschaltung eines Hochpasses 1. Ordnung mit der Verstärkung H_0 und eines Systems mit der Übertragungsfunktion $H(s) = 1$ darstellt. Für den Anhe-

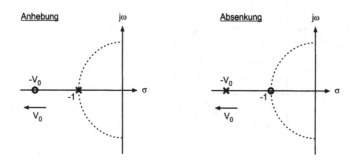

Bild 5.11 Pol-Nullstellenlage des Tiefen-Shelving-Filters 1. Ordnung

bungsfall ergibt sich mit $V_0 = H_0 + 1$ die Übertragungsfunktion

$$H(s) = \frac{sV_0 + 1}{s + 1}, V_0 > 1 \tag{5.15}$$

und für den Absenkungsfall

$$H(s) = \frac{s + 1}{sV_0 + 1}, V_0 > 1. \tag{5.16}$$

Der Parameter V_0 bestimmt für das Höhen-Shelving-Filter den Wert der Übertragungsfunktion $H(s)$ bei $\omega = \infty$. Die abgeleiteten Übertragungsfunktionen (5.15) und (5.16) für ein Höhen-Shelving-Filter lassen sich auch direkt durch eine TP-HP-Transformation mit $s \to 1/s$ aus dem Tiefen-Shelving-Filter (5.12) und (5.13) ableiten.

Zur Erhöhung der Flankensteilheit des Übergangsbereiches geht man von einer allgemeinen Übertragungsfunktion 2. Ordnung

$$H(s) = \frac{a_2 s^2 + a_1 s + a_0}{s^2 + \sqrt{2}s + 1} \tag{5.17}$$

aus, in der zusätzlich zu einem konjugiert komplexen Polstellenpaar (Potenz-Tiefpass) ein konjugiert komplexes Nullstellenpaar angesetzt wird. Die Berechnung der Polstellen führt auf

$$s_{\infty 1/2} = \sqrt{\frac{1}{2}}(-1 \pm j). \tag{5.18}$$

Verschiebt man das Nullstellenpaar

$$s_{\circ 1/2} = \sqrt{\frac{V_0}{2}}(-1 \pm j) \tag{5.19}$$

auf einer Geraden mit Hilfe des Parameters V_0 (s. Bild 5.12), so erhält man die Übertragungsfunktion

$$H(s) = \frac{s^2 + \sqrt{2V_0}s + V_0}{s^2 + \sqrt{2}s + 1} \tag{5.20}$$

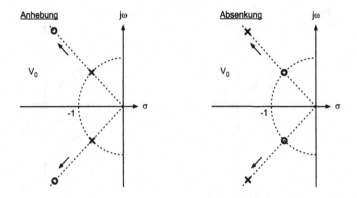

Bild 5.12 Pol-Nullstellenlage des Tiefen-Shelving-Filters 2. Ordnung

eines Tiefen-Shelving-Filters 2. Ordnung. Der Parameter V_0 bestimmt die Anhebung bei tiefen Frequenzen. Der Absenkungsfall wird wieder durch Inversion der Übertragungsfunktion (5.20) erreicht.

Durch eine Tiefpass-Hochpass-Transformation von (5.20) erhält man die Übertragungsfunktion

$$H(s) = \frac{V_0 s^2 + \sqrt{2V_0}\, s + 1}{s^2 + \sqrt{2}\, s + 1} \tag{5.21}$$

eines Höhen-Shelving-Filters 2. Ordnung. Die Nullstelle

$$s_{\circ\, 1/2} = \sqrt{\frac{1}{2V_0}}\,(-1 \pm j) \tag{5.22}$$

wird bei diesem Filtertyp mit wachsendem V_0 auf der Geraden innerhalb des Einheitskreises zum Nullpunkt verschoben (s. Bild 5.13). Der Absenkungsfall wird durch Inversion der Übertragungsfunktion (5.21) erreicht. Bild 5.14 zeigt die Betragsfrequenzgänge eines Tiefen-Shelving-Filters mit der Grenzfrequenz 100 Hz und eines Höhen-Shelving-Filters mit der Grenzfrequenz 5000 Hz über der logarithmisch skalierten Frequenzachse (Parameter V_0).

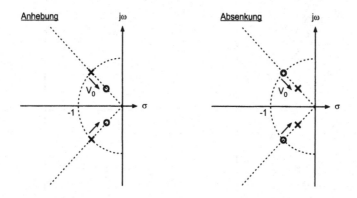

Bild 5.13 Pol-Nullstellenlage des Höhen-Shelving-Filters 2. Ordnung

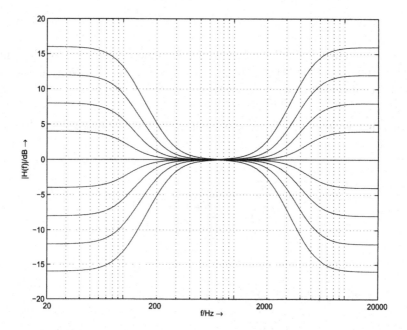

Bild 5.14 Frequenzgänge eines Tiefen/Höhen-Shelving-Filters 2. Ordnung - Tiefen-Shelving-Filter f_g =100 Hz (Parameter V_0), Höhen-Shelving-Filter f_g =5000 Hz (Parameter V_0)

Peak-Filter. Ein weiteres Bewertungsfilter, das zur Anhebung oder Absenkung einer beliebigen Frequenz eingesetzt wird, ist das Peak-Filter (dt.: Präsenz/Absenz-Filter). Das Peak-Filter ergibt sich durch eine Parallelschaltung eines Direktpfades und eines Bandpasses gemäß

$$H(s) = 1 + H_{BP}(s).$$

(5.23)

Mit Hilfe der Bandpassfunktion 2. Ordnung

$$H_{BP}(s) = \frac{\frac{H_0}{Q_\infty}s}{s^2 + \frac{1}{Q_\infty}s + 1}, \qquad (5.24)$$

die einen Verstärkungsfaktor H_0 im Zähler besitzt, erhält man die Übertragungsfunktion

$$\begin{aligned} H(s) &= 1 + H_{BP}(s) \\ &= \frac{s^2 + \frac{1+H_0}{Q_\infty}s + 1}{s^2 + \frac{1}{Q_\infty}s + 1} \\ &= \frac{s^2 + \frac{V_0}{Q_\infty}s + 1}{s^2 + \frac{1}{Q_\infty}s + 1} \qquad (5.25) \end{aligned}$$

eines Peak-Filters. Es lässt sich zeigen, dass das Maximum des Betragsfrequenzgangs bei der Mittenfrequenz f_m durch den Parameter V_0 bestimmt ist. Das geometrisch-symmetrische Verhalten des Frequenzgangs bezüglich der Mittenfrequenz f_m bleibt bei der Übertragungsfunktion des Peak-Filters (5.25) erhalten. Die Pol- und Nullstellen liegen auf dem Einheitskreis. Mit Hilfe des Parameters V_0 wird das konjugiert komplexe Nullstellenpaar gegenüber dem konjugiert komplexen Polstellenpaar verschoben. Bild 5.15 verdeutlicht diesen Vorgang für den Anhebungs- und Absenkungsfall. Mit wachsendem Gütefaktor verschiebt sich das konjugiert komplexe Polpaar auf dem Einheitskreis in Richtung der $j\omega$-Achse.

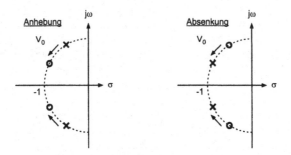

Bild 5.15 Pol-Nullstellenlage des Peak-Filters 2. Ordnung

Bild 5.16 zeigt die Betragsfrequenzgänge eines Peak-Filters bei Variation des Parameters V_0 bei einer Mittenfrequenz von 500 Hz und einer Güte von 1,25 . Bild 5.17 verdeutlicht die Variation der Güte Q_∞ bei einer Mittenfrequenz von 500 Hz und einer Anhebung/Absenkung von ± 16 dB. Abschließend veranschaulicht Bild 5.18 die Variation der Mittenfrequenz bei einer Anhebung/Absenkung von ± 16 dB und einer Güte von 1,25.

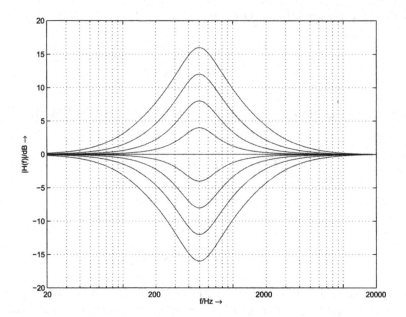

Bild 5.16 Frequenzgang eines Peak-Filters - f_m=500 Hz, $Q_\infty = 1{,}25$, Parameter V_0

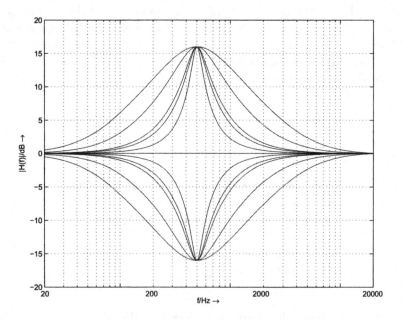

Bild 5.17 Frequenzgang eines Peak-Filters - f_m=500 Hz, Anhebung/Absenkung ±16 dB
Parameter $Q_\infty = 0{,}707/1{,}25/2{,}5/3/5$

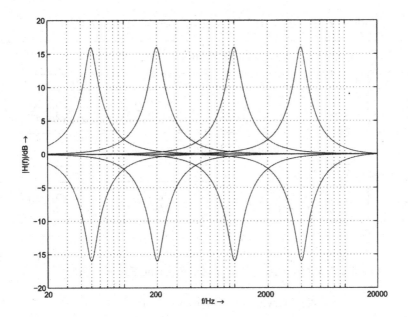

Bild 5.18 Frequenzgang eines Peak-Filters - Anhebung/Absenkung ± 16 dB, $Q_\infty = 1{,}25$
$f_m = 50, 200, 1000, 4000$ Hz

Transformation in den Z-Bereich. Zur Realisierung eines digitalen Filters wird
die im S-Bereich entworfene Übertragungsfunktion $H(s)$ mit Hilfe einer geeigneten
Transformation in eine Übertragungsfunktion $H(z)$ überführt. Die impulsinvariante
Transformation ist nicht geeignet, da sie bei einer nicht auf die halbe Abtastfrequenz
bandbegrenzten Übertragungsfunktion $H(s)$ auf Überlappungseffekte im Frequenzgang
führt. Eine unabhängige Transformation von Pol- und Nullstellen von der S-Ebene in
Pol- und Nullstellen in der Z-Ebene ist mit Hilfe der bilinearen Transformation

$$s = \frac{2}{T}\frac{z-1}{z+1} \tag{5.26}$$

möglich. Die Tabellen 5.2-5.5 enthalten die Koeffizienten der Übertragungsfunktion
2. Ordnung

$$H(z) = \frac{a_0 + a_1 z^{-1} + a_2 z^{-2}}{1 + b_1 z^{-1} + b_2 z^{-2}}, \tag{5.27}$$

die mit der bilinearen Transformation und der Hilfsgröße $K = \tan(\omega_g T/2)$ für die ver-
schiedenen Filtertypen bestimmt sind. Weitere Filterentwurfsverfahren für Peak- und
Shelving-Filter sind in [Moo83, Whi86, Sha92, Bri94, Orf96a, Dat97, Cla00] diskutiert.
Ein Verfahren zur Vermeidung der Frequenzverzerrung der bilinearen Transformation
ist in [Orf96b] vorgeschlagen. Strategien zur zeitvarianten Umschaltung von Audio-
Filtern finden sich in [Rab88, Mou90, Zöl93, Din95, Väl98].

Tabelle 5.2 Filterentwurf für Tiefpass/Hochpass-Filter 2. Ordnung

Tiefpass (2. Ordnung)				
a_0	a_1	a_2	b_1	b_2
$\dfrac{K^2}{1+\sqrt{2}K+K^2}$	$\dfrac{2K^2}{1+\sqrt{2}K+K^2}$	$\dfrac{K^2}{1+\sqrt{2}K+K^2}$	$\dfrac{2(K^2-1)}{1+\sqrt{2}K+K^2}$	$\dfrac{1-\sqrt{2}K+K^2}{1+\sqrt{2}K+K^2}$

Hochpass (2. Ordnung)				
a_0	a_1	a_2	b_1	b_2
$\dfrac{1}{1+\sqrt{2}K+K^2}$	$\dfrac{-2}{1+\sqrt{2}K+K^2}$	$\dfrac{1}{1+\sqrt{2}K+K^2}$	$\dfrac{2(K^2-1)}{1+\sqrt{2}K+K^2}$	$\dfrac{1-\sqrt{2}K+K^2}{1+\sqrt{2}K+K^2}$

Tabelle 5.3 Filterentwurf für Tiefen-Shelving-Filter 2. Ordnung

Tiefen-Shelving (Anhebung $V_0 = 10^{G/20}$)				
a_0	a_1	a_2	b_1	b_2
$\dfrac{1+\sqrt{2V_0}K+V_0K^2}{1+\sqrt{2}K+K^2}$	$\dfrac{2(V_0K^2-1)}{1+\sqrt{2}K+K^2}$	$\dfrac{1-\sqrt{2V_0}K+V_0K^2}{1+\sqrt{2}K+K^2}$	$\dfrac{2(K^2-1)}{1+\sqrt{2}K+K^2}$	$\dfrac{1-\sqrt{2}K+K^2}{1+\sqrt{2}K+K^2}$

Tiefen-Shelving (Absenkung $V_0 = 10^{-G/20}$)				
a_0	a_1	a_2	b_1	b_2
$\dfrac{1+\sqrt{2}K+K^2}{1+\sqrt{2V_0}K+V_0K^2}$	$\dfrac{2(K^2-1)}{1+\sqrt{2V_0}K+V_0K^2}$	$\dfrac{1-\sqrt{2}K+K^2}{1+\sqrt{2V_0}K+V_0K^2}$	$\dfrac{2(V_0K^2-1)}{1+\sqrt{2V_0}K+V_0K^2}$	$\dfrac{1-\sqrt{2V_0}K+V_0K^2}{1+\sqrt{2V_0}K+V_0K^2}$

Tabelle 5.4 Filterentwurf Höhen-Shelving-Filter 2. Ordnung

Höhen-Shelving (Anhebung $V_0 = 10^{G/20}$)				
a_0	a_1	a_2	b_1	b_2
$\dfrac{V_0+\sqrt{2V_0}K+K^2}{1+\sqrt{2}K+K^2}$	$\dfrac{2(K^2-V_0)}{1+\sqrt{2}K+K^2}$	$\dfrac{V_0-\sqrt{2V_0}K+K^2}{1+\sqrt{2}K+K^2}$	$\dfrac{2(K^2-1)}{1+\sqrt{2}K+K^2}$	$\dfrac{1-\sqrt{2}K+K^2}{1+\sqrt{2}K+K^2}$

Höhen-Shelving (Absenkung $V_0 = 10^{-G/20}$)				
a_0	a_1	a_2	b_1	b_2
$\dfrac{1+\sqrt{2}K+K^2}{V_0+\sqrt{2V_0}K+K^2}$	$\dfrac{2(K^2-1)}{V_0+\sqrt{2V_0}K+K^2}$	$\dfrac{1-\sqrt{2}K+K^2}{V_0+\sqrt{2V_0}K+K^2}$	$\dfrac{2(K^2/V_0-1)}{1+\sqrt{2/V_0}K+K^2/V_0}$	$\dfrac{1-\sqrt{2/V_0}K+K^2/V_0}{1+\sqrt{2/V_0}K+K^2/V_0}$

Tabelle 5.5 Filterentwurf für Peak-Filter 2. Ordnung

Peak (Anhebung $V_0 = 10^{G/20}$)				
a_0	a_1	a_2	b_1	b_2
$\dfrac{1+\frac{V_0}{Q_\infty}K+K^2}{1+\frac{1}{Q_\infty}K+K^2}$	$\dfrac{2(K^2-1)}{1+\frac{1}{Q_\infty}K+K^2}$	$\dfrac{1-\frac{V_0}{Q_\infty}K+K^2}{1+\frac{1}{Q_\infty}K+K^2}$	$\dfrac{2(K^2-1)}{1+\frac{1}{Q_\infty}K+K^2}$	$\dfrac{1-\frac{1}{Q_\infty}K+K^2}{1+\frac{1}{Q_\infty}K+K^2}$
Peak (Absenkung $V_0 = 10^{-G/20}$)				
a_0	a_1	a_2	b_1	b_2
$\dfrac{1+\frac{1}{Q_\infty}K+K^2}{1+\frac{V_0}{Q_\infty}K+K^2}$	$\dfrac{2(K^2-1)}{1+\frac{V_0}{Q_\infty}K+K^2}$	$\dfrac{1-\frac{1}{Q_\infty}K+K^2}{1+\frac{V_0}{Q_\infty}K+K^2}$	$\dfrac{2(K^2-1)}{1+\frac{V_0}{Q_\infty}K+K^2}$	$\dfrac{1-\frac{V_0}{Q_\infty}K+K^2}{1+\frac{V_0}{Q_\infty}K+K^2}$

5.2.2 Parametrische Filterstrukturen

Parametrische Filterstrukturen ermöglichen den direkten Zugriff auf die Frequenzgangparameter wie Mittenfrequenz, Bandbreite und Verstärkung durch Steuerung von zugeordneten Koeffizienten. Bei Variation eines Parameters muss daher nicht ein kompletter Koeffizientensatz für eine Übertragungsfunktion 2. Ordnung berechnet werden, sondern man beeinflusst direkt in der Filterstruktur einen einzelnen Parameter-Koeffizienten.

Eine Entkopplung des Verstärkungsparameters von der Mittenfrequenz und der Bandbreite erreicht man durch eine Vorwärtsstruktur (FW=feed forward) für den Anhebungsfall (*Boost*) und durch eine Rückkopplungsstruktur (FB=feed backward) für den Absenkungsfall (*Cut*, s. Bild 5.19). Die zugehörigen Übertragungsfunktionen lauten

$$G_{FW}(z) = 1 + H_0 H(z) \tag{5.28}$$

$$G_{FB}(z) = \frac{1}{1 + H_0 H(z)}, \tag{5.29}$$

wobei $H(z)$ eine Tiefpass-, Hochpass- oder Bandpass-Übertragungsfunktion ist. Für den Anhebungs- bzw. Absenkungsfaktor gilt hierbei $V_0 = 1 + H_0$. Im Falle der Absen-

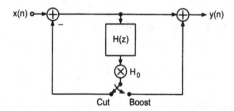

Bild 5.19 Filterstruktur zur Realisierung von Anhebung und Absenkung

kung (Rückkopplung) treten verzögerungsfreie Rückkopplungsschleifen auf. Es lassen sich zwar Übertragungsfunktionen $H(z)$ angeben [Har93], diese führen aber zu nicht korrekten Frequenzgängen in den Bereichen für $z = 1$ (tiefe Frequenzen) und $z = -1$ (hohe Frequenzen). Eine Lösung zur Berechnung von verzögerungsfreien Rückkopplungssystemen für Audio-Anwendungen ist in [Här98, Fon01, Fon03] vorgeschlagen. Eine Erweiterung auf parametrische Tiefpass/Hochpass-Shelving-Filter zweiter Ordnung und parametrische Bandpass-Shelving-Filter vierter Ordnung ist in [Kei04] vorgestellt. Die Realisierung der typischen Audiofilter kann aber auch durch reine Vorwärtsstrukturen erreicht werden. Für den Anhebungsfall gelingt die Entkopplung der Steuerparameter, aber für den Absenkungsfall ist eine Verkopplung der Bandbreite mit dem Verstärkungsfaktor vorhanden. Zwei Ansätze für parametrische Audio-Filterstrukturen basierend auf einer Allpasszerlegung der Übertragungsfunktion werden im Folgenden behandelt.

Regalia-Filter [Reg87]. Für die entnormierte Übertragungsfunktion eines Tiefen-Shelving-Filters 1. Ordnung gilt (Anhebungsfall)

$$H(s) = \frac{s + V_0\omega_g}{s + \omega_g} \tag{5.30}$$

mit

$$\begin{aligned} H(0) &= V_0 \\ H(\infty) &= 1. \end{aligned}$$

Eine Zerlegung von (5.30) führt auf

$$H(s) = \frac{s}{s + \omega_g} + V_0\frac{\omega_g}{s + \omega_g}. \tag{5.31}$$

Die Hochpass- und Tiefpassübertragungsfunktionen in (5.31) lassen sich durch eine Allpasszerlegung gemäß

$$\frac{s}{s + \omega_g} = \frac{1}{2}\left[1 + \frac{s - \omega_g}{s + \omega_g}\right] \tag{5.32}$$

$$\frac{V_0\omega_g}{s + \omega_g} = \frac{V_0}{2}\left[1 - \frac{s - \omega_g}{s + \omega_g}\right] \tag{5.33}$$

ausdrücken. Mit der Allpassübertragungsfunktion

$$A_B(s) = \frac{s - \omega_g}{s + \omega_g} \tag{5.34}$$

für den Anhebungsfall (*Boost*) kann man für (5.30)

$$H(s) = \frac{1}{2}[1 + A_B(s)] + \frac{1}{2}V_0[1 - A_B(s)] \tag{5.35}$$

schreiben.

Die Anwendung der bilinearen Transformation $s = \frac{2}{T}\frac{z-1}{z+1}$ führt auf

$$H(z) = \frac{1}{2}[1 + A_B(z)] + \frac{1}{2}V_0[1 - A_B(z)] \qquad (5.36)$$

mit

$$A_B(z) = -\frac{z^{-1} + a_B}{1 + a_B z^{-1}} \qquad (5.37)$$

und dem Frequenzparameter

$$a_B = \frac{\tan(\omega_g T/2) - 1}{\tan(\omega_g T/2) + 1}. \qquad (5.38)$$

Eine Filterstruktur zur direkten Realisierung von (5.36) ist in Bild 5.20a dargestellt. Alternative Möglichkeiten sind in Bild 5.20b/c zu sehen. Es zeigt sich, dass für den Absenkungsfall $V_0 < 1$ die Grenzfrequenz des Filters zu kleineren Grenzfrequenzen hin verschoben wird [Reg87].

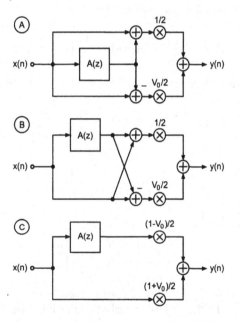

Bild 5.20 Filterstrukturen nach Regalia

Um eine Beibehaltung der Grenzfrequenz für den Absenkungsfall [Zöl95] zu erreichen, muss die entnormierte Übertragungsfunktion eines Shelving-Filters 1. Ordnung (Absenkungsfall)

$$H(s) = \frac{s + \omega_g}{s + \omega_g/V_0} \qquad (5.39)$$

mit den Randbedingungen

$$H(0) = V_0 < 1$$
$$H(\infty) = 1$$

in die Form

$$H(s) = \frac{s}{s + \omega_g/V_0} + \frac{\omega_g}{s + \omega_g/V_0} \tag{5.40}$$

zerlegt werden. Mit den Allpasszerlegungen

$$\frac{s}{s + \omega_g/V_0} = \frac{1}{2}\left[1 + \frac{s - \omega_g/V_0}{s + \omega_g/V_0}\right] \tag{5.41}$$

$$\frac{\omega_g}{s + \omega_g/V_0} = \frac{V_0}{2}\left[1 - \frac{s - \omega_g/V_0}{s + \omega_g/V_0}\right] \tag{5.42}$$

und der Allpassübertragungsfunktion

$$A_C(s) = \frac{s - \omega_g/V_0}{s + \omega_g/V_0} \tag{5.43}$$

für den Absenkungsfall (Cut) kann man für (5.39)

$$H(s) = \frac{1}{2}[1 + A_C(s)] + \frac{V_0}{2}[1 - A_C(s)] \tag{5.44}$$

schreiben. Die Anwendung der bilinearen Transformation führt auf

$$H(z) = \frac{1}{2}[1 + A_C(z)] + \frac{V_0}{2}[1 - A_C(z)] \tag{5.45}$$

mit

$$A_C(z) = -\frac{z^{-1} + a_C}{1 + a_C z^{-1}} \tag{5.46}$$

und dem Frequenzparameter

$$a_C = \frac{\tan(\omega_g T/2) - V_0}{\tan(\omega_g T/2) + V_0}. \tag{5.47}$$

Aufgrund von (5.45) und (5.36) sind der Anhebungs- und Absenkungsfall mit derselben Filterstruktur (s. Bild 5.20) realisierbar. Allerdings ist der Frequenzparameter a_C gemäß (5.47) für den Absenkungsfall von der Grenzfrequenz und der Verstärkung abhängig.

Ein Peak-Filter 2. Ordnung erhält man durch eine Tiefpass-Bandpass-Transformation gemäß

$$z^{-1} \rightarrow -z^{-1}\frac{z^{-1} + d}{1 + dz^{-1}}. \tag{5.48}$$

Für den Allpass gemäß (5.37) und (5.46) folgt der Allpass 2. Ordnung

$$A_{BC}(z) = \frac{z^{-2} + d(1 + a_{BC})z^{-1} + a_{BC}}{1 + d(1 + a_{BC})z^{-1} + a_{BC}z^{-2}} \tag{5.49}$$

mit den Parametern (Absenkungsfall nach [Zöl95])

$$d = -\cos(\Omega_m) \tag{5.50}$$

$$V_0 = H(e^{j\Omega_m}) \tag{5.51}$$

$$a_B = \frac{1 - \tan(\omega_b T/2)}{1 + \tan(\omega_b T/2)} \tag{5.52}$$

$$a_C = \frac{V_0 - \tan(\omega_b T/2)}{V_0 + \tan(\omega_b T/2)}. \tag{5.53}$$

Die Mittenfrequenz f_m wird durch den Parameter d, die Bandbreite f_b durch die Parameter a_B bzw. a_C und der Verstärkungsfaktor durch den Parameter V_0 festgelegt.

Vereinfachte Allpasszerlegung [Zöl95]. Die Übertragungsfunktion eines Tiefen-Shelving-Filters 1. Ordnung lässt sich durch die Zerlegung

$$H(s) = \frac{s + V_0 \omega_g}{s + \omega_g}$$

$$= 1 + H_0 \frac{\omega_g}{s + \omega_g} \tag{5.54}$$

$$= 1 + \frac{H_0}{2}\left[1 - \frac{s - \omega_g}{s + \omega_g}\right] \tag{5.55}$$

realisieren, wobei

$$V_0 = H(s = 0) \tag{5.56}$$

$$H_0 = V_0 - 1 \tag{5.57}$$

$$V_0 = 10^{\frac{G}{20}} \quad \text{(G in dB)} \tag{5.58}$$

gilt. Die Übertragungsfunktion wird durch eine Addition eines Tiefpassfilters zu einer Konstanten erreicht. Das Tiefpassfilter 1. Ordnung wird wieder durch eine Allpasszerlegung realisiert. Mit Hilfe der bilinearen Transformation erhält man

$$H(z) = 1 + \frac{H_0}{2}[1 - A(z)] \tag{5.59}$$

mit

$$A(z) = -\frac{z^{-1} + a_B}{1 + a_B z^{-1}}. \tag{5.60}$$

Für den Absenkungsfall lässt sich die folgende Zerlegung angeben

$$H(s) = \frac{s + \omega_g}{s + \omega_g/V_0} \tag{5.61}$$

$$= 1 + \underbrace{(V_0 - 1)}_{H_0} \frac{\omega_g/V_0}{s + \omega_g/V_0} \tag{5.62}$$

$$= 1 + \frac{H_0}{2}\left[1 - \frac{s - \omega_g/V_0}{s + \omega_g/V_0}\right]. \tag{5.63}$$

Die bilineare Transformation von (5.63) liefert wieder (5.59). Die Struktur des Filters ist also für Anhebungs- und Absenkungsfall identisch. Die Frequenzparameter a_B für den Anhebungsfall und a_C für den Absenkungsfall berechnen sich zu

$$a_B = \frac{\tan(\omega_g T/2) - 1}{\tan(\omega_g T/2) + 1} \tag{5.64}$$

$$a_C = \frac{\tan(\omega_g T/2) - V_0}{\tan(\omega_g T/2) + V_0}. \tag{5.65}$$

Die Übertragungsfunktion des Tiefen-Shelving-Filters 1. Ordnung berechnet sich zu

$$H(z) = \frac{1 + (1 + a_{BC})\frac{H_0}{2} + (a_{BC} + (1 + a_{BC})\frac{H_0}{2})z^{-1}}{1 + a_{BC}z^{-1}}. \tag{5.66}$$

Mit $A_1(z) = -A(z)$ ergibt sich der Signalflussgraph in Bild 5.21 für ein Tiefpassfilter 1. Ordnung und für ein Tiefen-Shelving-Filter 1. Ordnung.

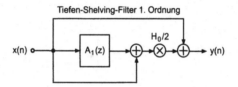

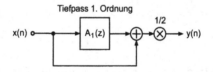

Bild 5.21 Tiefen-Shelving-Filter und Tiefpass-Filter 1. Ordnung

Die Zerlegung einer entnormierten Übertragungsfunktion eines Höhen-Shelving-Filters 1. Ordnung lässt sich in der Form

$$H(s) = \frac{sV_0 + \omega_g}{s + \omega_g}$$

$$= 1 + H_0 \frac{s}{s + \omega_g} \tag{5.67}$$

$$= 1 + \frac{H_0}{2}\left[1 + \frac{s - \omega_g}{s + \omega_g}\right] \tag{5.68}$$

angeben, wobei

$$V_0 = H(s = \infty) \tag{5.69}$$

$$H_0 = V_0 - 1 \tag{5.70}$$

gilt. Die Übertragungsfunktion ergibt sich durch Addition eines Hochpassfilters zu einer Konstanten. Mit Hilfe der bilinearen Transformation von (5.68) erhält man

$$H(z) = 1 + \frac{H_0}{2}\left[1 + A(z)\right] \tag{5.71}$$

mit

$$A(z) = -\frac{z^{-1} + a_B}{1 + a_B z^{-1}}. \tag{5.72}$$

Für den Absenkungsfall lässt sich die Zerlegung

$$H(s) = \frac{s + \omega_g}{s/V_0 + \omega_g} \tag{5.73}$$

$$= 1 + \underbrace{(V_0 - 1)}_{H_0}\frac{s}{s + V_0\omega_g} \tag{5.74}$$

$$= 1 + \frac{H_0}{2}\left[1 + \frac{s - V_0\omega_g}{s + V_0\omega_g}\right] \tag{5.75}$$

angeben, die wiederum nach einer bilinearen Transformation die Gl. (5.71) ergibt. Die Frequenzparameter a_B und a_C für den Anhebungs- bzw. Absenkungsfall berechnen sich zu

$$a_B = \frac{\tan(\omega_g T/2) - 1}{\tan(\omega_g T/2) + 1} \tag{5.76}$$

$$a_C = \frac{V_0\tan(\omega_g T/2) - 1}{V_0\tan(\omega_g T/2) + 1}. \tag{5.77}$$

Für die Übertragungsfunktion des Höhen-Shelving-Filters 1. Ordnung folgt

$$H(z) = \frac{1 + (1 - a_{BC})\frac{H_0}{2} + (a_{BC} + (a_{BC} - 1)\frac{H_0}{2})z^{-1}}{1 + a_{BC}z^{-1}}. \tag{5.78}$$

Mit $A_1(z) = -A(z)$ ergibt sich der Signalflussgraph in Bild 5.22 für ein Hochpassfilter 1. Ordnung und für ein Höhen-Shelving-Filter 1. Ordnung.

Die Realisierung eines Peak-Filters 2. Ordnung kann durch eine Tiefpass-Bandpass-Transformation des Tiefen-Shelving-Filters 1. Ordnung erfolgen, aber auch die Addition eines Bandpass-Filters 2. Ordnung zu einer Konstanten liefert ein Peak-Filter. Mit Hilfe einer Allpassrealisierung eines Bandpassfilters gemäß

$$H(z) = \frac{1}{2}\left[1 - A_2(z)\right] \tag{5.79}$$

und

$$A_2(z) = \frac{-a_B + (d - da_B)z^{-1} + z^{-2}}{1 + (d - da_B)z^{-1} - a_B z^{-2}} \tag{5.80}$$

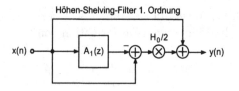

Höhen-Shelving-Filter 1. Ordnung

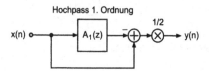

Hochpass 1. Ordnung

Bild 5.22 Höhen-Shelving-Filter und Hochpass-Filter 1. Ordnung

lässt sich ein Peak-Filter 2. Ordnung durch

$$H(z) = 1 + \frac{H_0}{2}\left[1 - A_2(z)\right] \tag{5.81}$$

darstellen. Die Bandbreitenparameter a_B und a_C für den Anhebungs- bzw. Absenkungsfall lauten

$$a_B = \frac{\tan(\omega_b T/2) - 1}{\tan(\omega_b T/2) + 1} \tag{5.82}$$

$$a_C = \frac{\tan(\omega_b T/2) - V_0}{\tan(\omega_b T/2) + V_0}. \tag{5.83}$$

Für den Frequenzparameter d und den Koeffizienten H_0 gilt

$$d = -\cos(\Omega_m) \tag{5.84}$$

$$V_0 = H(e^{j\Omega_m}) \tag{5.85}$$

$$H_0 = V_0 - 1. \tag{5.86}$$

Die Übertragungsfunktion des Peak-Filters 2. Ordnung ergibt sich zu

$$H(z) = \frac{1 + (1 + a_{BC})\frac{H_0}{2} + d(1 - a_{BC})z^{-1} + (-a_{BC} - (1 + a_{BC})\frac{H_0}{2})z^{-2}}{1 + d(1 - a_{BC})z^{-1} - a_{BC}z^{-2}}. \tag{5.87}$$

Der Signalflussgraph für ein Peak-Filter 2. Ordnung und für ein Bandpass-Filter 2. Ordnung ist in Bild 5.23 dargestellt. Die Frequenzgänge für ein Tiefen-Shelving-Filter, Höhen-Shelving-Filter und Peak-Filter sind in den Bildern 5.24, 5.25 und 5.26 wiedergegeben.

5.2.3   Quantisierungseffekte bei rekursiven Filtern

Die begrenzte Wortlänge bei rekursiven digitalen Filtern führt zu zwei unterschiedlichen Quantisierungsfehlern. Die Quantisierung der Koeffizienten eines digitalen Filters führt

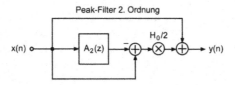

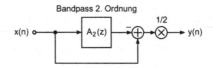

Bild 5.23 Peak-Filter und Bandpass-Filter 2. Ordnung

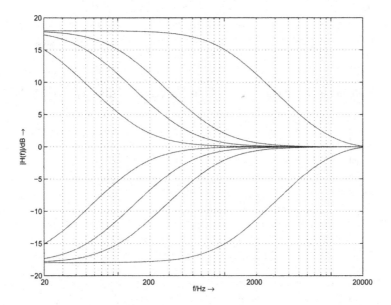

Bild 5.24 Tiefen-Shelving-Filter 1. Ordnung (G=±18 dB - f_g=20,50,100,1000 Hz)

zu einer linearen Verzerrung, die sich im Abweichen von dem idealen Frequenzgang zeigt. Die Quantisierung des Signals bestimmt die maximale Dynamik und entscheidend das Rauschverhalten des Filters. Hier tritt aufgrund der Rundungsvorgänge innerhalb einer Filterstruktur ein Fehler auf, der sich in einem breitbandigen Rauschsignal äußert, dem sogenannten Rundungsrauschen. Eine weitere Folge dieser Signalquantisierung sind die Grenzzyklen, die sich in Überlaufgrenzzyklen, Quantisierungsgrenzzyklen (*small-scale limit cycles*) und mit dem Eingangssignal korrelierte Grenzzyklen aufteilen lassen. Die Grenzzyklen sind aufgrund ihres sehr schmalbandigen Charakters (sinusförmig) sehr störend. Die erwähnten Überlaufgrenzzyklen lassen sich durch

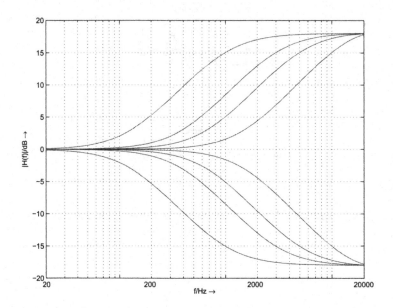

Bild 5.25 Höhen-Shelving-Filter 1. Ordnung (G=±18 dB - f_g=1,3,5,10 kHz)

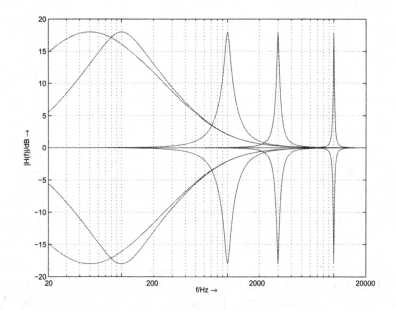

Bild 5.26 Peak-Filter 2. Ordnung (G=±18 dB - f_m=50,100,1000,3000,10000 Hz - f_b=100 Hz)

geeignete Skalierung des Filter-Eingangssignals weitgehend vermeiden. Die anderen Fehler lassen sich durch Erhöhen der Koeffizientenwortbreite und der Wortbreite der Zustandsvariablen innerhalb der Filterstruktur in ihren Auswirkungen reduzieren.

Das Rauschverhalten und die Koeffizientenempfindlichkeit einer Filterstruktur sind von der Topologie und von der Grenzfrequenz (Lage der Polstelle in der Z-Ebene) des Filters abhängig. Da die üblichen Audiofilter den Frequenzbereich von 20 Hz bis 20 kHz bei einer Abtastfrequenz von 48 kHz bearbeiten, werden besonders hohe Anforderungen hinsichtlich des Fehlerverhaltens an die Filterstruktur gestellt. Der Frequenzbereich, in dem die Beeinflussung hauptsächlich stattfindet, erstreckt sich von 20 Hz bis 4...6 kHz, da sich hier die Formantbereiche der menschlichen Stimme und vieler Musikinstrumente befinden. Bei technologisch vorgegebener Koeffizienten- und Signalwortbreite (z.B. durch den Signalprozessor) kann durch den Einsatz einer Filterstruktur mit niedrigem Rundungsrauschen eine für Audioanwendungen geeignete Lösung erreicht werden. Hierzu werden im Folgenden Filterstrukturen 2. Ordnung gegenübergestellt.

Grundlage der folgenden Strukturüberlegungen ist der Zusammenhang zwischen der Empfindlichkeit gegenüber der Koeffizientenquantisierung und der Signalquantisierung, der von Fettweis in [Fet72] formuliert ist. Dieser Zusammenhang lässt sich in der Form nutzen, dass durch eine Erhöhung der Poldichte in einem bestimmten Bereich der Z-Ebene eine Verbesserung des Empfindlichkeitsverhaltens und des Rauschverhaltens der Filterstruktur in diesem Frequenzbereich erzielt werden kann. Durch diese Verbesserungen können die Koeffizienten- und die Signalwortbreite reduziert werden. Erste Arbeiten zum Entwurf digitaler Filter mit minimaler Wortlänge für Koeffizienten und Zustandsgrößen wurden von Avenhaus [Ave71] durchgeführt. Die typischen Audiofilter wie Hoch-/Tiefpass, Peak/Shelving-Filter lassen sich durch Übertragungsfunktionen

$$H(z) = \frac{a_0 + a_1 z^{-1} + a_2 z^{-2}}{1 + b_1 z^{-1} + b_2 z^{-2}} \tag{5.88}$$

beschreiben.

Der rekursive Anteil der Differenzengleichung, die sich aus der Übertragungsfunktion (5.88) ableiten lässt, wird im Folgenden näher betrachtet. Er beeinflusst das Fehlerverhalten maßgeblich. Durch die Quantisierung der Nennerkoeffizienten in (5.88) werden die möglichen Lagen der Polstellen in der Z-Ebene eingeschränkt (s. Bild 5.27 bei einer 6 Bit-Quantisierung der Koeffizienten). Die Pollagen im zweiten Quadranten der Z-Ebene sind spiegelbildlich zur imaginären Achse angeordnet. Bild 5.28 zeigt das Blockschaltbild des Rekursivteils. Eine äquivalente Darstellung des Nennerterms ist durch

$$H(z) = \frac{N(z)}{1 - 2r \cos \varphi z^{-1} + r^2 z^{-2}} \tag{5.89}$$

gegcben. Hierbei ist r der Radius und φ der zugehörige Phasenwinkel des komplexen Polpaares. Durch eine Quantisierung dieser Parameter ergibt sich eine gegenüber der Quantisierung von b_1 und b_2 in Gleichung (5.88) veränderte mögliche Lage der Polstellen.

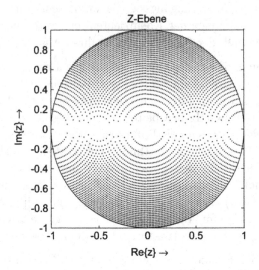

Bild 5.27 Direktform - Polverteilung (6 Bit-Quantisierung)

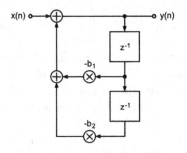

Bild 5.28 Direktform - Blockschaltbild des Rekursivteils

Die Grundlage der Zustandsvariablen-Struktur nach [Mul76, Bom85] ist der Rekursivteil von Gold und Rader [Gol67], der die Übertragungsfunktion

$$H(z) = \frac{N(z)}{1 - 2\mathrm{Re}\{z_\infty\}z^{-1} + (\mathrm{Re}\{z_\infty\}^2 + \mathrm{Im}\{z_\infty\}^2)z^{-2}} \qquad (5.90)$$

besitzt. Die möglichen Pollagen sind für eine 6 Bit-Quantisierung der Koeffizienten in Bild 5.29 dargestellt (Blockschaltbild des Rekursivteils s. Bild 5.30).

Durch die Quantisierung von Real- und Imaginärteil erhält man eine einheitliche gitterförmige Polverteilung. Gegenüber der direkten Quantisierung der Nennerkoeffizienten b_1 und b_2 ergibt die Quantisierung von Real- und Imaginärteil des zu realisierenden Pols eine erhöhte Poldichte bei $z = 1$. Die möglichen Pollagen im zweiten Quadranten der Z-Ebene sind spiegelbildlich zur imaginären Achse angeordnet.

In [Kin72] wird eine Filterstruktur vorgeschlagen, welche die in Bild 5.31 dargestellte

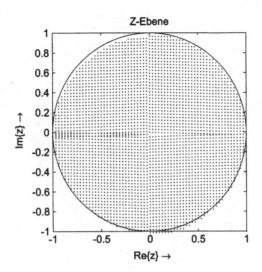

Bild 5.29 Gold&Rader - Polverteilung (6 Bit-Quantisierung)

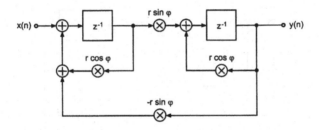

Bild 5.30 Gold&Rader - Blockschaltbild des Rekursivteils

Polverteilung aufweist (Blockschaltbild des Rekursivteils s. Bild 5.32). Die Übertragungsfunktion

$$H(z) = \frac{N(z)}{1 - (2 - k_1 k_2 - k_1^2)z^{-1} + (1 - k_1 k_2)z^{-2}} \tag{5.91}$$

macht deutlich, dass in diesem Fall die zu realisierenden Koeffizienten b_1 und b_2 durch eine Kombination der quantisierten Koeffizienten k_1 und k_2 erhalten werden.

Der Abstand d des Pols vom Punkt $z = 1$ legt nach [Kin72] die Koeffizienten

$$k_1 = d = \sqrt{1 - 2r\cos\varphi + r^2} \tag{5.92}$$

$$k_2 = \frac{1 - r^2}{k_1} \tag{5.93}$$

fest (s. Bild 5.33).

Die bisher dargestellten Filterstrukturen zeigen, dass sich durch eine geeignete Linearkombination von quantisierten Koeffizienten beliebige Polverteilungen erzeugen lassen.

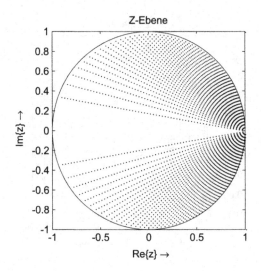

Bild 5.31 Kingsbury - Polverteilung (6 Bit-Quantisierung)

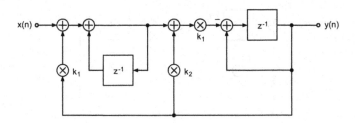

Bild 5.32 Kingsbury - Blockschaltbild des Rekursivteils

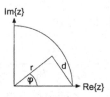

Bild 5.33 Geometrische Interpretation

Eine Erhöhung der Poldichte bei $z = 1$ lässt sich durch Beeinflussung des bisher linearen Zusammenhanges zwischen dem Koeffizienten k_1 und dem Abstand d vom Punkt $z = 1$ erreichen [Zöl89]. Diese nichtlineare Abhängigkeit des neuen Koeffizienten liefert folgende Filterstruktur mit der Übertragungsfunktion

$$H(z) = \frac{N(z)}{1 - (2 - z_1 z_2 - z_1^3)z^{-1} + (1 - z_1 z_2)z^{-2}} \tag{5.94}$$

und den Koeffizienten

$$z_1 = \sqrt[3]{1 + b_1 + b_2} \qquad (5.95)$$

$$z_2 = \frac{1 - b_2}{z_1}, \qquad (5.96)$$

wobei

$$z_1 = \sqrt[3]{d^2}. \qquad (5.97)$$

Die Polverteilung dieser Struktur ist in Bild 5.34 und das Blockschaltbild des Rekursivteils ist in Bild 5.35 wiedergegeben. Man erkennt eine Erhöhung der Poldichte bei $z = 1$ gegenüber den vorhergehenden Polverteilungen. Die Polverteilungen der

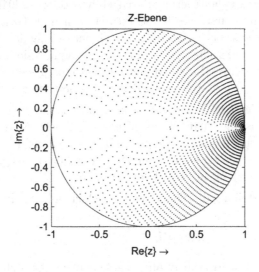

Bild 5.34 Zölzer - Polverteilung (6 Bit-Quantisierung)

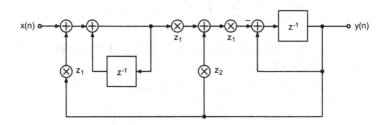

Bild 5.35 Zölzer - Blockschaltbild des Rekursivteils

Kingsbury-Struktur und der Zölzer-Struktur zeigen bei wachsenden Grenzfrequenzen eine Abnahme der Poldichte. Eine Symmetrie der möglichen Pollagen bezüglich der imaginären Achse, wie sie bei der Direktform und der Gold&Rader-Struktur vorhanden ist, lässt sich zwar nicht erreichen, aber durch eine Vorzeichenänderung innerhalb des Rekursivteiles kann die Polverteilung an der imaginären Achse gespiegelt werden. Das Nennerpolynom

$$D(z) = 1 \overset{!}{\pm} (2 - z_1 z_2 - z_1^3) z^{-1} + (1 - z_1 z_2) z^{-2} \qquad (5.98)$$

zeigt, dass die Abhängigkeit des Realteils durch den z^{-1}-Term beeinflusst wird.

Analytischer Vergleich des Rauschverhaltens der Filterstrukturen

Im Folgenden wird nun ein Vergleich der Filterstrukturen hinsichtlich ihres Rauschverhaltens bei Festkomma-Quantisierung durchgeführt [Zöl89, Zöl94]. Die Blockschaltbilder der verschiedenen rekursiven Filterstrukturen dienen als Grundlage zur analytischen Berechnung der Rauschleistung infolge der Quantisierung der Zustandsvariablen. Zuerst wird der allgemeine Fall betrachtet, bei der eine Quantisierung nach jeder Multiplikation durchgeführt wird. Hierzu werden die Übertragungsfunktionen $G_i(z)$ von jedem Multipliziererausgang zum Ausgang des Filters bestimmt.

Voraussetzungen der folgenden Fehleranalyse sind gut ausgesteuerte Signale innerhalb der Filterstruktur, so dass die Quantisierungsfehler $e_i(n)$ nicht mit den zu quantisierenden Signalen korreliert sind sowie die spektrale Gleichverteilung dieser Quantisierungsfehler [Sri77, Schü94]. Ferner kann angenommen werden, dass die Quantisierungsfehler $e_i(n)$ innerhalb der Filterstruktur nicht korreliert sind.

Aufgrund der Gleichverteilung des Quantisierungsfehlers gilt für die Varianz

$$\sigma_E^2 = \frac{Q^2}{12}. \qquad (5.99)$$

Der Quantisierungsfehler wird additiv an jeder Quantisierungsstelle hinzugefügt und erfährt eine Filterung durch die entsprechende Übertragungsfunktion $G(z)$ zum Filterausgang. Die Rauschleistung am Ausgang des Filters aufgrund der Rauschquelle $e(n)$ lässt sich mit

$$\sigma_{ye}^2 = \sigma_E^2 \frac{1}{2\pi j} \oint_{z=e^{j\Omega}} G(z) G(z^{-1}) z^{-1} dz \qquad (5.100)$$

angeben. Geschlossene Lösungen des Ringintegrals in (5.100) finden sich in [Jur64] für Übertragungsfunktionen bis zur 4. Ordnung.

Mit der L_2-Norm einer periodischen Funktion gemäß

$$\| G \|_2 = \left[\frac{1}{2\pi} \int_{-\pi}^{\pi} |G(e^{j\Omega})|^2 d\Omega \right]^{\frac{1}{2}} \qquad (5.101)$$

ergibt sich die Gesamtrauschleistung durch Superposition der Einzelrauschleistungen mit (5.101) zu

$$\sigma_{ye}^2 = \sigma_E^2 \sum_i \| G_i \|_2^2 . \qquad (5.102)$$

Der Signal-Rauschabstand (SNR) bezogen auf sinusförmige Vollaussteuerung bestimmt sich zu

$$\text{SNR} = 10\log_{10}\frac{0.5}{\sigma_{ye}^2} \quad \text{in dB.} \tag{5.103}$$

Die Auswertung des Ringintegrals

$$I_n = \frac{1}{2\pi j}\oint\limits_{z=e^{j\Omega}} \frac{A(z)A(z^{-1})}{B(z)B(z^{-1})}z^{-1}dz \tag{5.104}$$

ist tabellarisch in [Jur64] für Systeme 1. Ordnung mit

$$G(z) = \frac{a_0 z + a_1}{b_0 z + b_1} \tag{5.105}$$

$$I_1 = \frac{(a_0^2 + a_1^2)b_0 - 2a_0 a_1 b_1}{b_0(b_0^2 - b_1^2)} \tag{5.106}$$

und für Systeme 2. Ordnung mit

$$G(z) = \frac{a_0 z^2 + a_1 z + a_2}{b_0 z^2 + b_1 z + b_2} \tag{5.107}$$

$$I_2 = \frac{A_0 b_0 c_1 - A_1 b_0 b_1 + A_2(b_1^2 - b_2 c_1)}{b_0[(b_0^2 - b_2^2)c_1 - (b_0 b_1 - b_1 b_2)b_1]} \tag{5.108}$$

$$A_0 = a_0^2 + a_1^2 + a_2^2 \tag{5.109}$$

$$A_1 = 2(a_0 a_1 + a_1 a_2) \tag{5.110}$$

$$A_2 = 2a_0 a_2 \tag{5.111}$$

$$c_1 = b_0 + b_2 \tag{5.112}$$

angegeben.

Im Folgenden wird eine Analyse des Rauschverhaltens für die verschiedenen Rekursivteile durchgeführt. Die Fehlerübertragungsfunktionen der einzelnen Rekursivteile sind für die spektrale Formung der Quantisierungsfehler verantwortlich.

Bei der Direktform 2. Ordnung (s. Bild 5.36) besitzt die Fehlerübertragungsfunktion nur eine konjugiert komplexe Polstelle (s. Tab. 5.6). Bei Realisierung von Polstellen nahe dem Einheitskreis führt dies auf eine große Verstärkung des Quantisierungsfehlers. Die Abhängigkeit vom Radius der Polstelle wird anhand der Gleichung für die Gesamtrauschleistung deutlich. Der Koeffizient $b_2 = r^2$ geht gegen Eins, und somit wird die Gesamtrauschleistung stark ansteigen.

Die Gold&Rader-Struktur nach Bild 5.37 besitzt einen Ausdruck für die Gesamtrauschleistung, die nur vom Radius des Pols abhängt (s. Tab. 5.7). Die Unabhängigkeit vom Winkel des Pols liegt in der gitterförmigen Polverteilung begründet. Eine zusätzliche Nullstelle auf der reellen Achse ($z = r\cos\varphi$) direkt unterhalb der Polstelle schwächt die Wirkung dieser ab.

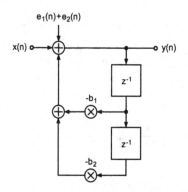

Bild 5.36 Direktform mit additiven Fehlersignalen

Tabelle 5.6 Direktform - a) Fehlerübertragungsfunktionen, b) Quadrat der L_2-Norm und c) Rauschleistung am Ausgang bei einer Quantisierung nach jeder Multiplikation

a)	$G_1(z) = G_2(z) = \dfrac{z^2}{z^2 + b_1 z + b_2}$
b)	$\|G_1\|_2^2 = \|G_2\|_2^2 = \dfrac{1 + b_2}{1 - b_2} \dfrac{1}{(1 + b_2)^2 - b_1^2}$
c)	$\sigma_{ye}^2 = \sigma_E^2 \, 2 \dfrac{1 + b_2}{1 - b_2} \dfrac{1}{(1 + b_2)^2 - b_1^2}$

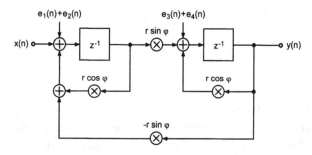

Bild 5.37 Gold&Rader-Struktur mit additiven Fehlersignalen

Die Kingsbury-Struktur (Bild 5.38 und Tab. 5.8) und die daraus abgeleitete Zölzer-Struktur (Bild 5.39 und Tab. 5.9) zeigen ebenfalls eine Abhängigkeit der Gesamtrauschleistung vom Radius des Pols. In den Fehlerübertragungsfunktionen ist zusätzlich zu der konjugiert komplexen Polstelle eine Nullstelle bei $z = 1$ vorhanden. Diese Nullstelle schwächt die verstärkende Wirkung der Polstelle in der Nähe des Einheitskreises bei $z = 1$ ab.

Bild 5.40 zeigt den Verlauf des Signal-Rauschabstands über der Grenzfrequenz für die vier oben dargestellten Filterstrukturen bei einer Signal-Quantisierung mit 16 Bit.

Tabelle 5.7 Gold&Rader - a) Fehlerübertragungsfunktionen, b) Quadrat der L_2-Norm und c) Rauschleistung am Ausgang bei einer Quantisierung nach jeder Multiplikation

a)	$G_1(z) = G_2(z) \quad = \dfrac{r\sin\varphi}{z^2 - 2r\cos\varphi z + r^2}$
	$G_3(z) = G_4(z) \quad = \dfrac{z - r\cos\varphi}{z^2 - 2r\cos\varphi z + r^2}$
b)	$\|G_1\|_2^2 = \|G_2\|_2^2 \quad = \dfrac{1+b_2}{1-b_2}\dfrac{(r\sin\varphi)^2}{(1+b_2)^2 - b_1^2}$
	$\|G_3\|_2^2 = \|G_4\|_2^2 \quad = \dfrac{1}{1-b_2}\dfrac{[1+(r\sin\varphi)^2](1+b_2)^2 - b_1^2}{(1+b_2)^2 - b_1^2}$
c)	$\sigma_{ye}^2 = \sigma_E^2 2\dfrac{1}{1-b_2}$

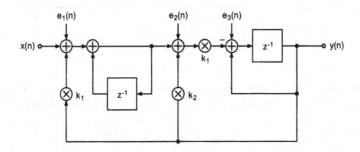

Bild 5.38 Kingsbury-Struktur mit additiven Fehlersignalen

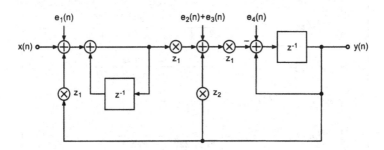

Bild 5.39 Zölzer-Struktur mit additiven Fehlersignalen

Der Pol bewegt sich dabei mit steigender Grenzfrequenz auf der durch $Q_\infty = 0.7071$ charakterisierten Kurve in der Z-Ebene. Für sehr kleine Grenzfrequenzen zeigt die Zölzer-Struktur einen gegenüber der Kingsbury-Struktur um ca. 3 dB verbesserten Signal-Rauschabstand und gegenüber der Gold&Rader-Struktur um ca. 6 dB. Bis zu Grenzfrequenzen um 5 kHz besitzt diese Filterstruktur bessere Rauschabstände (s. Bild 5.41). Ab 6 kHz macht sich die abnehmende Poldichte dieser Struktur im Signal-

Tabelle 5.8 Kingsbury - a) Fehlerübertragungsfunktionen, b) Quadrat der L_2-Norm und c) Rauschleistung am Ausgang bei einer Quantisierung nach jeder Multiplikation

a)	$G_1(z)$	$= \dfrac{-k_1 z}{z^2 - (2 - k_1 k_2 - k_1^2)z + (1 - k_1 k_2)}$
	$G_2(z)$	$= \dfrac{-k_1(z - 1)}{z^2 - (2 - k_1 k_2 - k_1^2)z + (1 - k_1 k_2)}$
	$G_3(z)$	$= \dfrac{z - 1}{z^2 - (2 - k_1 k_2 - k_1^2)z + (1 - k_1 k_2)}$
b)	$\|G_1\|_2^2$	$= \dfrac{1}{k_1 k_2} \dfrac{2 - k_1 k_2}{2(2 - k_1 k_2) - k_1^2}$
	$\|G_2\|_2^2$	$= \dfrac{k_1}{k_2} \dfrac{2}{2(2 - k_1 k_2) - k_1^2}$
	$\|G_3\|_2^2$	$= \dfrac{1}{k_1 k_2} \dfrac{2}{2(2 - k_1 k_2) - k_1^2}$
c)	$\sigma_{ye}^2 = \sigma_E^2 2 \dfrac{5 + 2b_1 + 3b_2}{(1 - b_2)(1 + b_2 - b_1)}$	

Tabelle 5.9 Zölzer - a) Fehlerübertragungsfunktionen, b) Quadrat der L_2-Norm und c) Rauschleistung am Ausgang bei einer Quantisierung nach jeder Multiplikation

a)	$G_1(z)$	$= \dfrac{-z_1^2 z}{z^2 - (2 - z_1 z_2 - z_1^3)z + (1 - z_1 z_2)}$
	$G_2(z) = G_3(z)$	$= \dfrac{-z_1(z - 1)}{z^2 - (2 - z_1 z_2 - z_1^3)z + (1 - z_1 z_2)}$
	$G_4(z)$	$= \dfrac{z - 1}{z^2 - (2 - z_1 z_2 - z_1^3)z + (1 - z_1 z_2)}$
b)	$\|G_1\|_2^2$	$= \dfrac{z_1^4}{z_1 z_2} \dfrac{2 - z_1 z_2}{2z_1^3(2 - z_1 z_2) - z_1^6}$
	$\|G_2\|_2^2 = \|G_3\|_2^2$	$= \dfrac{z_1^6}{z_1 z_2} \dfrac{2}{2z_1^3(2 - z_1 z_2) - z_1^6}$
	$\|G_4\|_2^2$	$= \dfrac{z_1^3}{z_1 z_2} \dfrac{2}{2z_1^3(2 - z_1 z_2) - z_1^6}$
c)	$\sigma_{ye}^2 = \sigma_E^2 2 \dfrac{6 + 4(b_1 + b_2) + (1 + b_2)(1 + b_1 + b_2)^{1/3}}{(1 - b_2)(1 + b_2 - b_1)}$	

Rauschabstand bemerkbar (s. Bild 5.41).

Im Hinblick auf Realisierungen der Filterstrukturen mit Signalprozessoren, die mit doppeltgenauen Akkumulatoren arbeiten, ist eine Quantisierung nach jeder Multiplikation nicht notwendig, solange Produktterme im Akkumulator aufaddiert werden können.

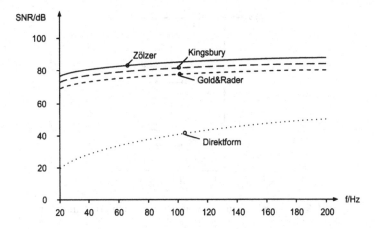

Bild 5.40 SNR - Quantisierung der Produkte (f_g <200 Hz)

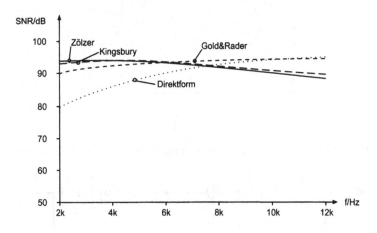

Bild 5.41 SNR - Quantisierung der Produkte (f_g >2 kHz)

Dies wird in den Bildern 5.42, 5.43, 5.44 und 5.45 für die jeweiligen Strukturen durch Einbringen von Quantisierern deutlich. Die sich daraus ergebenden veränderten Gesamtrauschleistungen sind ebenfalls in den Bildern angegeben. Für die Direktform und die Gold&Rader-Struktur verbessert sich der Signal-Rauschabstand um 3 dB, während die Gesamtrauschleistung der Kingsbury-Struktur unverändert bleibt. Bei der Zölzer-Struktur entfällt eine Rauschquelle, deren Einfluss aufgrund der Fehlerübertragungsfunktion mit einer Nullstelle bei $z = 1$ nicht sehr groß ist.

Den Verlauf des Signal-Rauschabstands über der Grenzfrequenz zeigen die Bilder 5.46 und 5.47. Die Verhältnisse von Kingsbury-Struktur und Gold&Rader-Struktur sind für Grenzfrequenzen bis 200 Hz nahezu identisch (s. Bild 5.46), während die Zölzer-Struktur um 3 dB über diesen beiden Strukturen liegt. Bis zu Grenzfrequenzen um 2 kHz (s. Bild 5.47) zeigt sich der Vorteil der erhöhten Poldichte, die neben der Verbesserung des Signal-Rauschabstands eine Verminderung des Einflusses der Koeffizienten-

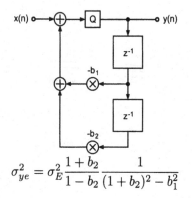

$$\sigma_{ye}^2 = \sigma_E^2 \frac{1 + b_2}{1 - b_2} \frac{1}{(1 + b_2)^2 - b_1^2}$$

Bild 5.42 Direktform - Quantisierung nach Akkumulator

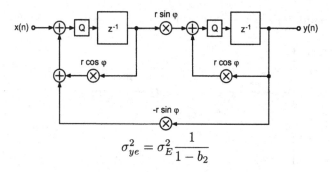

$$\sigma_{ye}^2 = \sigma_E^2 \frac{1}{1 - b_2}$$

Bild 5.43 Gold&Rader-Struktur - Quantisierung nach Akkumulator

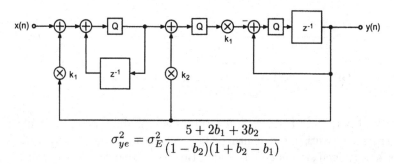

$$\sigma_{ye}^2 = \sigma_E^2 \frac{5 + 2b_1 + 3b_2}{(1 - b_2)(1 + b_2 - b_1)}$$

Bild 5.44 Kingsbury-Struktur - Quantisierung nach Akkumulator

quantisierung zur Folge hat.

Spektralformung des Quantisierungsfehlers bei rekursiven Filtern

Die Analyse der Fehlerübertragungsfunktionen der einzelnen Strukturen zeigt, dass bei den drei Strukturen mit niedrigem Rundungsrauschen zusätzlich zu der konjugiert komplexen Polstelle nahe bei $z = 1$ noch eine einfache Nullstelle bei $z = 1$ in der

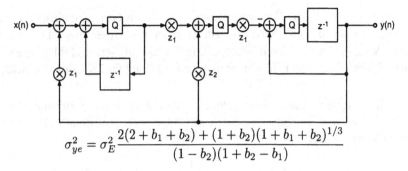

$$\sigma_{ye}^2 = \sigma_E^2 \frac{2(2 + b_1 + b_2) + (1 + b_2)(1 + b_1 + b_2)^{1/3}}{(1 - b_2)(1 + b_2 - b_1)}$$

Bild 5.45 Zölzer-Struktur - Quantisierung nach Akkumulator

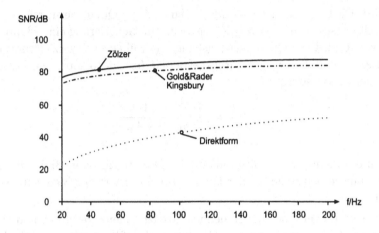

Bild 5.46 SNR - Quantisierung nach Akkumulator ($f_g < 200$ Hz)

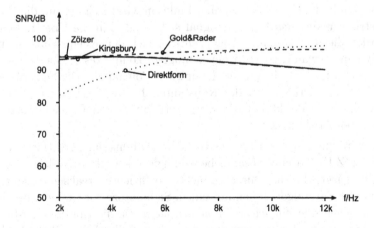

Bild 5.47 SNR - Quantisierung nach Akkumulator ($f_g > 2$ kHz)

Übertragungsfunktion $G(z)$ des Fehlersignals auftritt. Diese Nullstelle in der Nähe der komplexen Polstelle reduziert die verstärkende Wirkung des Pols. Wenn es nun gelingt, eine weitere Nullstelle in die Fehlerübertragungsfunktion $G(z)$ einzubringen, lässt sich der Einfluss des komplexen Polpaares weitestgehend kompensieren. Die aus Kapitel 2 bekannte Vorgehensweise der Rückkopplung des Quantisierungsfehlers erzeugt diese zusätzliche Nullstelle in der Fehlerübertragungsfunktion [Tra77, Cha78, Abu79, Bar82, Zöl89].

Die Rückkopplung des Quantisierungsfehlers wird zunächst am Beispiel der Direktform in Bild 5.48 demonstriert, wodurch zunächst eine Nullstelle bei $z = 1$ in der Fehlerübertragungsfunktion

$$G_{1.O}(z) = \frac{1 - z^{-1}}{1 + b_1 z^{-1} + b_2 z^{-2}} \qquad (5.113)$$

erzeugt wird. Die sich daraus ergebende Varianz σ^2 des Quantisierungsfehlers am Ausgang des Filters ist in Bild 5.48 wiedergegeben. Zur Generierung einer doppelten Nullstelle bei $z = 1$ wird der Quantisierungsfehler $e(n)$ über zwei Verzögerungen mit den Koeffizienten -2 und 1 bewertet zurückgekoppelt (s. Bild 5.48b). Die Fehlerübertragungsfunktion lautet somit

$$G_{2.O}(z) = \frac{1 - 2z^{-1} + z^{-2}}{1 + b_1 z^{-1} + b_2 z^{-2}}. \qquad (5.114)$$

Der Verlauf des Signal-Rauschabstands für die Direktform ist in Bild 5.49 dargestellt. Schon die einfache Nullstelle bei der Direktform verbessert den Signal-Rauschabstand wesentlich.

Der Koeffizient b_1 geht bei abnehmender Grenzfrequenz gegen -2 und der Koeffizient b_2 gegen 1. Damit gelangt das Fehlersignal gefiltert mit einer Hochpassübertragungsfunktion 2. Ordnung zum Ausgang des Filters. Das Einfügen dieser zusätzlichen Nullstellen in die Fehlerübertragungsfunktion wirkt sich nur auf die Rauschquelle der Filterstruktur aus, das Eingangssignal sieht weiterhin die Übertragungsfunktion $H(z)$. Werden die Rückkopplungskoeffizienten gleich den Koeffizienten b_1 und b_2 des Nennerpolynoms gewählt, so wird ein konjugiert komplexes Nullstellenpaar erzeugt, welches identisch mit dem konjugiert komplexen Polpaar ist. Die Fehlerübertragungsfunktion $G(z)$ reduziert sich zu der Konstanten 1. Das Positionieren der konjugiert komplexen Nullstelle direkt auf der konjugiert komplexen Polstelle entspricht einer doppelt genauen Arithmetik.

In [Abu79] wird zur Verbesserung des Rauschverhaltens der Direktform in beliebigen Bereichen der Z-Ebene eine zusätzliche konjugiert komplexe Nullstelle in die Nähe der Polstelle gelegt, die sich durch einfache Koeffizienten realisieren lässt. Bei einer Realisierung der Filteralgorithmen mit einem Signalprozessor sind gerade diese suboptimalen Nullstellen sehr einfach zu implementieren. Da die Gold&Rader-Struktur, die Kingsbury-Struktur und die Zölzer-Struktur schon Nullstellen in ihren Fehlerübertragungsfunktionen haben, ist eine einfache Rückkopplung des Quantisierungsfehlers bei diesen Strukturen ausreichend. Durch diese Erweiterung ergeben sich die in den Bildern 5.50, 5.51 und 5.52 dargestellten Blockschaltbilder und die veränderten Ausdrücke für die Varianzen σ^2 der Quantisierungsfehler am Ausgang der Filterstrukturen.

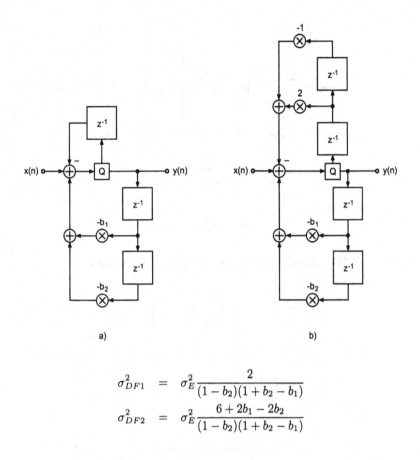

$$\sigma_{DF1}^2 = \sigma_E^2 \frac{2}{(1 - b_2)(1 + b_2 - b_1)}$$

$$\sigma_{DF2}^2 = \sigma_E^2 \frac{6 + 2b_1 - 2b_2}{(1 - b_2)(1 + b_2 - b_1)}$$

Bild 5.48 Direktform mit Spektralformung

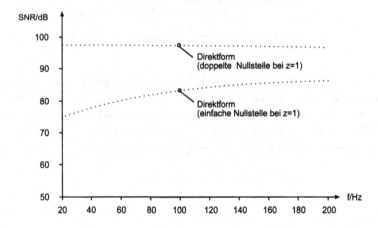

Bild 5.49 SNR - Spektralformung des Quantisierungsfehlers bei der Direktform

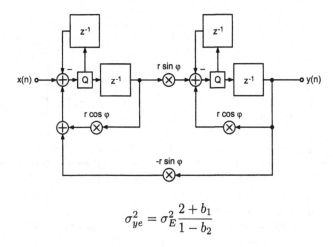

$$\sigma_{ye}^2 = \sigma_E^2 \frac{2 + b_1}{1 - b_2}$$

Bild 5.50 Gold&Rader-Struktur mit Spektralformung

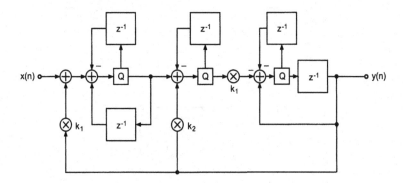

$$\sigma_{ye}^2 = \sigma_E^2 \frac{(1 + k_1^2)((1 + b_2)(6 - 2b_2) + 2b_1^2 + 8b_1) + 2k_1^2(1 + b_1 + b_2)}{(1 - b_2)(1 + b_2 - b_1)(1 + b_2 - b_1)}$$

Bild 5.51 Kingsbury-Struktur mit Spektralformung

Der Einfluss dieser Spektralformung des Fehlersignals auf den Signal-Rauschabstand ist in den Bildern 5.53 und 5.54 dargestellt. Man erkennt das nahezu ideale Rauschverhalten der Filterstrukturen bei einer 16-Bit-Quantisierung und sehr kleinen Grenzfrequenzen. Die Wirkung dieser Spektralformung bei steigender Grenzfrequenz verdeutlicht 5.54. Der kompensierende Einfluss der doppelten Nullstelle bei $z = 1$ wird zunehmend geringer.

Skalierung

Bei Festkomma-Realisierung eines digitalen Filters müssen die Übertragungsfunktionen vom Eingang des Filters zu den Knotenpunkten innerhalb der Filterstruktur bestimmt werden. Die Kenntnis der Übertragungsfunktion vom Eingang zum Ausgang

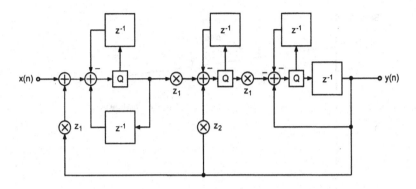

$$\sigma_{ye}^2 = \sigma_E^2 \frac{(1 + z_1^2)((1 + b_2)(6 - 2b_2) + 2b_1^2 + 8b_1) + 2z_1^4(1 + b_1 + b_2)}{(1 - b_2)(1 + b_2 - b_1)(1 + b_2 - b_1)}$$

Bild 5.52 Zölzer-Struktur mit Spektralformung

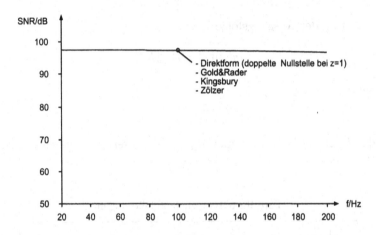

Bild 5.53 SNR - Spektralformung des Quantisierungsfehlers (20 Hz .... 200 Hz)

des digitalen Filters ist natürlich ebenso notwendig. Es muss durch eine entsprechende Skalierung des Eingangssignals sichergestellt werden, dass keine Übersteuerungen an den Knotenpunkten und am Ausgang des Filters auftreten.

Zur Berechnung des Skalierungskoeffizienten können verschiedene Kriterien herangezogen werden. Mit der Definition der L_p-Norm

$$L_p = \|H\|_p = \left[\frac{1}{2\pi} \int_{-\pi}^{\pi} |H(e^{j\Omega})|^p d\Omega\right]^{1/p} \tag{5.115}$$

folgt für $p = \infty$ der Ausdruck für die L_∞-Norm gemäß

$$L_\infty = \|H(e^{j\Omega})\|_\infty = \max_{0 \leq \Omega \leq \pi} |H(e^{j\Omega})|. \tag{5.116}$$

Die L_∞-Norm ist also das Maximum der Betragsübertragungsfunktion. Allgemein lässt

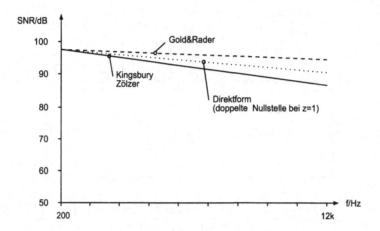

Bild 5.54 SNR - Spektralformung des Quantisierungsfehlers (200 Hz ... 12 kHz)

sich für den Betrag der Ausgangsfolge

$$|y(n)| \leq \|H\|_p \|X\|_q \tag{5.117}$$

schreiben, wobei

$$\frac{1}{p} + \frac{1}{q} = 1 \qquad p, q \geq 1 \tag{5.118}$$

gilt. Für die L_1-Norm, L_2-Norm und L_∞-Norm lassen sich die Interpretationen in Tabelle 5.10 angeben.

Tabelle 5.10 Übliche Skalierungen

p	q	
1	∞	Bekannter Spitzenwert des Eingangsspektrums Skalierung auf die L_1-Norm von $H(e^{j\Omega})$
∞	1	Bekannte L_1-Norm des Eingangsspektrums $X(e^{j\Omega})$ Skalierung auf die L_∞-Norm von $H(e^{j\Omega})$
2	2	Bekannte L_2-Norm des Eingangssignals $X(e^{j\Omega})$ Skalierung auf die L_2-Norm von $H(e^{j\Omega})$

Für die L_∞-Norm folgt mit

$$|y_i(n)| \leq \|H_i(e^{j\Omega})\|_\infty \|X(e^{j\Omega})\|_1 \tag{5.119}$$

die Beziehung

$$L_\infty = \|h_i\|_\infty = \sup_{k=0}^{\infty} |h_i(k)|. \tag{5.120}$$

Für ein sinusförmiges Eingangssignal mit der Amplitude 1 folgt $\|X(e^{j\Omega})\|_1 = 1$. Damit $|y_i(n)| \leq 1$ ist, muss für den Skalierungsfaktor

$$S_i = \frac{1}{\|H_i(e^{j\Omega})\|_\infty} \tag{5.121}$$

gelten. Die Skalierung des Eingangssignals erfolgt mit dem Maximum der Betrags-übertragungsfunktion. Hiermit soll erreicht werden, dass für $|x(n)| \leq 1$ für die Folge $|y_i(n)| \leq 1$ gilt. Als Skalierungskoeffizient für das Eingangssignal wird der größte Koeffizient S_i ausgewählt. Zur Bestimmung des Maximums der Übertragungsfunktion

$$\|H(e^{j\Omega})\|_\infty = \max_{0 \leq \Omega \leq \pi} |H(e^{j\Omega})| \tag{5.122}$$

für ein System 2. Ordnung

$$\begin{aligned} H(z) &= \frac{a_0 + a_1 z^{-1} + a_2 z^{-1}}{1 + b_1 z^{-1} + b_2 z^{-1}} \\ &= \frac{a_0 z^2 + a_1 z + a_2}{z^2 + b_1 z + b_2} \end{aligned}$$

berechnet man den Spitzenwert von

$$|H(e^{j\Omega})|^2 = \frac{\overbrace{\frac{a_0 a_2}{b_2}}^{\alpha_0} \cos^2(\Omega) + \overbrace{\frac{a_1(a_0 + a_2)}{2b_2}}^{\alpha_1} \cos(\Omega) + \overbrace{\frac{(a_0 - a_2)^2 + a_1^2}{4b_2}}^{\alpha_2}}{\cos^2(\Omega) + \underbrace{\frac{b_1(1 + b_2)}{2b_2}}_{\beta_1} \cos(\Omega) + \underbrace{\frac{(1 - b_2)^2 + b_1^2}{4b_2}}_{\beta_2}} = S^2. \tag{5.123}$$

Mit $x = \cos(\Omega)$ folgt

$$(S^2 - \alpha_0)x^2 + (\beta_1 S^2 - \alpha_1)x + (\beta_2 S^2 - \alpha_2) = 0. \tag{5.124}$$

Die Lösung der Gleichung (5.124) führt auf $x = \cos(\Omega_{max/min})$ und muss reellwertig sein $(-1 \leq x \leq 1)$, damit das erhaltene Maximum/Minimum bei einer reellen Frequenz auftritt. Für eine reellwertige Doppellösung muss für die Diskriminante $D = (p/2)^2 - q = 0$ gelten $(x^2 + px + q = 0)$. Hieraus folgt

$$D = \frac{(\beta_1 S^2 - \alpha_1)^2}{4(S^2 - \alpha_0)^2} - \frac{\beta_2 S^2 - \alpha_2}{S^2 - \alpha_0} = 0 \tag{5.125}$$

und

$$S^4(\beta_1^2 - 4\beta_2) + S^2(4\alpha_2 + 4\alpha_0\beta_2 - 2\alpha_1\beta_1) + (\alpha_1^2 - 4\alpha_0\alpha_2) = 0. \tag{5.126}$$

Die Lösung von (5.126) liefert zwei Lösungen für S^2, wovon die größere gewählt wird. Wenn für die Diskriminante nicht $D \geq 0$ gilt, liegt das Maximum bei $x = 1$ $(z = 1)$ oder $x = -1$ $(z = -1)$ gemäß

$$S^2 = \frac{\alpha_0 + \alpha_1 + \alpha_2}{1 + \beta_1 + \beta_2} \tag{5.127}$$

oder

$$S^2 = \frac{\alpha_0 - \alpha_1 + \alpha_2}{1 - \beta_1 + \beta_2}. \tag{5.128}$$

Grenzzyklen und Gegenmaßnahmen

Grenzzyklen sind periodische Vorgänge innerhalb einer Filterstruktur, die sich in sinusförmigen Signalen widerspiegeln. Sie entstehen aufgrund der Quantisierung der Zustandvariablen. Die verschiedenen Grenzzyklentypen und die notwendigen Gegenmaßnahmen sind im Folgenden kurz aufgelistet:

- Überlaufgrenzzyklen

  $\rightarrow$ Sättigungskennlinie

  $\rightarrow$ Skalierung

- Grenzzyklen bei verschwindendem Eingangssignal

  $\rightarrow$ Spektralformung des Quantisierungsfehlers

  $\rightarrow$ Dithering

- mit dem Eingangssignal korrelierte Grenzzyklen

  $\rightarrow$ Spektralformung des Quantisierungsfehlers

  $\rightarrow$ Dithering

5.3 Nichtrekursive Audio-Filter

Zur Realisierung von linearphasigen Audio-Filtern werden nichtrekursive Filterstrukturen benutzt. Grundlage einer effizienten Realisierung von nichtrekursiven Filterstrukturen ist die *schnelle Faltung* [Kam89]

$$y(n) = x(n) * h(n) \circ\!\!-\!\!\bullet Y(k) = X(k) \cdot H(k), \tag{5.129}$$

wobei die Faltungsoperation im Zeitbereich durch eine Transformation des Signals und der Impulsantwort in den Frequenzbereich, anschließende Multiplikation der Fourier-Transformierten und Rücktransformation in den Zeitbereich erfolgt (s. Bild 5.55). Zur Transformation in den Frequenzbereich nutzt man die Diskrete Fourier-Transformation mit der Länge N, so dass $N = N_1 + N_2 - 1$ gilt und somit ein Zeitaliasing der Faltungssumme vermieden wird. Hierzu werden in den ersten Abschnitten die Grundlagen diskutiert. Der Filterentwurf wird direkt im Frequenzbereich durch Vorgabe des Betragsfrequenzgangs und eines linearen Phasengangs vorgenommen.

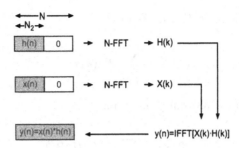

Bild 5.55 Schnelle Faltung mit Eingangssignal $x(n)$ der Länge N_1 und Impulsantwort der Länge N_2 liefert das Faltungsergebnis $y(n) = x(n) * h(n)$ der Länge $N_1 + N_2 - 1$

5.3.1 Grundlagen der Schnellen Faltung

IDFT-Realisierung mit DFT-Algorithmus. Die diskrete Fourier-Transformation (DFT) ist beschrieben durch den Zusammenhang

$$X(k) = \sum_{n=0}^{N-1} x(n) W_N^{nk} = \mathrm{DFT}_k[x(n)] \tag{5.130}$$

$$W_N = e^{-j2\pi/N} \tag{5.131}$$

und die Rücktransformation (Inverse Diskrete Fourier-Transformation) durch

$$x(n) = \frac{1}{N} \sum_{k=0}^{N-1} X(k) W_N^{-nk}. \tag{5.132}$$

Ohne Skalierungsfaktor $1/N$ gilt

$$x'(n) = \sum_{k=0}^{N-1} X(k) W_N^{-nk} = \mathrm{IDFT}_n[X(k)], \tag{5.133}$$

so dass folgende symmetrische Transformationsalgorithmen

$$X'(k) = \frac{1}{\sqrt{N}} \sum_{n=0}^{N-1} x(n) W_N^{nk} \tag{5.134}$$

$$x(n) = \frac{1}{\sqrt{N}} \sum_{k=0}^{N-1} X'(k) W_N^{-nk} \tag{5.135}$$

gelten. Die IDFT unterscheidet sich von der DFT nur durch das Vorzeichen im Exponentialterm.

Eine alternative Vorgehensweise zur Bildung der IDFT mit Hilfe der DFT wird im Folgenden beschrieben [Cad87, Duh88]. Hierbei werden die Zusammenhänge

$$x(n) = a(n) + j \cdot b(n) \tag{5.136}$$

$$j \cdot x^*(n) = b(n) + j \cdot a(n) \tag{5.137}$$

genutzt. Die Konjugation von (5.133) liefert

$$x'^*(n) = \sum_{k=0}^{N-1} X^*(k)W_N^{nk}.$$ (5.138)

Die Multiplikation von (5.138) mit j führt auf

$$j \cdot x'^*(n) = \sum_{k=0}^{N-1} j \cdot X^*(k)W_N^{nk}.$$ (5.139)

Eine Konjugation und Multiplikation von (5.139) mit j liefert

$$x'(n) = j \cdot \left[\sum_{k=0}^{N-1} j \cdot X^*(k)W_N^{nk}\right]^*.$$ (5.140)

Eine Interpretation von (5.137) und (5.140) zeigt die folgende Vorgehensweise zur Realisierung der IDFT mit dem DFT-Algorithmus:

1. Vertauschen von Real- und Imaginärteil der Spektralfolge

$$Y(k) = Y_I(k) + jY_R(k)$$

2. Transformation mit DFT-Algorithmus

$$\text{DFT}[Y(k)] = y_I(n) + jy_R(n)$$

3. Vertauschen von Real- und Imaginärteil der Zeitfolge

$$y(n) = y_R(n) + jy_I(n)$$

Für Implementierungszwecke auf digitalen Signalprozessoren erspart die Nutzung der DFT den Speicheraufwand für die IDFT.

Diskrete Fourier-Transformation zweier reellwertiger Folgen. In vielen Anwendungsfällen wird die Verarbeitung eines Stereo-Signals bestehend aus einem linken und einem rechten Kanal durchgeführt. Mit Hilfe der DFT lassen sich beide Kanäle gleichzeitig in den Spektralbereich transformieren [Sor87, Ell82].

Für eine reellwertige Folge $x(n)$ gilt

$$\begin{aligned} X(k) &= X^*(-k) \quad k = 0, 1, \ldots, N-1 \quad &(5.141)\\ &= X^*(N-k). &(5.142)\end{aligned}$$

Zur diskreten Fourier-Transformation zweier reellwertiger Folgen $x(n)$ und $y(n)$ erfolgt zuerst die Bildung einer komplexwertigen Folge

$$z(n) = x(n) + jy(n).$$ (5.143)

Die Fourier-Transformation liefert

$$
\begin{aligned}
\mathrm{DFT}[z(n)] &= \mathrm{DFT}[x(n)+jy(n)] \\
&= Z_R(k)+jZ_I(k) \qquad\qquad\qquad (5.144) \\
&= Z(k), \qquad\qquad\qquad\qquad\quad (5.145)
\end{aligned}
$$

wobei

$$
\begin{aligned}
Z(k) &= Z_R(k)+jZ_I(k) \qquad\qquad\qquad\qquad\qquad\qquad (5.146) \\
&= X_R(k)+jX_I(k)+j[Y_R(k)+jY_I(k)] \qquad\quad (5.147) \\
&= X_R(k)-Y_I(k)+j[X_I(k)+Y_R(k)] \qquad\quad\; (5.148)
\end{aligned}
$$

gilt. Da $x(n)$ und $y(n)$ reellwertige Folgen sind, folgt mit (5.142)

$$
\begin{aligned}
Z(N-k) &= Z_R(N-k)+jZ_I(N-k)=Z^*(k) \qquad\;\; (5.149) \\
&= X_R(k)-jX_I(k)+j[Y_R(k)-jY_I(k)] \qquad (5.150) \\
&= X_R(k)+Y_I(k)-j[X_I(k)-Y_R(k)]. \qquad\; (5.151)
\end{aligned}
$$

Die Betrachtung des Realteils von $Z(k)$ liefert durch Addition von (5.148) und (5.151)

$$
\begin{aligned}
2X_R(k) &= Z_R(k)+Z_R(N-k) \qquad\qquad\qquad\qquad (5.152) \\
&\rightarrow\; X_R(k)=\frac{1}{2}[Z_R(k)+Z_R(N-k)] \qquad\; (5.153)
\end{aligned}
$$

und durch Subtraktion der Gleichung (5.151) von (5.148)

$$
\begin{aligned}
2Y_I(k) &= Z_R(N-k)-Z_R(k) \qquad\qquad\qquad\qquad (5.154) \\
&\rightarrow\; Y_I(k)=\frac{1}{2}[Z_R(N-k)-Z_R(k)]. \qquad (5.155)
\end{aligned}
$$

Die Betrachtung des Imaginärteils von $Z(k)$ liefert durch Addition von (5.148) und (5.151)

$$
\begin{aligned}
2Y_R(k) &= Z_I(k)+Z_I(N-k) \qquad\qquad\qquad\qquad (5.156) \\
&\rightarrow\; Y_R(k)=\frac{1}{2}[Z_I(k)+Z_I(N-k)] \qquad (5.157)
\end{aligned}
$$

und durch Subtraktion der Gleichung (5.151) von (5.148)

$$
\begin{aligned}
2X_I(k) &= Z_I(k)-Z_I(N-k) \qquad\qquad\qquad\qquad (5.158) \\
&\rightarrow\; X_I(k)=\frac{1}{2}[Z_I(k)-Z_I(N-k)]. \qquad (5.159)
\end{aligned}
$$

Somit gilt für die Spektralfunktionen

$$X(k) = \text{DFT}[x(n)] \quad = \quad X_R(k) + jX_I(k) \tag{5.160}$$

$$= \quad \frac{1}{2}[Z_R(k) + Z_R(N-k)]$$

$$+j\frac{1}{2}[Z_I(k) - Z_I(N-k)] \tag{5.161}$$

$$k = 0, 1, \ldots, \frac{N}{2}$$

$$Y(k) = \text{DFT}[y(n)] \quad = \quad Y_R(k) + jY_R(k) \tag{5.162}$$

$$= \quad \frac{1}{2}[Z_I(k) + Z_I(N-k)]$$

$$+j\frac{1}{2}[Z_R(N-k) - Z_R(k)] \tag{5.163}$$

$$k = 0, 1, \ldots, \frac{N}{2}$$

und

$$X_R(k) + jX_I(k) \quad = \quad X_R(N-k) - jX_I(N-k) \tag{5.164}$$
$$Y_R(k) + jY_I(k) \quad = \quad Y_R(N-k) - jY_I(N-k) \tag{5.165}$$

$$k = \frac{N}{2} + 1, \ldots, N-1.$$

Schnelle Faltung bei bekannten Spektralfunktionen. Die Spektralfunktionen $X(k)$, $Y(k)$ und $H(k)$ seien bekannt. Mit Hilfe von (5.148) erfolgt die Bildung der Spektralfolge

$$Z(k) \quad = \quad Z_R(k) + jZ_I(k) \tag{5.166}$$
$$= \quad X_R(k) - Y_I(k) + j[X_I(k) + Y_R(k)] \tag{5.167}$$

$$k = 0, 1, \ldots, N-1.$$

Die Filterung erfolgt durch die Multiplikation im Spektralbereich:

$$Z'(k) \quad = \quad [Z_R(k) + jZ_I(k)][H_R(k) + jH_I(k)]$$
$$= \quad Z_R(k)H_R(k) - Z_I(k)H_I(k)$$
$$+j[Z_R(k)H_I(k) + Z_I(k)H_R(k)]. \tag{5.168}$$

Die Rücktransformation liefert somit

$$z'(n) \quad = \quad [x(n) + jy(n)] * h(n) = x(n) * h(n) + jy(n) * h(n) \tag{5.169}$$
$$= \quad \text{IDFT}[Z'(k)]$$
$$= \quad z'_R(n) + jz'_I(n), \tag{5.170}$$

so dass für die gefilterten Ausgangszeitfolgen

$$x'(n) = z'_R(n) \qquad (5.171)$$
$$y'(n) = z'_I(n) \qquad (5.172)$$

gilt.

Die Filterung eines Stereo-Signals kann so mit einer Hintransformation, einer komplexen Multiplikation im Spektralbereich und einer Rücktransformation des linken und rechten Kanals erfolgen.

5.3.2 Schnelle Faltung langer Folgen

Die schnelle Faltung zweier reellwertiger Eingangsfolgen $x_l(n)$ und $x_{l+1}(n)$ der Länge N_1 mit der Impulsantwort $h(n)$ der Länge N_2 führt auf die Ausgangsfolgen

$$y_l(n) = x_l(n) * h(n) \qquad (5.173)$$
$$y_{l+1}(n) = x_{l+1}(n) * h(n) \qquad (5.174)$$

der Länge $N_1 + N_2 - 1$. Die Realisierung eines nichtrekursiven Filters mit der schnellen Faltung ist schon ab Filterlängen von $N > 30$ effizienter als eine direkte Realisierung eines FIR-Filters [Kam89, Fli93]. Hierzu wird die folgende Vorgehensweise durchgeführt:

- Bildung einer komplexwertigen Folge

$$z(n) = x_l(n) + jx_{l+1}(n) \qquad (5.175)$$

- Fourier-Transformation der mit Nullen auf die Länge $N \geq N_1 + N_2 - 1$ aufgefüllten Impulsantwort $h(n)$:

$$H(k) = \text{DFT}[h(n)] \quad \text{(FFT-Länge } N) \qquad (5.176)$$

- Fourier-Transformation der mit Nullen auf die Länge $N \geq N_1 + N_2 - 1$ aufgefüllten Folge $z(n)$:

$$Z(k) = \text{DFT}[z(n)] \quad \text{(FFT-Länge } N) \qquad (5.177)$$

- Bildung der komplexwertigen Ausgangsfolge

$$e(n) = \text{IDFT}[Z(k)H(k)] \qquad (5.178)$$
$$= z(n) * h(n) \qquad (5.179)$$
$$= x_l(n) * h(n) + jx_{l+1}(n) * h(n) \qquad (5.180)$$

- Bildung der reellwertigen Ausgangsfolgen

$$y_l(n) = \text{Re}\{e(n)\} \qquad (5.181)$$
$$y_{l+1}(n) = \text{Im}\{e(n)\}. \qquad (5.182)$$

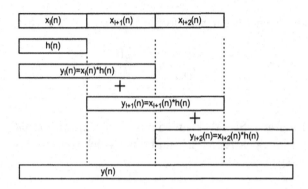

Bild 5.56 Schnelle Faltung mit Partitionierung des Eingangssignals $x(n)$

Zur Faltung einer zeitlich nicht begrenzten Eingangsfolge (s. Bild 5.56) mit einer Impulsantwort wird eine Partitionierung der Eingangsfolge $x(n)$ in Teilfolgen $x_m(n)$ der Länge L vorgenommen:

$$x_m(n) = \begin{cases} x(n) & (m-1)L \leq n \leq mL - 1 \\ 0 & \text{sonst} \end{cases} . \tag{5.183}$$

Die Eingangsfolge wird durch die Überlagerung

$$x(n) = \sum_{m=1}^{\infty} x_m(n) \tag{5.184}$$

dargestellt. Die Faltung der Eingangsfolge mit der Impulsantwort $h(n)$ der Länge M liefert

$$y(n) = \sum_{k=0}^{M-1} h(k)x(n-k) \tag{5.185}$$

$$= \sum_{k=0}^{M-1} h(k) \sum_{m=1}^{\infty} x_m(n-k) \tag{5.186}$$

$$= \sum_{m=1}^{\infty} \left[\sum_{k=0}^{M-1} h(k)x_m(n-k) \right] . \tag{5.187}$$

Der Term in eckigen Klammern entspricht der Faltung der endlichen Folge $x_m(n)$ der Länge L mit der Impulsantwort der Länge M. Das Ausgangssignal kann als Überlagerung von Faltungsergebnissen der Länge $L + M - 1$ angegeben werden. Mit den Teilfaltungsergebnissen

$$y_m(n) = \begin{cases} \sum_{k=0}^{M-1} h(k)x_m(n-k) & (m-1)L \leq n \leq mL + M - 2 \\ 0 & \text{sonst} \end{cases}$$

$$\tag{5.188}$$

folgt für das Ausgangssignal

$$y(n) = \sum_{m=1}^{\infty} y_m(n), \qquad (5.189)$$

welches als eine überlappende Addition der Teilfaltungsergebnisse zu interpretieren ist (s. Bild 5.56).

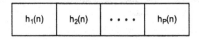

Bild 5.57 Partitionierung der Impulsantwort $h(n)$

Falls die Länge M der Impulsantwort sehr groß ist, lässt sich ebenfalls eine Partitionierung der Impulsantwort vornehmen, indem man eine Aufteilung in P Teilimpulsantworten vornimmt, deren Länge M/P ist (s. Bild 5.57). Mit

$$h_p\left(n - (p-1)\frac{M}{P}\right) = \begin{cases} h(n) & (p-1)\frac{M}{P} \le n \le p\frac{M}{P} - 1 \\ 0 & \text{sonst} \end{cases} \qquad (5.190)$$

folgt

$$h(n) = \sum_{p=1}^{P} h_p\left(n - (p-1)\frac{M}{P}\right). \qquad (5.191)$$

Mit $M_p = pM/P$ und (5.189) kann folgende Partitionierung vorgenommen werden

$$y(n) = \underbrace{\sum_{m=1}^{\infty} \sum_{k=0}^{M-1} h(k)x_m(n-k)}_{y_m(n)} \qquad (5.192)$$

$$= \sum_{m=1}^{\infty} \left[\sum_{k=0}^{M_1-1} h(k)x_m(n-k) + \sum_{k=M_1}^{M_2-1} h(k)x_m(n-k) + \dots \right.$$

$$\left. + \sum_{k=M_{P-1}}^{M-1} h(k)x_m(n-k) \right] \qquad (5.193)$$

Eine Umformulierung liefert

$$
\begin{aligned}
y(n) &= \sum_{m=1}^{\infty} \Bigg[\underbrace{\sum_{k=0}^{M_1-1} h_1(k)x_m(n-k)}_{y_{m1}} + \underbrace{\sum_{k=0}^{M_1-1} h_2(k)x_m(n-M_1-k)}_{y_{m2}} \\
&\qquad + \underbrace{\sum_{k=0}^{M_1-1} h_3(k)x_m(n-2M_1-k)}_{y_{m3}} \\
&\qquad \ldots + \underbrace{\sum_{k=0}^{M_1-1} h_P(k)x_m(n-(P-1)M_1-k)}_{y_{mP}} \Bigg] \\
&= \sum_{m=1}^{\infty} \underbrace{[y_{m1}(n) + y_{m2}(n-M_1) + \ldots + y_{mP}(n-(P-1)M_1)]}_{y_m(n)}. \quad (5.194)
\end{aligned}
$$

Ein Beispiel für eine Partitionierung der Impulsantwort in $P = 4$ Teile ist in Bild 5.58 grafisch dargestellt und führt auf

$$
\begin{aligned}
y(n) &= \sum_{m=1}^{\infty} \Bigg[\underbrace{\sum_{k=0}^{M_1-1} h_1(k)x_m(n-k)}_{y_{m1}} + \underbrace{\sum_{k=0}^{M_1-1} h_2(k)x_m(n-M_1-k)}_{y_{m2}} \\
&\qquad + \underbrace{\sum_{k=0}^{M_1-1} h_3(k)x_m(n-2M_1-k)}_{y_{m3}} + \underbrace{\sum_{k=0}^{M_1-1} h_4(k)x_m(n-3M_1-k)}_{y_{m4}} \Bigg] \\
&= \sum_{m=1}^{\infty} \underbrace{[y_{m1}(n) + y_{m2}(n-M_1) + y_{m3}(n-2M_1) + y_{m4}(n-3M_1)]}_{y_m(n)}.
\end{aligned}
$$

$$(5.195)$$

Der Ablauf einer schnellen Faltung mit einer Partitionierung der Eingangsfolge $x(n)$ und der Impulsantwort $h(n)$ ist im Folgenden für das Beispiel in Bild 5.58 angegeben:

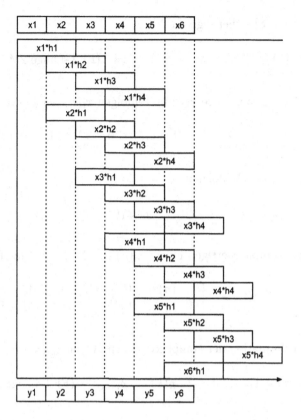

Bild 5.58 Ablaufschema einer schnellen Faltung mit $P = 4$

1. Zerlegung der Impulsantwort $h(n)$ der Länge $4M$:

$$
\begin{aligned}
h_1(n) &= h(n) & 0 \le n \le M - 1 & \qquad (5.196)\\
h_2(n - M) &= h(n) & M \le n \le 2M - 1 & \qquad (5.197)\\
h_3(n - 2M) &= h(n) & 2M \le n \le 3M - 1 & \qquad (5.198)\\
h_4(n - 3M) &= h(n) & 3M \le n \le 4M - 1 & \qquad (5.199)
\end{aligned}
$$

2. Auffüllen der Teilimpulsantworten mit Nullen bis zur Länge $2M$:

$$
h_1(n) = \begin{cases} h_1(n) & 0 \le n \le M - 1 \\ 0 & M \le n \le 2M - 1 \end{cases} \qquad (5.200)
$$

$$
h_2(n) = \begin{cases} h_2(n) & 0 \le n \le M - 1 \\ 0 & M \le n \le 2M - 1 \end{cases} \qquad (5.201)
$$

$$
h_3(n) = \begin{cases} h_3(n) & 0 \le n \le M - 1 \\ 0 & M \le n \le 2M - 1 \end{cases} \qquad (5.202)
$$

$$
h_4(n) = \begin{cases} h_4(n) & 0 \le n \le M - 1 \\ 0 & M \le n \le 2M - 1 \end{cases} \qquad (5.203)
$$

3. Berechnung und Speicherung von

$$H_i(k) = \text{DFT}[h_i(n)] \quad i = 1, \ldots, 4 \quad \text{(FFT-Länge 2M)} \tag{5.204}$$

4. Zerlegung der Eingangsfolge $x(n)$ in Teilfolgen $x_l(n)$ der Länge M:

$$x_l(n) = x(n) \quad (l-1)M \leq n \leq lM - 1 \quad l = 1, \ldots \infty \tag{5.205}$$

5. Verschachtelung der Teilfolgen:

$$z_m(n) = x_l(n) + jx_{l+1}(n) \quad m, l = 1, \ldots, \infty \tag{5.206}$$

6. Auffüllen der komplexwertigen Folge $z_m(n)$ mit Nullen bis zur Länge $2M$:

$$z_m(n) = \begin{cases} z_m(n) & (l-1)M \leq n \leq lM - 1 \\ 0 & lM \leq n \leq (l+1)M - 1 \end{cases} \tag{5.207}$$

7. Fourier-Transformation der komplexwertigen Folgen $z_m(n)$:

$$Z_m(k) = \text{DFT}[z_m(n)] = Z_{mR}(k) + jZ_{mI}(k) \quad \text{(FFT-Länge 2M)} \tag{5.208}$$

8. Multiplikation im Spektralbereich:

$$[Z_R(k) + jZ_I(k)][H_R(k) + jH_I(k)] = \\ Z_R(k)H_R(k) - Z_I(k)H_I(k) \\ + j[Z_R(k)H_I(k) + Z_I(k)H_R(k)] \tag{5.209}$$

$$E_{m1}(k) = Z_m(k)H_1(k) \quad k = 0, 1, \ldots, 2M - 1 \tag{5.210}$$
$$E_{m2}(k) = Z_m(k)H_2(k) \quad k = 0, 1, \ldots, 2M - 1 \tag{5.211}$$
$$E_{m3}(k) = Z_m(k)H_3(k) \quad k = 0, 1, \ldots, 2M - 1 \tag{5.212}$$
$$E_{m4}(k) = Z_m(k)H_4(k) \quad k = 0, 1, \ldots, 2M - 1 \tag{5.213}$$

9. Rücktransformation:

$$e_{m1}(n) = \text{IDFT}[Z_m(k)H_1(k)] \quad n = 0, 1, \ldots, 2M - 1 \tag{5.214}$$
$$e_{m2}(n) = \text{IDFT}[Z_m(k)H_2(k)] \quad n = 0, 1, \ldots, 2M - 1 \tag{5.215}$$
$$e_{m3}(n) = \text{IDFT}[Z_m(k)H_3(k)] \quad n = 0, 1, \ldots, 2M - 1 \tag{5.216}$$
$$e_{m4}(n) = \text{IDFT}[Z_m(k)H_4(k)] \quad n = 0, 1, \ldots, 2M - 1 \tag{5.217}$$

10. Bestimmung der Teilfaltungen:

$$\text{Re}\{e_{m1}(n)\} = x_l * h_1 \qquad (5.218)$$

$$\text{Im}\{e_{m1}(n)\} = x_{l+1} * h_1 \qquad (5.219)$$

$$\text{Re}\{e_{m2}(n)\} = x_l * h_2 \qquad (5.220)$$

$$\text{Im}\{e_{m2}(n)\} = x_{l+1} * h_2 \qquad (5.221)$$

$$\text{Re}\{e_{m3}(n)\} = x_l * h_3 \qquad (5.222)$$

$$\text{Im}\{e_{m3}(n)\} = x_{l+1} * h_3 \qquad (5.223)$$

$$\text{Re}\{e_{m4}(n)\} = x_l * h_4 \qquad (5.224)$$

$$\text{Im}\{e_{m4}(n)\} = x_{l+1} * h_4 \qquad (5.225)$$

11. *Overlap-Add* [Kam89] der Teilfaltungen, inkrementieren von $l = l + 2$ und $m = m + 1$ und zurück zu Schritt 5.

Auf Grund der Partitionierung des Eingangssignals und der darauf anschließenden Transformation in den Frequenzbereich steht das Faltungsergebnis der Einzelfaltungen erst nach einer Verzögerung um eine oder mehrere Blocklängen zur Verfügung. Zur Vermeidung dieser Verzögerung des Signals um Vielfache der Blocklänge sind verschiedene Verfahren [Gar95, Mül99, Mül01] vorgeschlagen, die den ersten Teil einer partitionierten Impulsantwort als direkte Faltung im Zeitbereich ausführen und die folgenden Teilimpulsantworten im Frequenzbereich realisieren.

5.3.3 Filterentwurf mit Frequenzabtastung

Der Filterentwurf für eine Realisierung mit Hilfe der schnellen Faltung kann mit einer sogenannten Frequenzabtastung [Kam89] erfolgen. Für linearphasige Systeme gilt

$$H(e^{j\Omega}) = A(e^{j\Omega})e^{-j\frac{N_F-1}{2}\Omega}, \qquad (5.226)$$

wobei mit $A(e^{j\Omega})$ ein reellwertiger Amplitudenfrequenzgang und mit N_F die Impulsantwortlänge bezeichnet sind. Man bildet die $|H(e^{j\Omega})|$ durch Frequenzabtastung an äquidistanten Stellen

$$\frac{f}{f_A} = \frac{k}{N_F} \qquad \text{mit} \qquad k = 0, 1, ..., N_F - 1 \qquad (5.227)$$

gemäß

$$|H(e^{j\Omega})| = |A(e^{j2\pi k/N_F})| \qquad k = 0, 1, ..., \frac{N_F}{2} - 1. \qquad (5.228)$$

Somit kann durch einfache grafische Vorgaben im Frequenzbereich ein Filterentwurf durchgeführt werden. Die Bestimmung des linearen Phasengangs erfolgt mit

$$e^{-j\frac{N_F-1}{2}\Omega} = e^{-j2\pi\frac{N_F-1}{2}\frac{k}{N_F}} \tag{5.229}$$

$$= \cos\left(2\pi\frac{N_F-1}{2}\frac{k}{N_F}\right) - j\sin\left(2\pi\frac{N_F-1}{2}\frac{k}{N_F}\right) \tag{5.230}$$

$$k = 0, 1, ..., \frac{N_F}{2} - 1.$$

Aufgrund der zu entwerfenden reellwertigen Impulsantwort muss bei gerader Filterlänge N_F

$$H(k = N_F/2) = 0 \quad \text{und} \quad H(k) = H^*(N_F - k) \quad \text{für} \quad k = 0, 1, ... \frac{N_F}{2} - 1 \tag{5.231}$$

gelten. Die Impulsantwort $h(n)$ erhält man durch eine N_F-Punkte IDFT der Spektralfolge $H(k)$. Diese Impulsantwort wird durch *Zero-Padding* [Kam89] auf die Länge N der Transformation erweitert und danach zur Durchführung der schnellen Faltung mit einer N-Punkte DFT in die Spektralfolge $H(k)$ des Filters überführt.

Beispiel: Für die Parameter $N_F = 8$, Vorgabe von $|H(k)|$ und $|H(4)| = 0$ folgt für die Gruppenlaufzeit $t_G = 3,5$. Bild 5.59 zeigt die Verläufe für den Betrag, den Realteil und Imaginärteil der Übertragungsfunktion und die Impulsantwort $h(n)$.

5.4   Multikomplementär-Filterbank

Die Teilbandverarbeitung von Audiosignalen findet ihre hauptsächliche Anwendung in der Codierung zur effizienten Übertragung und Speicherung. Die Grundlage der in diesen Bereichen genutzten Teilbandzerlegungen sind die kritisch abgetasteten Filterbänke [Fli93]. Diese Filterbänke erlauben eine perfekte Rekonstruktion des Eingangssignals, wenn innerhalb der Teilbänder keine Verarbeitung stattfindet. Sie bestehen aus einer Analyse-Filterbank zur Zerlegung des Signals in kritisch abgetastete Teilbänder und einer Synthese-Filterbank zur Rekonstruktion des breitbandigen Ausgangssignals. Das Aliasing in den Teilbändern wird durch die Synthese-Filterbank eliminiert. Da zur Codierung von Teilbandsignalen nichtlineare Verfahren zum Einsatz kommen, ist der Rekonstruktionsfehler durch die Filterbank gegenüber den Fehlern der Codierung/Decodierung vernachlässigbar. Bei der Anwendung einer kritisch abgetasteten Filterbank als Multiband-Equalizer, Multiband-Dynamiksteuerung oder Multiband-Raumsimulation führt die Verarbeitung in den Teilbändern zu Aliasing-Effekten im Ausgangssignal. Zur Vermeidung dieser Aliasing-Effekte ist in [Fli92, Zöl92, Fli93a] eine Multikomplementär-Filterbank vorgestellt, die eine aliasing-freie Verarbeitung in Teilbändern ermöglicht und zu einer perfekten Rekonstruktion des Ausgangssignals führt. Sie erlaubt eine Zerlegung in Oktav-Frequenzbänder oder auch Terz-Frequenzbänder [Sch94], die dem menschlichen Gehör angepasst sind.

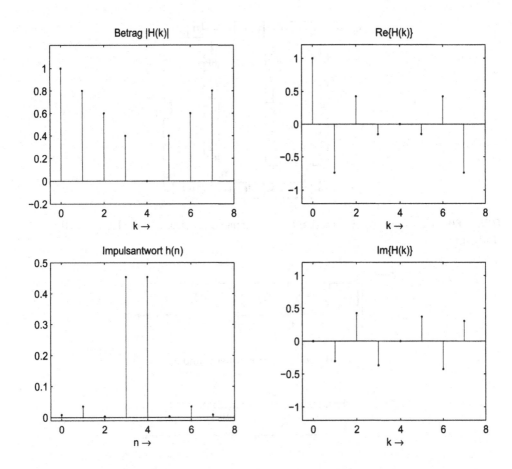

Bild 5.59 Filterentwurf mit Frequenzabtastung (N_F gerade)

5.4.1 Prinzip

Bei einer Oktav-Band Filterbank mit *kritischer Abtastung* (s. Bild 5.60), die mit einer sukzessiven Tiefpass/Hochpass-Aufspaltung in Halbbänder und anschließender Abwärtstastung um den Faktor 2 arbeitet, wird eine Zerlegung in die Teilbänder Y_1 bis Y_N vorgenommen (s. Bild 5.61). Die Übergangsfrequenzen dieser Frequenzaufspaltung liegen bei

$$\Omega_{Ck} = \frac{\pi}{2} 2^{-k+1} \quad \text{mit} \quad k = 1, 2, \cdots, N-1. \tag{5.232}$$

Zur Vermeidung des Aliasing in den Teilbändern, wird nun eine modifizierte Oktav-Band Filterbank betrachtet, die anhand einer 2-Band-Zerlegung in Bild 5.62 erläutert wird. Die Grenzfrequenz der modifizierten Filterbank wird zu tieferen Frequenzen hin verschoben, so dass bei einer Abwärtstastung des Tiefpass-Zweiges kein Aliasing mehr im Übergangsbereich auftreten kann (z.B. Grenzfrequenz $\frac{\pi}{3}$). Der Hochpass-Zweig kann aufgrund der größeren Bandbreite allerdings nicht abwärts getastet werden. Eine sukzessive Fortführung dieser 2-Band-Zerlegung führt auf die in Bild 5.63 dargestellte

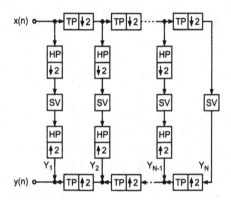

Bild 5.60 Oktav-Band QMF-Filterbank (SV=Signalverarbeitung, TP=Tiefpass, HP=Hochpass)

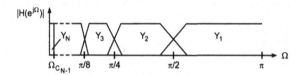

Bild 5.61 Oktav-Frequenzbänder

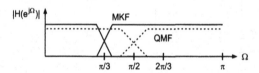

Bild 5.62 2-Band-Zerlegung

modifizierte Oktav-Band Filterbank. Die hiermit erreichte Frequenzzerlegung ist in Bild 5.64 zu sehen und zeigt, dass neben den Übergangsfrequenzen

$$\Omega_{Ck} = \frac{\pi}{3} 2^{-k+1} \quad \text{mit} \quad k = 1, 2, \cdots, N - 1 \tag{5.233}$$

auch die Bandbreiten der Teilbänder um den Faktor 2 abnehmen. Eine Ausnahme bildet das obere Teilband Y_1.

Die spezielle Tiefpass/Hochpass-Aufspaltung wird mit der 2-Band Komplementär-Filterbank in Bild 5.65 durchgeführt. Die Frequenzgänge des Dezimationsfilters $H_D(z)$, des Interpolationsfilters $H_I(z)$ und des Kernfilters $H_K(z)$ sind in Bild 5.66 dargestellt. Die Tiefpassfilterung des Eingangssignals $x_1(n)$ wird mit dem Dezimationsfilter $H_D(z)$, dem Abwärtstaster um den Faktor 2 und dem Kernfilter $H_K(z)$ durchgeführt und führt auf $y_2(2n)$. Für die Z-Transformierte gilt

$$Y_2(z) = \frac{1}{2}\left[H_D(z^{\frac{1}{2}}) X_1(z^{\frac{1}{2}}) H_K(z) + H_D(-z^{\frac{1}{2}}) X_1(-z^{\frac{1}{2}}) H_K(z) \right]. \tag{5.234}$$

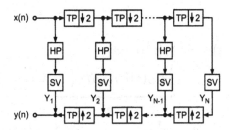

Bild 5.63 Modifizierte Oktav-Band Filterbank

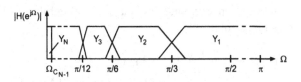

Bild 5.64 Modifizierte Oktav-Zerlegung

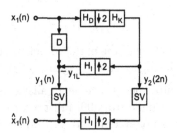

Bild 5.65 2-Band Komplementär-Filterbank

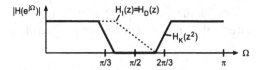

Bild 5.66 Entwurf von $H_D(z)$, $H_I(z)$ und $H_K(z)$

Das interpolierte Tiefpasssignal $y_{1L}(n)$ entsteht durch Aufwärtstastung um den Faktor 2 und Filterung mit dem Interpolationsfilter $H_I(z)$. Für die Z-Transformierte gilt mit

(5.234)

$$Y_{1L}(z) = Y_2(z^2)H_I(z) \tag{5.235}$$

$$= \underbrace{\frac{1}{2}H_D(z)H_I(z)H_K(z^2)}_{G_1(z)}X_1(z)$$

$$+ \underbrace{\frac{1}{2}H_D(-z)H_I(z)H_K(z^2)}_{G_2(z)}X_1(-z). \tag{5.236}$$

Das Hochpasssignal $y_1(n)$ wird durch eine Subtraktion des interpolierten Tiefpass-signals $y_{1L}(n)$ vom verzögerten Eingangssignal $x_1(n-D)$ gebildet. Für die Z-Transformierte des Hochpasssignals folgt

$$Y_1(z) = z^{-D}X_1(z) - Y_{1L}(z) \tag{5.237}$$

$$= [z^{-D} - G_1(z)]X_1(z) - G_2(z)X_1(-z). \tag{5.238}$$

Tiefpasssignal und Hochpasssignal durchlaufen eine Signalverarbeitung. Das Ausgangs-signal $\hat{x}_1(n)$ wird durch eine Addition des Hochpasssignals zu dem aufwärtsgetasteten und gefilterten Tiefpasssignal gebildet. Für die Z-Transformierte lässt sich mit (5.236) und (5.238)

$$\hat{X}_1(z) = Y_{1L}(z) + Y_1(z) = z^{-D}X_1(z) \tag{5.239}$$

schreiben. Die Gleichung (5.239) zeigt die perfekte Rekonstruktion des Eingangssignals, welches um D Abtasttakte verzögert zum Ausgang gelangt.

Eine Erweiterung auf N Teilbänder und eine Realisierung des Kernfilters mit einer Komplementärtechnik nach [Ram88, Ram90] führt auf die Multikomplementär-Filter-bank in Bild 5.67. In das Hochpass-Teilband Y_1 und in die Bandpass-Teilbänder Y_2 bis Y_{N-2} sind Verzögerungen D_H integriert, die einen Laufzeitausgleich durchführen. Die Filterstruktur besteht aus N horizontalen Stufen. Die Kernfilter sind durch Komplementärfilter ebenfalls in einer Stufentechnik (S vertikale Stufen) realisiert, auf deren Entwurf im weiteren Verlauf dieses Abschnitts eingegangen wird. Die vertikalen Verzögerungen innerhalb dieser erweiterten Kernfilter (EKF$_1$ bis EKF$_{N-1}$) dienen ebenfalls zum Laufzeitausgleich für die entsprechende Komplementärbildung. Am Ende dieser vertikalen Stufentechnik befindet sich wieder ein Kernfilter H_K. Mit

$$z_k = z^{2^{-(k-1)}} \quad \text{und} \quad k = 1, \cdots, N \tag{5.240}$$

folgt für die Signale $\hat{X}_k(z_k)$ in Abhängigkeit von den Signalen $X_k(z_k)$

$$\hat{\mathbf{X}} = \operatorname{diag}[z_1^{-D_1} \quad z_2^{-D_2} ... \quad z_N^{-D_N}]\mathbf{X}, \tag{5.241}$$

wobei

$$\hat{\mathbf{X}} = [\hat{X}_1(z_1) \quad \hat{X}_2(z_2) \quad ... \quad \hat{X}_N(z_N)]^T$$
$$\mathbf{X} = [X_1(z_1) \quad X_2(z_2) \quad ... \quad X_N(z_N)]^T$$

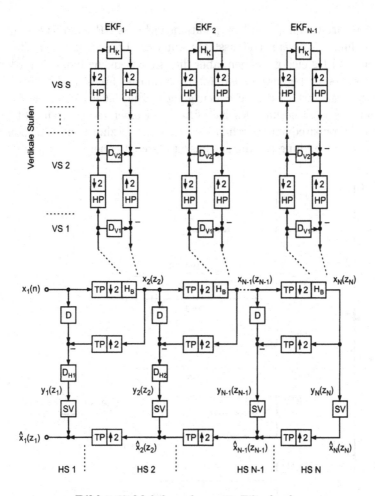

Bild 5.67 Multikomplementär-Filterbank

und mit $k = N - l$

$$D_{k=N} = 0 \qquad (5.242)$$
$$D_{k=N-l} = 2D_{N-l+1} + D \qquad l = 1, ..., N - 1. \qquad (5.243)$$

Die perfekte Rekonstruktion des Eingangssignals wird erreicht, wenn für D_{Hk} mit $k = N - l$ folgende Bedingungen erfüllt sind:

$$D_{H_{k=N}} = 0$$
$$D_{H_{k=N-1}} = 0$$
$$D_{H_{k=N-l}} = 2D_{N-l+1} \qquad l = 2, ..., N - 1.$$

Die Realisierung der erweiterten, vertikalen Kernfilter erfolgt mit der Komplementär-technik nach Bild 5.68. Das Kernfilter H_K mit dem Frequenzgang in Bild 5.68a wird durch die Aufwärtstastung, den Interpolationshochpass HP (Bild 5.68b) und der Komplementärbildung zu einem Tiefpassfilter mit dem Frequenzgang in Bild 5.68c. Die Flankensteilheit ist gleich geblieben, aber die Grenzfrequenz hat sich verdoppelt. Eine erneute Aufwärtstastung mit einem Interpolationshochpass (Bild 5.68d) und Komplementärbildung führt zu dem Frequenzgang in Bild 5.68e. Mit Hilfe dieser Technik erreicht man die Realisierung des Kernfilters bei einer reduzierten Abtastrate. Man verschiebt die Grenzfrequenz durch Hinzufügen von Dezimations/Interpolationsstufen mit Komplementärbildung auf die gewünschte Grenzfrequenz.

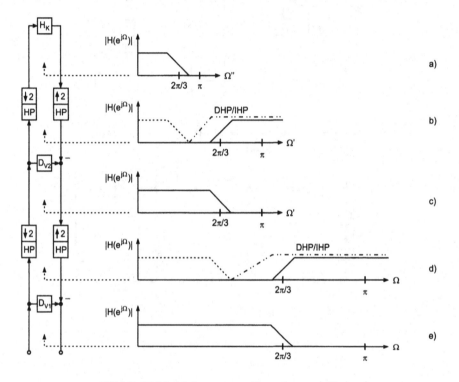

Bild 5.68 Multiabtastraten-Komplementärfilter

Rechenaufwand. Für eine N-Band Multikomplementär-Filterbank mit $N-1$ Zerlegungsfiltern, wobei jedes Zerlegungsfilter mit einem erweiterten Kernfilter aus S Stufen realisiert ist, gilt für die horizontale Komplexität:

$$\text{HC} = \text{HC}_1 + \text{HC}_2 \left(\frac{1}{2} + \frac{1}{4} + \dots + \frac{1}{2^N} \right). \tag{5.244}$$

Mit HC_1 werden die Operationen bezeichnet, die bei der Eingangsabtastrate durchgeführt werden. Diese Operationen treten in der horizontalen Stufe HS_1 auf. Mit HC_2 werden die Operationen (horizontale Stufe HS_2) bezeichnet, die bei der halben Eingangsabtastrate benötigt werden. Die Operationen in den Stufen HS_2 bis HS_N sind annähernd identisch, sie werden aber bei sich halbierenden Abtastraten berechnet.

Die Komplexitäten VC_1 bis VC_{N-1} der vertikalen, erweiterten Kernfilter EKF_1 bis EKF_{N-1} berechnen sich zu

$$VC_1 = \frac{1}{2}V_1 + V_2\left(\frac{1}{4} + \frac{1}{8} + ... + \frac{1}{2^{S+1}}\right)$$

$$VC_2 = \frac{1}{4}V_1 + V_2\left(\frac{1}{8} + \frac{1}{16} + ... + \frac{1}{2^{S+2}}\right) = \frac{1}{2}VC_1$$

$$VC_3 = \frac{1}{8}V_1 + V_2\left(\frac{1}{16} + \frac{1}{32} + ... + \frac{1}{2^{S+3}}\right) = \frac{1}{4}VC_1$$

$$VC_{N-1} = \frac{1}{2^{N-1}}V_1 + V_2\left(\frac{1}{2^N} + ... + \frac{1}{2^{S+N-1}}\right) = \frac{1}{2^{N-1}}VC_1,$$

wobei mit V_1 die Komplexität der ersten vertikalen Stufe VS_1 und mit V_2 die Komplexität der zweiten vertikalen Stufe VS_2 bezeichnet ist. Man erkennt, dass sich für die gesamte vertikale Komplexität

$$VC = VC_1\left(1 + \frac{1}{2} + \frac{1}{4} + ... + \frac{1}{2^{N-1}}\right) \tag{5.245}$$

schreiben lässt. Die obere Grenze der Gesamtkomplexität ergibt sich aus der Summe der horizontalen und vertikalen Komplexität gemäß

$$C_{max} = HC_1 + HC_2 + 2VC_1. \tag{5.246}$$

Die Gesamtkomplexität ist unabhängig von der Anzahl N der Frequenzbänder und unabhängig von der Anzahl S der vertikalen Stufen. Dies bedeutet für eine Echtzeitimplementierung, dass sich mit einer endlichen Rechenleistung beliebig viele Teilbänder mit beliebig schmalen Übergangsbereichen zwischen den Teilbändern realisieren lassen.

5.4.2 Beispiel: 8-Band Multikomplementär-Filterbank

Zur Realisierung der in Bild 5.69 dargestellten Frequenzzerlegung in 8 Bänder wird die Multiratenstruktur in Bild 5.70 eingesetzt. Die einzelnen Teilsysteme dienen der Abtastratenreduktion (D=Dezimation), der Abtastratenerhöhung (I=Interpolation), der Kernfilterung (K), der Signalverarbeitung (SV), der Verzögerung (N_1=Delay 1, N_2=Delay 2) und dem Laufzeitausgleich M_i im Band i. Die Frequenzzerlegung erfolgt sukzessive von den höheren Frequenzbändern bis zum unteren Frequenzband. In den beiden unteren Frequenzbändern ist kein Laufzeitausgleich notwendig. Die Flankensteilheit ist über Komplementärfilter einstellbar, welche in Bild 5.70 aus einer Stufe bestehen.

Die Spezifikationen für den 8-Band Equalizer sind in der Tabelle 5.11 aufgeführt. Die Sperrdämpfung der Teilbandfilter soll 100 dB betragen.

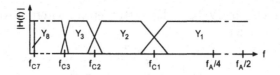

Bild 5.69 Modifizierte Oktavzerlegung des Frequenzbandes

Tabelle 5.11 Übergangsfrequenzen f_{Ci} und Übergangsbandbreiten TB bei einem 8-Band Equalizer

f_A/kHz	f_{C1}/Hz	f_{C2}/Hz	f_{C3}/Hz	f_{C4}/Hz	f_{C5}/Hz	f_{C6}/Hz	f_{C7}/Hz
44,1	7350	3675	1837,5	918,75	459,375	≈ 230	≈ 115
TB in Hz	1280	640	320	160	80	40	20

Filterentwurf

Zum Entwurf der verschiedenen Dezimations- und Interpolationsfilter werden zunächst die Anforderungen an die Übergangsbandbreite und die Sperrdämpfung für das untere Frequenzband festgelegt. Exemplarisch wird für einen 8-Band Equalizer dieser Entwurf durchgeführt. Die Filteranordnung für die beiden unteren Frequenzbänder ist in Bild 5.71 dargestellt. Die zu entwerfenden Kernfilter, Dezimations- und Interpolationshochpässe und Dezimations- und Interpolationstiefpässe sind in Bild 5.72 zu sehen.

Kernfilterentwurf. Aus der Vorgabe einer Übergangsbandbreite für das untere Frequenzband ergibt sich die Übergangsbandbreite des Kernfilters. Dieses Kernfilter muss für die Abtastfrequenz $f_a'' = 44100/(2^8)$ entworfen werden. Bei einer vorgegebenen Übergangsbandbreite f_{TB} bei der Frequenz $f'' = f_a''/3$ lauten die normierte Durchlassfrequenz

$$\frac{\Omega_D''}{2\pi} = \frac{f'' - f_{TB}/2}{f_a''} \tag{5.247}$$

und die normierte Sperrfrequenz

$$\frac{\Omega_S''}{2\pi} = \frac{f'' + f_{TB}/2}{f_a''}. \tag{5.248}$$

Mit diesen Parametern wird der Filterentwurf durchgeführt. Mit Hilfe des Parks-McClellan-Programmes erhält man für eine Übergangsbandbreite von $f_{TB} = 20$ Hz den in Bild 5.73 gezeigten Frequenzgang. Die notwendige Filterlänge für eine Sperrdämpfung von 100 dB ist 53.

Dezimations- und Interpolationshochpass. Diese Filter werden für die Abtastfrequenz $f_a' = 44100/(2^7)$ entworfen und sind, wie man dem Bild 5.72 entnehmen kann, Halbbandfilter. Man entwirft zuerst ein Tiefpassfilter und führt anschließend eine Hochpass-Tiefpasstransformation durch. Bei der vorgegebenen Übergangsband-

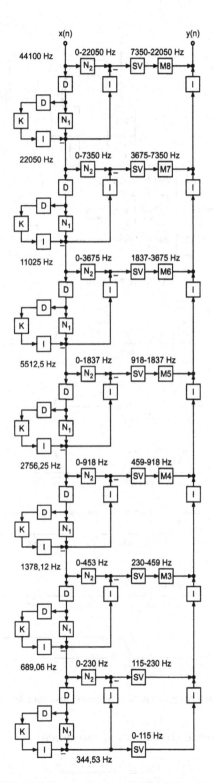

Bild 5.70 Linearphasiger 8-Band Equalizer

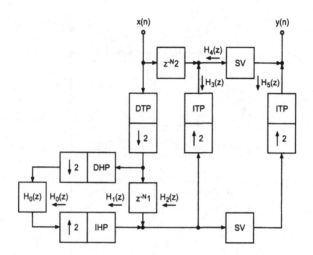

Bild 5.71 Teilsystem

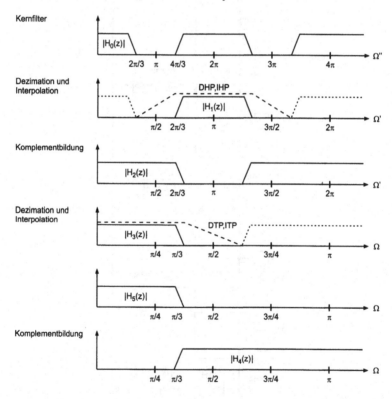

Bild 5.72 Anforderungen an die Dezimations- und Interpolationsfilter

breite f_{TB} sind die normierte Durchlassfrequenz durch

$$\frac{\Omega'_D}{2\pi} = \frac{f'' + f_{TB}/2}{f'_a} \tag{5.249}$$

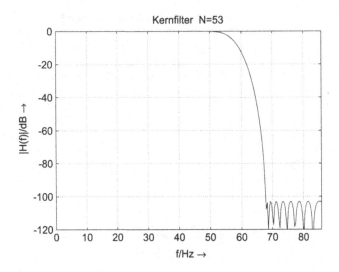

Bild 5.73 Kernfilter mit 20 Hz Übergangsbandbreite

und die normierte Sperrfrequenz durch

$$\frac{\Omega_S'}{2\pi} = \frac{2f'' - f_{TB}/2}{f_a'} \tag{5.250}$$

gegeben. Mit diesen Parametern wird ein Halbband-Filterentwurf durchgeführt. Bild 5.74 zeigt den Frequenzgang. Die notwendige Filterlänge für eine Sperrdämpfung von 100 dB ist 55.

Dezimations- und Interpolationstiefpass. Diese Filter werden für die Abtastfrequenz $f_a = 44100/(2^6)$ entworfen und sind ebenfalls Halbbandfilter. Bei der vorgegebenen Übergangsbandbreite f_{TB} sind die normierte Durchlassfrequenz durch

$$\frac{\Omega_D}{2\pi} = \frac{2f'' + f_{TB}/2}{f_a} \tag{5.251}$$

und die normierte Sperrfrequenz durch

$$\frac{\Omega_S}{2\pi} = \frac{4f'' - f_{TB}/2}{f_a} \tag{5.252}$$

gegeben. Mit diesen Parametern wird ein Halbband-Filterentwurf durchgeführt. Bild 5.75 zeigt den Frequenzgang. Die notwendige Filterlänge für eine Sperrdämpfung von 100 dB ist 43. Diese Filterentwürfe werden nun in jeder Zerlegungsstufe eingesetzt, so dass sich die in der Tabelle 5.11 aufgelisteten Übergangsfrequenzen und -bandbreiten ergeben.

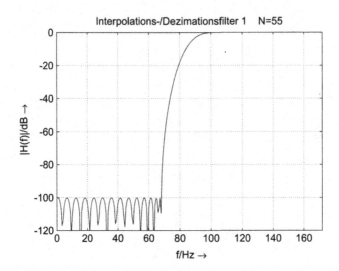

Bild 5.74 Dezimations- und Interpolationshochpass

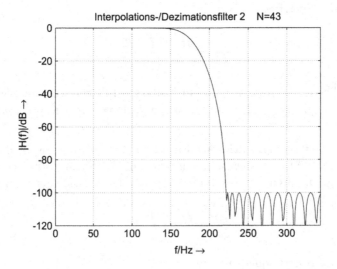

Bild 5.75 Dezimations- und Interpolationstiefpass

Speicheranforderungen und Latenzzeit. Der notwendige Speicheraufwand hängt direkt von den Übergangsbandbreiten und den Sperrdämpfungen ab. Hierbei ist zwischen den schnellen Speicheroperationen für die eigentlichen Kern-, Dezimations- und Interpolationsfilter und den Laufzeitausgleichen in den Frequenzbändern zu unterscheiden. Für den Laufzeitausgleich N_1 der Dezimations- und Interpolationshochpässe mit der Filterordnung $O_{\text{DHP/IHP}}$ folgt mit der Filterordnung O_{KF} des Kernfilters

$$N_1 = O_{\text{KF}} + O_{\text{DHP/IHP}}. \tag{5.253}$$

Der Laufzeitausgleich N_2 der Dezimations- und Interpolationstiefpässe mit der Filterordnung $O_{\text{DTP/ITP}}$ bestimmt sich zu

$$N_2 = 2N_1 + O_{\text{DTP/ITP}}. \tag{5.254}$$

Die Verzögerungen $M_3 \ldots M_8$ in den einzelnen Frequenzbändern werden rekursiv ausgehend von den beiden unteren Frequenzbändern berechnet:

$$
\begin{aligned}
M_3 &= 2N_2 \\
M_4 &= 6N_2 \\
M_5 &= 14N_2 \\
M_6 &= 30N_2 \\
M_7 &= 62N_2 \\
M_8 &= 126N_2.
\end{aligned}
$$

Der Zustandsspeicherbedarf pro Zerlegungsstufe ist in Tab. 5.12 angegeben. Die Speicheranforderungen für Laufzeitausgleich berechnen sich zu $\sum_i M_i = 240N_2$. Die Latenzzeit (Verzögerungszeit) ergibt sich zu $t_D = \frac{M_8}{44100}10^3$ msec. Für das angegebene Dimensionierungsbeispiel ist der erforderlichen Speicherbedarf für schnelle Speicher 4522, für normale Speicher 60960 und die Latenzzeit $t_D = 725$ msec.

Tabelle 5.12 Speicheranforderungen für schelle Zustandsspeicher

Kernfilter	O_{KF}
DHP/IHP	$2O_{\text{DHP/IHP}}$
DTP/ITP	$3O_{\text{DTP/ITP}}$
N_1	$O_{\text{KF}} + O_{\text{DHP/IHP}}$
N_2	$2N_1 + O_{\text{DTP/ITP}}$

Literaturverzeichnis

[Abu79] A.I. Abu-El-Haija, A.M. Peterson: *An Approach to Eliminate Roundoff Errors in Digital Filters*, IEEE Trans. ASSP, pp. 195–198, April 1979.

[Ave71] E. Avenhaus: *Zum Entwurf digitaler Filter mit minimaler Speicherwortlänge für Koeffizienten und Zustandsgrößen*, Ausgewählte Arbeiten über Nachrichtensysteme, Nr. 13, herausgegeben von Prof. Dr.-Ing. W. Schüßler, Erlangen 1971.

[Bar82]   C.W. Barnes: *Error Feedback in Normal Realizations of Recursive Digital Filters*, IEEE Trans. Circuits and Systems, pp. 72–75, Jan. 1982.

[Bom85]   B.W. Bomar: *New Second-Order State-Space Structures for Realizing Low Roundoff Noise Digital Filters*, IEEE Trans. ASSP, pp. 106–110, Feb. 1985.

[Bri94]   R. Bristow-Johnson: *The Equivalence of Various Methods of Computing Biquad Coefficients for Audio Parametric Equalizers*, Proc. 97th AES Convention, Preprint No. 3906, November 1994.

[Cad87]   J.A. Cadzow: *Foundations of Digital Signal Processing and Data Analysis*, New York: Macmillan Publishing Company, 1987.

[Cha78]   T.L. Chang: *A Low Roundoff Noise Digital Filter Structure*, Proc. Int. Symp. on Circuits and Systems, pp. 1004–1008, May 1978.

[Cla00]   R.J. Clark, E.C. Ifeachor, G.M. Rogers, and P.W.J. Van Eetvelt: *Techniques for Generating Digital Equalizer Coefficients*, J. Audio Eng. Soc., Vol. 48, pp. 281–298, April 2000.

[Cre03]   L. Cremer, M. Möser: *Technische Akustik*, Springer-Verlag, Berlin, 2003.

[Dat97]   J. Dattorro: *Effect design - Part 1: Reverberator and other Filters*, J. Audio Eng. Soc., 45(19):660–684, September 1997.

[Din95]   Yinong Ding, D. Rossum: *Filter Morphing of Parametric Equalizers and Shelving Filters for Audio Signal Processing*, J. Audio Eng. Soc., Vol. 43, No. 10, pp. 821–826, October 1995.

[Duh88]   P. Duhamel, B. Piron, J. Etcheto: *On Computing the Inverse DFT*, IEEE Trans. Acoust., Speech, Signal Processing, Vol. 36, No. 2, pp. 285–286, February 1988.

[Ell82]   D.F. Elliott, K.R. Rao: *Fast Transforms: Algorithms, Analyses, Applications*, New York: Academic Press, 1982.

[Fet72]   A. Fettweis: *On the Connection Between Multiplier Wordlength Limitation and Roundoff Noise in Digital Filters*, IEEE Trans. Circuit Theory, pp. 486–491, Sept. 1972.

[Fli92]   N.J. Fliege, U. Zölzer: *Multi-Complementary Filter Bank: A New Concept with Aliasing-Free Subband Signal Processing and Perfect Reconstruction*, Proc. EUSIPCO-92, Brüssel, pp. 207–210, August 1992.

[Fli93]   N. Fliege: *Multiraten-Signalverarbeitung*, B.G. Teubner, Stuttgart 1993.

[Fli93a]   N.J. Fliege, U. Zölzer: *Multi-Complementary Filter Bank*, Proc. ICASSP-93, Minneapolis, pp. 193-196, April 1993.

[Fon01]   F. Fontana, M. Karjalainen: *Magnitude-complementary Filters for Dynamic Equalization*, In Proc. of the DAFX-01, Limerick, Ireland, pp. 97–101, Dec. 2001.

[Fon03]   F. Fontana, M. Karjalainen: *A Digital Bandpass/Bandstop Complementary Equalization Filter with Independent Tuning Characteristics*, IEEE Signal Processing Letters, vol. 10, n. 4, pp. 119-122, Apr. 2003.

[Gar95]   W. G. Gardner: *Efficient Convolution Without Input-output Delay*, J. Audio Eng. Soc., 43(3), pp. 127–136,1995.

[Gol67]   B. Gold, C.M. Rader: *Effects of Parameter Quantization on the Poles of a Digital Filter*, Proc. IEEE, pp. 688-689, May 1967.

[Har93]   F.J. Harris, E. Brooking: *A Versatile Parametric Filter Using an Imbedded All-Pass Sub-Filter to Independently Adjust Bandwidth, Center Frequency and Boost or Cut*, Proc. 95th AES Convention, San Francisco, Preprint No. 3757, 1993.

[Här98]   A. Härmä: *Implementation of Recursive Filters Having Delay Free Loops*, Proc. IEEE Int. Conf. Acoustics, Speech, and Signal Processing (ICASSP'98), Vol. 3, pp. 1261–1264, Seattle, Washington, 1998.

[Jur64]   E.I. Jury: *Theory and Application of the z-Transform Method*, Wiley, 1964.

[Kam89]   K.D. Kammeyer, K. Kroschel: *Digitale Signalverarbeitung*, B.G. Teubner, Stuttgart, 1989.

[Kei04]   F. Keiler, U. Zölzer, *Parametric Second- and Fourth-Order Shelving Filters for Audio Applications*, Proc. of IEEE 6th International Workshop on Multimedia Signal Processing, Siena, Italy, September 29 - October 1, 2004.

[Kin72]   N.G. Kingsbury: *Second-Order Recursive Digital Filter Element for Poles Near the Unit Circle and the Real z-Axis*, Electronic Letters, pp. 155–156, March 1972.

[Moo83]   J.A. Moorer: *The Manifold Joys of Conformal Mapping*, J. Audio Eng. Soc., Vol. 31, pp. 826–841, 1983.

[Mou90]   J.N. Mourjopoulos, E.D. Kyriakis-Bitzaros, C.E. Goutis: *Theory and Real-time Implementation of Time-varying Digital Audio Filters*, J. Audio Eng. Soc., Vol. 38, pp. 523–536, July/August 1990.

[Mul76]   C.T. Mullis, R.A. Roberts: *Synthesis of Minimum Roundoff Noise Fixed Point Digital Filters*, IEEE Trans. Circuits and Systems, pp. 551–562, Sept. 1976.

[Mül99]   C. Müller-Tomfelde: *Low Latency Convolution for Real-time Application*, In Proceedings of the AES 16th International Conference: Spatial Sound Reproduction, Rovaniemi, Finland, April 10-12, pp. 454–460, 1999.

[Mül01]   C. Müller-Tomfelde: *Time-Varying Filter in Non-Uniform Block Convoluti-on*, In Proceedings of the COST G-6 Conference on Digital Audio Effects (DAFX-01), Limerick, Ireland, December 6-8, 2001.

[Orf96a]   S.J. Orfanidis: *Introduction to Signal Processing*. Prentice-Hall, 1996.

[Orf96b]   S. J. Orfanidis: *Digital Parametric Equalizer Design with Prescribed Nyquist-Frequency Gain*, Proc. 101st Convention Audio Engineering Society, Preprint No. 4361, November 1996.

[Rab88]   R. Rabenstein: *Minimization of Transient Signals in Recursive Time-varying Digital Filters*, Circuits, Systems, and Signal Processing, Vol. 7, No. 3, pp. 345-359, 1988.

[Ram88]   T.A. Ramstad, T. Saramäki: *Efficient Multirate Realization for Narrow Transition-Band FIR Filters*, Proc. IEEE Int. Symp. on Circuits and Syst. (Espoo, Finland), pp. 2019–2022, June 1988.

[Ram90]   T.A. Ramstad, T. Saramäki: *Multistage, Multirate FIR Filter Structures for Narrow Transition-Band Filters*, Proc. IEEE Int. Symp. on Circuits and Syst. (New Orleans, USA), pp. 2017–2021, May 1990.

[Reg87]   P.A. Regalia, S.K. Mitra: *Tunable Digital Frequency Response Equalization Filters*, IEEE Transactions on Acoustics, Speech, and Signal Processing, Vol. ASSP-35, No. 1, pp. 118–120, January 1987.

[Sch94]   M. Schönle: *Wavelet-Analyse und parametrische Approximation von Raum-impulsantworten*, Dissertation, TU Hamburg-Harburg, 1994.

[Sha92]   D.J. Shpak: *Analytical Design of Biquadradic Filter Sections for Parametric Filters*, J. Audio Eng. Soc., Vol. 40, pp. 876–885, November 1992.

[Sor87]   H.V. Sorensen, D.J. Jones, M.T. Heideman, C.S. Burrus: *Real-Valued Fast Fourier Transform Algorithms*, IEEE Trans. Acoust., Speech, Signal Proces-sing, Vol. 35, No. 6, pp. 849–863, June 1987.

[Sri77]   A.B. Sripad, D.L. Snyder: *A Necessary and Sufficient Condition for Quan-tization Errors to be Uniform and White*, IEEE Trans. ASSP, Vol. 25, pp. 442–448, Oct. 1977.

[Tra77]   Tran-Thong, B. Liu: *Error Spectrum Shaping in Narrow Band Recursive Filters*, IEEE Trans. ASSP, pp. 200–203, April 1977.

[Väl98]   V. Välimäki, T.I. Laakso: *Suppression of Transients in Time-varying Recur-sive Filters for Audio Signals*, Proc. IEEE Int. Conf. Acoustics, Speech, and Signal Processing (ICASSP'98), Vol. 6, pp. 3569–3572, Seattle, Washington, 1998.

[Whi86]   S.A. White: *Design of a Digital Biquadratic Peaking or Notch Filter for Digital Audio Equalization*, J. Audio Eng. Soc., Vol. 34, pp. 479–483, 1986.

[Zöl89]   U. Zölzer: *Entwurf digitaler Filter für die Anwendung im Tonstudiobereich*, Wissenschaftliche Beiträge zur Nachrichtentechnik und Signalverarbeitung, TU Hamburg-Harburg, Juni 1989.

[Zöl90]   U. Zölzer: *A Low Roundoff Noise Digital Audio Filter*, Proc. EUSIPCO-90, Barcelona, pp. 529–532, 1990.

[Zöl92]   U. Zölzer, N. Fliege: *Logarithmic Spaced Analysis Filter Bank for Multiple Loudspeaker Channels*, Proc. 93rd AES Convention, Preprint No. 3453, San Francisco 1992.

[Zöl93]   U. Zölzer, B. Redmer, J. Bucholtz: *Strategies for Switching Digital Audio Filters*, Proc. 95th AES Convention, New York, Preprint No. 3714, October 1993.

[Zöl94]   U. Zölzer: *Roundoff Error Analysis of Digital Filters*, J. Audio Eng. Soc., Vol. 42, No. 4, pp. 232–244, April 1994.

[Zöl95]   U. Zölzer, T. Boltze: *Parametric Digital Filter Structures*, Proc. 99th AES Convention, New York, Preprint No. 4099, October 1995.

Kapitel 6

Raumsimulation

Unter dem Begriff Raumsimulation versteht man die Nachbildung der Impulsantwort eines Raumes (Wohnzimmer, Konzertsaal, Kirche, Club) durch ein lineares zeitdiskretes System mit einer zeitdiskreten Impulsantwort. Die Raumsimulation wird hauptsächlich zur Nachbearbeitung von Signalen benutzt, bei denen sich das Mikrofon im Nahbereich eines Instrumentes oder einer Stimme befindet. Das zunächst direkte Signal ohne zusätzlichen Raumeindruck soll in einen bestimmten akustischen Raum, wie z.B. einen Konzertsaal oder eine Kirche, abgebildet werden. Im systemtheoretischen Sinn entspricht die Nachbearbeitung eines Audiosignals mittels einer Raumsimulation der Faltung des Audiosignals mit einer entsprechenden Raumimpulsantwort.

6.1 Grundlagen

6.1.1 Raumakustik

Die wissenschaftlichen Grundlagen der Raumakustik finden sich in [Cre78, Kut91, Cre03]. Die Raumimpulsantwort zwischen zwei Punkten innerhalb eines Raumes lässt sich gemäß Bild 6.1 in das Direktsignal, erste Reflexionen von Wänden und den diffusen Nachhall aufspalten. Die ersten Reflexionen nehmen mit fortschreitender Zeit in ihrer zeitlichen Dichte ständig zu und gehen dann in ein exponentiell abfallendes Zufallssignal über, welches als Nachhall bezeichnet wird. Die *Nachhallzeit* (Abnahme der Schallenergie um 60 dB) lässt sich aus der Geometrie des Raumes und den absorbierenden Teilflächen innerhalb des Raumes gemäß

$$\boxed{T_{60} = 0.163 \frac{V}{\alpha S} = \frac{0.163}{\text{m/sec}} \frac{V}{\sum_n \alpha_n S_n}}$$

(6.1)

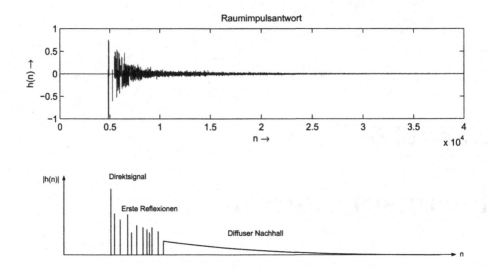

Bild 6.1 Raumimpulsantwort $h(n)$ und vereinfachte Aufteilung der Raumimpulsantwort in Direktsignal, erste Reflexionen und diffusen Nachhall (Darstellung als $|h(n)|$)

mit

$$
\begin{aligned}
T_{60} &= \text{Nachhallzeit in sec} \\
V &= \text{Raumvolumen in m}^3 \\
S_n &= \text{Teilfläche in m}^2 \\
\alpha_n &= \text{Schallabsorptionsgrad der Teilfläche } S_n
\end{aligned}
$$

angeben [Vei88]. Die Geometrie des Raumes bestimmt ebenfalls die Eigenfrequenzen eines dreidimensionalen quaderförmigen Raumes:

$$
f_e = \frac{c}{2} \sqrt{ \left(\frac{n_x}{l_x} \right)^2 + \left(\frac{n_y}{l_y} \right)^2 + \left(\frac{n_z}{l_z} \right)^2 }
\tag{6.2}
$$

mit

$$
\begin{aligned}
n_x, n_y, n_z &\quad \text{Anzahl der Halbwellen } (0,1,2,\ldots) \\
l_x, l_y, l_z &\quad \text{Kantenlängen des Raumes} \\
c &\quad \text{Schallgeschwindigkeit.}
\end{aligned}
$$

Für große Räume sind die ersten Eigenfrequenzen sehr tieffrequent. Bei kleinen Räumen sind diese ersten Eigenfrequenzen zu höheren Frequenzen hin verschoben. Der mittlere Frequenzabstand zwischen zwei Extrema im Frequenzgang eines großen Raumes ist nach [Schr87] näherungsweise umgekehrt proportional zur Nachhallzeit:

$$
\Delta f \sim 1/T_{60}.
\tag{6.3}
$$

Der Abstand zwischen zwei Eigenfrequenzen wird bei zunehmender Zahl der Halbwellen immer geringer. Oberhalb einer *kritischen Frequenz*

$$f_c > 4000\sqrt{T_{60}/V} \qquad (6.4)$$

wird die Dichte der Eigenfrequenzen so groß, dass sie sich gegenseitig überlagern [Schr87].

6.1.2 Modellbasierte Raumimpulsantwort

Die Verfahren zur analytischen Bestimmung von Raumimpulsantworten basieren auf dem Strahlen-Modell [Schr70] oder dem Spiegelquellen-Modell [All79] . Beim Strahlen-Modell wird von einer punktförmigen und radial abstrahlenden Schallquelle ausgegangen. Es werden die Laufzeiten und die Absorptionsfaktoren der Wände, Decken und Böden zur Bestimmung der Raumimpulsantwort herangezogen (s. Bild 6.2). Für das Spiegelquellen-Modell werden zusätzliche Spiegelräume mit sekundären Spiegelquellen gebildet, die wiederum neue Spiegelräume und Spiegelquellen erhalten. Die Summation über alle Spiegelquellen mit den entsprechenden Laufzeiten und Dämpfungen liefert die geschätzte Raumimpulsantwort. Beide Verfahren werden in der Raumakustik eingesetzt, um in der Planungsphase von Konzertsälen, Theatern etc. dem Raumakustiker einen Einblick in die akustischen Eigenschaften zu ermöglichen.

a) Strahlen-Modell   b) Spiegelquellen-Modell

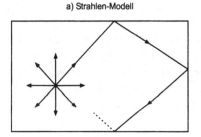 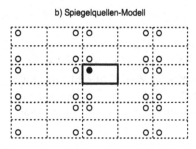

Bild 6.2 Modell-Methoden zur Bestimmung von Raumimpulsantworten

6.1.3 Messung von Raumimpulsantworten

Die direkte Messung einer Raumimpulsantwort mit einer impulsförmigen Anregung war Ausgangspunkt messtechnischer Verfahren. Stand der Technik ist heute die Korrelationsmessung von Raumimpulsantworten mit Pseudo-Zufallsfolgen als Signalquelle und die Sinus-Sweep-Messung zur Bestimmung der Raumimpulsantwort [Far00].

Die Bestimmung einer Raumimpulsantwort mit einer Korrelationsmessung beruht auf der Erzeugung einer Pseudo-Zufallsfolge mit Hilfe eines rückgekoppelten Schieberegisters [Mac76] oder mit speziellen Algorithmen. Die entstehende Zufallsfolge ist periodisch mit der Periode $L = 2^N - 1$, wobei N die Anzahl der Zustandswerte des

Schieberegisters repräsentiert. Für die Autokorrelationsfunktion AKF gilt

$$r_{XX}(n) = \begin{cases} a^2 & n = 0, L, 2L, \ldots \\ \frac{-a^2}{L} & \text{sonst} \end{cases} \quad , \tag{6.5}$$

wobei a die Maximalamplitude der Pseudo-Zufallsfolge bezeichnet. Die AKF ist ebenfalls periodisch in L. Über einen DA-Umsetzer wird dieses Signal einem Lautsprecher innerhalb des Raumes zugeführt (s. Bild 6.3). Gleichzeitig werden am Empfangsort mit

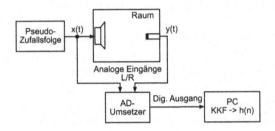

Bild 6.3 Messung der Raumimpulsantwort mit Pseudo-Zufallssignal $x(t)$

einem AD-Umsetzer das Pseudo-Zufallssignal sowie über ein Mikrofon das Raumsignal aufgezeichnet. Anschließend wird die Impulsantwort durch eine zyklische Kreuzkorrelation

$$r_{XY}(n) = r_{XX}(n) * h(n) \approx h(n) \tag{6.6}$$

ermittelt. Für die Messung einer Raumimpulsantwort ist zu beachten, dass die Periodenlänge der Pseudo-Zufallsfolge größer als die Länge der Impulsantwort sein muss, da es sonst zu einem Zeit-Aliasing der ebenfalls periodischen Kreuzkorrelierten $r_{XY}(n)$ führt (s. Bild 6.4). Zur Verbesserung des Signal-Rauschabstands der Messung wird eine Mittelung über mehrere Perioden der Kreuzkorrelierten vorgenommen.

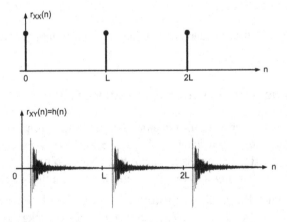

Bild 6.4 Periodische AKF der Pseudo-Zufallsfolge und periodische Kreuzkorrelierte

Die Sinus-Sweep-Messung [Far00, Mül01, Sta02] basiert auf einer in der Frequenz ansteigenden Sinusschwingung $x_S(t)$ (Chirp-Signal) der Länge T_C und einem hierzu inversen Signal $x_{S_{inv}}(t)$, welches gefaltet mit dem Signal $x_S(t)$ die Bedingung

$$x_S(t) * x_{S_{inv}}(t) = \delta(t - T_C) \tag{6.7}$$

erfüllt. Dieses Signal wird als Testsignal über einen speziellen Lautsprecher in den zu messenden Raum abgestrahlt und an einem bestimmten Empfangsort wird das Signal $y(t) = x_S(t) * h(n)$ aufgezeichnet. Durch Faltung des Empfangssignals $y(t)$ mit dem Signal $x_{S_{inv}}(t)$ erhält man die Raumimpulsantwort

$$y(t) * x_{S_{inv}}(t) = x_S(t) * h(n) * x_{S_{inv}}(t) = h(t - T_C). \tag{6.8}$$

6.1.4   Simulation von Raumimpulsantworten

Die vorhergehend beschriebenen Verfahren dienen zum einen zur Ermittlung einer Impulsantwort aus der Raumgeometrie und zum anderen zur Messung einer Impulsantwort in einem realen Raum. Die Nachbildung dieser so ermittelten Impulsantwort ist grundsätzlich mit Hilfe der in Kapitel 5 dargestellten *Schnellen Faltung* möglich. Die Ohrsignale am Hörort im Raum können mit

$$y_L(n) \;\; = \;\; \sum_{k=0}^{N-1} x(k) \cdot h_L(n-k) \tag{6.9}$$

$$y_L(n) \;\; = \;\; \sum_{k=0}^{N-1} x(k) \cdot h_R(n-k) \tag{6.10}$$

berechnet werden, wobei $h_L(n)$ und $h_R(n)$ die ermittelten Impulsantworten zwischen einer Punktquelle im Raum, die das Signal $x(n)$ erzeugt, und einem Kunstkopf mit seinen beiden Mikrophonen im Gehörgang der beiden Ohren sind. Spezielle Implementierungen der schnellen Faltungen mit geringer Latenz (Verzögerung) finden sich in [Gar95, Rei95, Ege96, Joh00] und eine hybride Realisierung aus einer Faltung und rekursiver Filterstruktur in [Bro01]. Untersuchungen zur schnellen Faltung mit dünn besetzten, aber psychoakustisch reduzierten Raumimpulsantworten sind in [Iid95, Lee03a/b] durchgeführt.

In den folgenden Abschnitten werden die Realisierungen der ersten Reflexionen und des diffusen Nachhalls mit speziellen Filterstrukturen behandelt, die eine parametrische Einstellung der relevanten akustischen Parameter einer Raumimpulsantwort erlauben. Hiermit kann zwar eine exakte Raumimpulsantwort nicht erzeugt werden, aber bei moderatem Rechenaufwand kann eine unter akustischen Gesichtspunkten befriedigende Lösung zur Raumsimulation erreicht werden. Im letzten Abschnitt wird dann die effiziente Implementierung der diskreten Faltungssummen (6.9) und (6.10) mit Hilfe der Multiraten-Signalverarbeitung [Zöl90, Sch92, Sch93, Sch94] diskutiert.

6.2 Erste Reflexionen

Die ersten Reflexionen beeinflussen maßgeblich das Raumempfinden und die Lokalisation einer Quelle im Raum am Ort des Empfängers. Sie sind ebenso für den Aufbau - dem sogenannten *Anhall* - des *diffusen Schallfeldes* im Raum bei einer Erregung des Raumes mit einer zugeführten konstanten Schallleistung verantwortlich [Cre03]. Der in diesem Zusammenhang benutzte Begriff der *Räumlichkeit* entsteht durch diese ersten Reflexionen, die seitlich auf den Hörer treffen. Die Relevanz von seitlichen Reflexionen zur Schaffung einer *Räumlichkeit* ist in den Untersuchungen von Barron [Bar71, Bar82] herausgestellt. Grundlegende Untersuchungen von Konzerthallen und deren unterschiedlicher Akustik sind von Ando [And85] beschrieben.

6.2.1 Untersuchungen von Ando

Die Ergebnisse der Untersuchungen von Ando sind im Folgenden stichpunktartig zusammengefasst:

- Bevorzugte *Verzögerungszeit einer Einzelreflexion*: Mit der AKF des Signals wird die Verzögerung aus dem Wert $|r_{XX}(\Delta t_1)| = 0.1 \cdot r_{XX}(0)$ bestimmt.

- Bevorzugte *Einfallsrichtung einer Einzelreflexion*: $\pm(55° \pm 20°)$.

- Bevorzugte *Amplitude einer Einzelreflexion*: $A_1 = \pm 5$ dB.

- Bevorzugtes *Spektrum einer Einzelreflexion*: keine spektrale Bewertung.

- Bevorzugte *Verzögerungszeit einer zweiten Reflexion*: $\Delta t_2 = 1.8 \cdot \Delta t_1$.

- Bevorzugte *Nachhallzeit*: $T_{60} = 23 \cdot \Delta t_1$.

Diese Feststellungen zeigen, dass für die akustische Wahrnehmung die bevorzugten Reflexionsmuster und die Nachhallzeit entscheidend von dem Musiksignal abhängen, so dass sich für z.B. Klassik, Popmusik, Sprache oder Einzelinstrumente völlig unterschiedliche Anforderungen an die ersten Reflexionen und die Nachhallzeit ergeben.

6.2.2 Gerzon-Algorithmus

Eine übliche Vorgehensweise zur Simulation erster Reflexionen ist in den Bildern 6.5 und 6.6 dargestellt. Das zu bearbeitende Signal wird amplitudenbewertet einem System zur Erzeugung erster Reflexionen zugeführt und anschließend dem Eingangssignal additiv überlagert. Die ersten M Reflexionen werden durch Abgriff aus einer Verzögerungskette und Bewertung mit dem entsprechenden Faktor g_i realisiert (s. Bild 6.6). Die Dimensionierung eines Systems zur Simulation von ersten Reflexionen soll in Anlehnung an [Ger92] dargestellt werden.

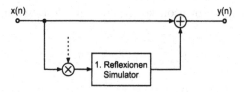

Bild 6.5 Simulation erster Reflexionen

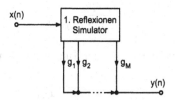

Bild 6.6 Erste Reflexionen

Craven-Hypothese. Die Craven-Hypothese [Ger92] sagt aus, dass im menschlichen Gehirn der Abstand zu einer Schallquelle durch Auswertung der Amplituden- und Laufzeitverhältnisse zwischen dem Direktsignal und der ersten Reflexion gemäß

$$g \;=\; \frac{d}{d'} \tag{6.11}$$

$$T_D \;=\; \frac{d' - d}{c} \tag{6.12}$$

$$\Rightarrow d \;=\; \frac{c T_D}{g^{-1} - 1} \tag{6.13}$$

mit

d	Abstand zur Schallquelle
d'	Abstand zur Spiegelschallquelle der ersten Reflexion
g	relative Amplitude der ersten Reflexion zum Direktsignal
c	Schallgeschwindigkeit
T_D	relative Verzögerungszeit der ersten Reflexion zum Direktsignal

erfolgt. Ohne eine erste Reflexion ist der Mensch nicht in der Lage, den Abstand d zu einer Schallquelle zu bestimmen. Die erweiterte Craven-Hypothese integriert als weiteren Parameter den Absorptionskoeffizient r in die Bestimmung von

$$g \;=\; \frac{d}{d'}\exp(-rT_D) \tag{6.14}$$

$$T_D \;=\; \frac{d'-d}{c} \tag{6.15}$$

$$\to d \;=\; \frac{cT_D}{g^{-1}\exp(-rT_D)-1} \tag{6.16}$$

$$\to g \;=\; \frac{\exp(-rT_D)}{1+cT_D/d}. \tag{6.17}$$

Mit der Nachhallzeit T_{60} lässt sich aus der Beziehung $\exp(-rT_{60}) = 1/1000$ der Absorptionskoeffizient

$$r = (\ln 1000)/T_{60} \tag{6.18}$$

bestimmen. Mit den Beziehungen (6.15) und (6.17) lassen sich die Parameter für ein System nach Bild 6.5 zur Simulation erster Reflexionen bestimmen.

Abstandsalgorithmus nach Gerzon. Bei Nutzung eines Systems zur Simulation erster Reflexionen für mehrere Schallquellen wird ein Abstandsalgorithmus von Gerzon [Ger92] benutzt. Hiermit werden mehrere Schallquellen sowohl in der räumlichen Tiefe wie auch im Stereo-Bild positioniert. Eine Anwendung dieser Technik ist hauptsächlich in Mehrkanal-Tonmischpulten zu sehen.

Bei einer Verschiebung der Schallquelle um $-\delta$ (Verkleinerung der relativen Verzögerungszeit) folgt für die relative Verzögerungszeit der ersten Reflexion $T_D - \delta/c = \frac{d'-(d+\delta)}{c}$ und für die relative Amplitude gemäß (6.17)

$$g_\delta = \left[\frac{1}{1+\dfrac{c(T_D-\delta/c)}{d+\delta}}\right]\exp(-r(T_D-\delta/c)) = \left[\frac{d+\delta}{d}\exp(r\delta/c)\right]\frac{\exp(-rT_D)}{1+cT_D/d}. \tag{6.19}$$

Dies hat eine Direktsignalverzögerung und einen Amplitudenfaktor für das Direktsignal gemäß

$$d_2 \;=\; d+\delta \tag{6.20}$$

$$t_D \;=\; \delta/c \tag{6.21}$$

$$g_D \;=\; \frac{d}{d+\delta}\exp(-r\delta/c) \tag{6.22}$$

zur Folge (s. Bild 6.7).

Bei einer Verschiebung der Schallquelle um $+\delta$ (Vergrößerung der relativen Verzögerungszeit) folgt für die relative Verzögerungszeit der ersten Reflexion $T_D + \delta/c = \frac{d'-(d-\delta)}{c}$. Hierdurch muss eine Verzögerung und eine Bewertung mit einem Ampli-

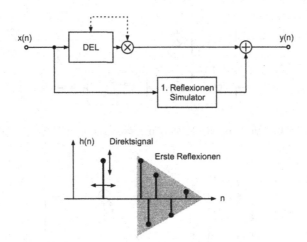

Bild 6.7 Verzögerung und Bewertung des Direktsignals

tudenfaktor für das Effektsignal gemäß

$$d_2 = d - \delta \tag{6.23}$$

$$t_E = \delta/c \tag{6.24}$$

$$g_E = \frac{d}{d+\delta}\exp(-r\delta/c) \tag{6.25}$$

durchgeführt werden (s. Bild 6.8). Bei Nutzung von zwei Verzögerungssystemen im

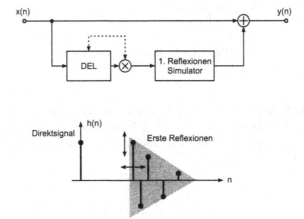

Bild 6.8 Verzögerung und Bewertung des Effektsignals

Direkt- und Reflexionspfad ergeben sich verkoppelte Bewertungsfaktoren (s. Bild 6.9). Für Mehrkanalanwendung in digitalen Mischpulten schlägt Gerzon [Ger92] die Anordnung in Bild 6.10 vor. Hierbei wird nur ein System zur Realisierung der ersten Reflexionen benötigt.

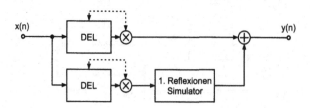

Bild 6.9 Verkoppelte Bewertungsfaktoren und Verzögerungen

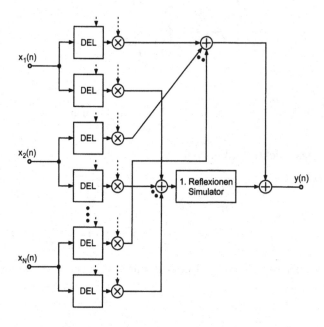

Bild 6.10 Mehrkanalanwendung

Stereo-Implementierung. Bei einer Vielzahl von Anwendungen sind Stereo-Signale zu verarbeiten (s. Bild 6.11). Hierzu werden Reflexionen zu beiden Seiten mit sowohl positivem als auch negativem Winkel Θ_i realisiert, um Stereo-Verschiebungen zu vermeiden. Die Gewichtung erfolgt mit

$$
\begin{aligned}
g_i &= \frac{\exp(-rT_i)}{1 + cT_i/d} \\[2mm]
\mathbf{G}_i &= g_i \begin{pmatrix} \cos\Theta_i & -\sin\Theta_i \\ \sin\Theta_i & \cos\Theta_i \end{pmatrix}.
\end{aligned}
\qquad (6.26)
$$

Für jede der einzelnen Reflexionen werden ein Gewichtungsfaktor und ein Winkel berücksichtigt.

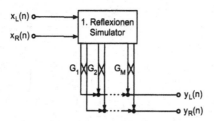

Bild 6.11 Stereo-Reflexionen

Erzeugung erster Reflexionen mit zunehmender Dichte. In [Schr61] ist angegeben, dass die Dichte der Reflexionen mit dem Quadrat der Zeit zunimmt:

$$\text{Echodichte} = \frac{4\pi c^3}{V} \cdot t^2. \tag{6.27}$$

Der Verlauf der Reflexionen geht nach einer Zeit t_C in ein statistisch abklingendes Verhalten über. Für eine Pulsbreite von Δt überlagern sich einzelne Reflexionen nach der Zeit

$$t_C = 5 \cdot 10^{-5} \sqrt{V/\Delta t}. \tag{6.28}$$

Um Überlappungen der Reflexionen zu vermeiden, schlägt Gerzon [Ger92] die Zunahme der Dichte der Reflexionen mit t^p (z.B. $p = 1, 0.5$ führt auf t oder $t^{0.5}$) vor. Im Intervall $(0, 1]$ werden mit Hilfe eines Startwertes x_0 und mit einer Zahl k zwischen 0.5 und 1 folgende Werte bestimmt

$$y_i = x_0 + ik \pmod 1 \qquad i = 0, 1, \ldots, M - 1. \tag{6.29}$$

Die Zahlen y_i im Intervall $(0, 1]$ werden nun in Zeitverzögerungen T_i im Intervall $[T_{min}, T_{min} + T_{max}]$ mit

$$b = T_{min}^{1+p} \tag{6.30}$$
$$a = (T_{max} + T_{min})^{1+p} - b \tag{6.31}$$

$$T_i = (ay_i + b)^{1/(1+p)} \tag{6.32}$$

umgerechnet. Die Zunahme der zeitlichen Dichte der Reflexionen ist beispielhaft in Bild 6.12 zu sehen.

6.3 Diffuser Nachhall

In diesem Abschnitt werden Verfahren diskutiert, die den diffusen Nachhall nachbilden. Hierzu werden die ersten Ansätze von Schroeder [Schr61, Schr62] und deren Erweiterung von Moorer [Moo78] beschrieben. Weiterentwicklungen von Stautner&Puckette

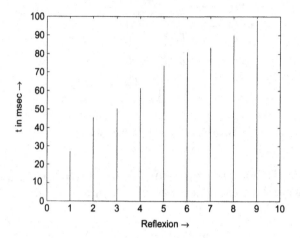

Bild 6.12 Zunahme der zeitlichen Dichte von 9 Reflexionen

[Sta82], Smith [Smi85], Dattarro [Dat97] und Gardner [Gar98] führen auf verallgemeinerte Rückkopplungsnetzwerke [Ger71, Ger76, Jot91, Jot92, Roc95, Roc96, Roc97,
Roc02], die ein exponentiell abklingendes Zufallssignal als Impulsantwort haben. Eine
umfassende Diskussion der Analyse- und Syntheseparameter für den diffusen Nachhall
findet sich in [Ble01]. Wichtiger Parameter des diffusen Nachhalls [Cre03] ist neben der
Echodichte aus Gl. 6.27 die quadratische Zunahme der

$$\text{Eigenfrequenzdichte} = \frac{4\pi V}{c^3} \cdot f^2 \qquad\qquad (6.33)$$

mit der Frequenz. Die im Folgenden vorgestellten Systeme approximieren sowohl die
quadratische Zunahme der Echodichte mit der Zeit als auch die quadratische Zunahme
der Eigenfrequenzdichte mit der Frequenz.

6.3.1   Schroeder-Systeme

Die ersten Software-Implementierungen von Raumsimulationsalgorithmen wurden schon
1961 von Schroeder vorgenommen. Als Grundlage zur Simulation einer exponentiell abklingenden Impulsantwort dient das rekursive Kammfilter in Bild 6.13. Für die Über-

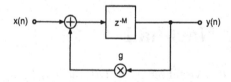

Bild 6.13 Rekursives Kammfilter (g = Rückkopplungsfaktor, M =Delay-Länge)

tragungsfunktion gilt

$$H(z) = \frac{z^{-M}}{1 - gz^{-M}} \tag{6.34}$$

$$= \sum_{k=0}^{M-1} \frac{A_k}{z - z_k} \tag{6.35}$$

mit

$$A_k = \frac{z_k}{Mg} \qquad \text{Residuen} \tag{6.36}$$

$$z_k = re^{j2\pi k/M} \qquad \text{Polstellen} \tag{6.37}$$

$$r = g^{1/M} \qquad \text{Polradius.} \tag{6.38}$$

Mit der Korrespondenz der Z-Transformation $a/(z - a) \bullet\!\!-\!\!\circ \epsilon(n - 1)a^n$ folgt für die Impulsantwort

$$H(z) \bullet\!\!-\!\!\circ h(n) = \frac{\epsilon(n - 1)}{Mg} \sum_{k=0}^{M-1} z_k^n$$

$$h(n) = \frac{\epsilon(n - 1)}{Mg} r^n \sum_{k=0}^{M-1} e^{j\Omega_k n}. \tag{6.39}$$

Die Polstellen lassen sich zu konjugiert komplexen Polpaaren zusammenfassen, so dass sich für die Impulsantwort

$$h(n) = \frac{\epsilon(n - 1)}{Mg} r^n \sum_{k=1}^{\frac{M}{2}-1} \cos\Omega_k n \qquad M \text{ gerade} \tag{6.40}$$

$$= \frac{\epsilon(n - 1)}{Mg} r^n \left[1 + \sum_{k=1}^{\frac{M+1}{2}-1} \cos\Omega_k n \right] \qquad M \text{ ungerade} \tag{6.41}$$

schreiben lässt. Die Impulsantwort lässt sich als Überlagerung von kosinusförmigen Schwingungen der Eigenfrequenz Ω_k darstellen. Diese Eigenschwingungen oder Eigenmoden entsprechen den Eigenfrequenzen eines Raumes und fallen mit einer exponentiellen Hüllkurve gemäß r^n mit der Dämpfungskonstanten r ab (s. Bild 6.15a). Die gesamte Impulsantwort wird mit $\frac{1}{Mg}$ gewichtet. Der in Bild 6.15c dargestellte kammförmige Betragsfrequenzgang

$$|H(e^{j\Omega})| = \sqrt{\frac{1}{1 - 2g\cos(\Omega M) + g^2}} \tag{6.42}$$

zeigt Maxima bei $\Omega = 2\pi k/M$ $\quad (k = 0, 1, \ldots, M - 1)$ der Größe

$$|H(e^{j\Omega})|\text{max} = \frac{1}{1 - g} \tag{6.43}$$

und Minima bei $\Omega = (2k + 1)\pi/M$ $\quad(k = 0, 1, \ldots, M - 1)$ der Größe

$$|H(e^{j\Omega})|_{\min} = \frac{1}{1 + g}. \tag{6.44}$$

Eine weitere Grundlage des Schroeder-Algorithmus ist das Allpassfilter mit der Übertragungsfunktion

$$H(z) = \frac{z^{-M} - g}{1 - gz^{-M}} \tag{6.45}$$

$$= \frac{z^{-M}}{1 - gz^{-M}} - \frac{g}{1 - gz^{-M}} \quad, \tag{6.46}$$

welches in Bild 6.14 dargestellt ist. Aus der Zerlegung (6.46) ist erkennbar, dass sich die Impulsantwort ebenso als Überlagerung von kosinusförmigen Schwingungen darstellen lässt.

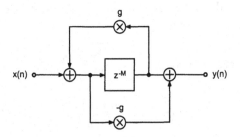

Bild 6.14 Allpassfilter

Die Impulsantworten und Betragsfrequenzgänge für Kammfilter und Allpassfilter sind in Bild 6.15 dargestellt. Beide Impulsantworten zeigen ein exponentielles Abklingverhalten. Alle M Abtasttakte erscheint ein Abtastwert in der Impulsantwort. Die zeitliche Dichte der Impulsantwort nimmt mit fortschreitender Zeit nicht zu. Beim rekursiven Kammfilter erkennt man die spektrale Bewertung durch die Maxima bei den entsprechenden Polstellen der Übertragungsfunktion.

Frequenzdichte

Die Frequenzdichte bezeichnet die Anzahl der Eigenfrequenzen pro Hertz und ist für Kammfilter [Jot91] definiert als

$$D_f = M \cdot T_A \quad \text{in } 1/\text{Hz}. \tag{6.47}$$

Ein einzelnes Kammfilter liefert M Resonanzen im Intervall $[0, 2\pi]$, die einen Frequenzabstand von $\Delta f = \frac{f_A}{M}$ haben. Zur Erhöhung der Frequenzdichte wird eine Parallelschaltung (s. Bild 6.16) von P Kammfiltern

$$H(z) = \sum_{p=1}^{P} \frac{z^{-M_p}}{1 - g_p z^{-M_p}} = \left[\frac{z^{-M_1}}{1 - g_1 z^{-M_1}} + \frac{z^{-M_2}}{1 - g_2 z^{-M_2}} + \cdots \right] \tag{6.48}$$

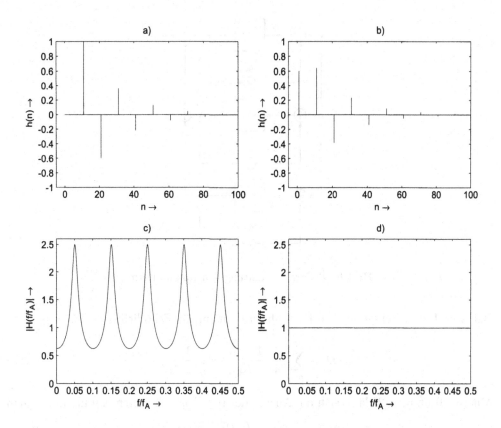

Bild 6.15 a) Impulsantwort Kammfilter (M=10, g=-0.6), b) Impulsantwort Allpassfilter (M=10, g=-0.6), c) Betragsfrequenzgang Kammfilter, d) Betragsfrequenzgang Allpassfilter

vorgenommen. Die Wahl der Verzögerungssysteme wird entsprechend [Schr62]

$$M_1 : M_P = 1 : 1.5 \qquad (6.49)$$

vorgenommen und führt zu einer Frequenzdichte

$$D_f = \sum_{p=1}^{P} M_p \cdot T_A = P \cdot \overline{M} \cdot T_A. \qquad (6.50)$$

Schroeder gibt in [Schr62] eine notwendige Frequenzdichte von $D_f = 0.15$ Eigenfrequenzen pro Hertz an.

Echodichte

Die Echodichte bezeichnet die Anzahl der Reflexionen pro Sekunde und ist für Kammfilter [Jot91] definiert als

$$D_t = \frac{1}{M \cdot T_A} \quad \text{in } 1/\text{sec.} \qquad (6.51)$$

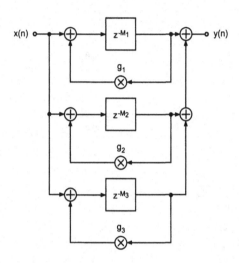

Bild 6.16 Parallelschaltung von Kammfiltern

Bei einer Parallelschaltung von Kammfiltern gilt für die Echodichte

$$D_t = \sum_{p=1}^{P} \frac{1}{M_p \cdot T_A} = P \frac{1}{\overline{M} \cdot T_A}. \qquad (6.52)$$

Mit (6.50) und (6.52) lässt sich die Anzahl der parallelgeschalteten Kammfilter gemäß

$$P = \sqrt{D_f \cdot D_t} \qquad (6.53)$$

$$\overline{M}T_A = \sqrt{D_f/D_t} \qquad (6.54)$$

ermitteln. Für eine Frequenzdichte $D_f = 0.15$ und eine Echodichte $D_t = 1000$ folgt für die Anzahl der parallelgeschalteten Kammfilter $P = 12$ und eine mittlere Delay-Länge von $\overline{M}T_A = 12$ msec. Da die Frequenzdichte proportional zur Nachhallzeit ist, wächst die Anzahl der parallelen Kammfilter ebenfalls.

Zur weiteren Erhöhung der Echodichte wird nach der Parallelschaltung von Kammfiltern eine Kaskadenschaltung (s. Bild 6.17) von P_A Allpassfiltern

$$H(z) = \prod_{p=1}^{P_A} \frac{z^{-M_p} - g_p}{1 - g_p z^{-M_p}} \qquad (6.55)$$

durchgeführt. Für eine ausreichende Echodichte sind mindestens 10000 Reflexionen pro Sekunde notwendig [Gri89].

Vermeidung von unnatürlichen Resonanzen

Da die Impulsantwort eines einzelnen Kammfilters als additive Überlagerung von M (Delay-Länge) abklingenden Sinusschwingungen beschrieben werden kann, zeigt eine

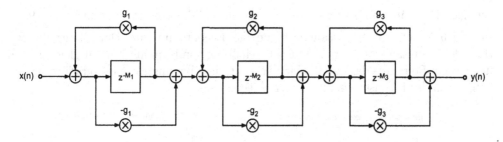

Bild 6.17 Kaskadenschaltung von Allpässen

Kurzzeit-FFT von aufeinanderfolgenden Ausschnitten aus dieser Impulsantwort den in Bild 6.18 dargestellten Betragsverlauf in der Zeit-Frequenzebene. Es sind nur die Maxima des Betragsfrequenzgangs dargestellt. Die Parallelschaltung von Kammfiltern

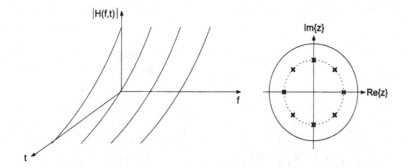

Bild 6.18 Kurzzeit-Spektren eines Kammfilters ($M = 8$)

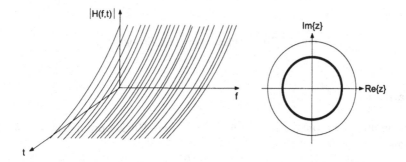

Bild 6.19 Kurzzeit-Spektren einer Parallelschaltung von Kammfiltern

mit der Randbedingung (6.49) führt auf Radien der äquidistanten Polverteilung gemäß $r_p = g_p^{1/M_p}$ ($p = 1, 2, \ldots, P$). Zur Vermeidung von unnatürlichen Resonanzen müssen die Radien der Polverteilung einer Parallelschaltung von Kammfiltern der Bedingung

$$r_p = \text{const.} = g_p^{1/M_p} \quad \text{für} \quad p = 1, 2, \ldots, P \qquad (6.56)$$

genügen. Dies führt auf das Kurzzeit-Spektrum und die Polverteilung in Bild 6.19.

In Bild 6.20 sind die Impulsantwort und das Echogramm (log. Darstellung des Betrags der Impulsantwort) für eine Parallelschaltung von Kammfiltern mit gleichem und ungleichem Polradius dargestellt. Man erkennt, dass bei ungleichem Polradius die Abklingzeiten der Eigenschwingungen verschieden sind.

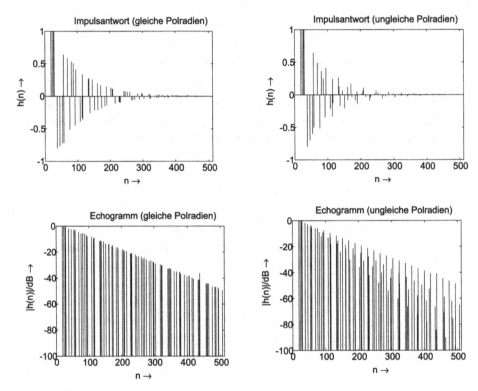

Bild 6.20 Impulsantwort und Echogramm

Nachhallzeit

Die Einstellung der Nachhallzeit erfolgt mit dem Rückkopplungsfaktor g, der das Verhältnis

$$g = \frac{h(n)}{h(n - M)} \qquad (6.57)$$

zweier von Null verschiedener Abtastwerte der Impulsantwort mit dem Zeitabstand M beschreibt. Der Faktor g beschreibt die Abklingkonstante pro M Abtastwerte. Die Abklingkonstante pro Abtastintervall ergibt sich aus dem Polradius $r = g^{1/M}$ und ist definiert als

$$r = \frac{h(n)}{h(n - 1)}. \qquad (6.58)$$

Der Zusammenhang zwischen Rückkopplungsfaktor g und dem Polradius r lässt sich mit (6.57) und (6.58) auch wie folgt formulieren:

$$g = \frac{h(n)}{h(n-M)} = \frac{h(n)}{h(n-1)} \cdot \frac{h(n-1)}{h(n-2)} \cdots \frac{h(n-(M-1))}{h(n-M)} = r \cdot r \cdot r \cdots r = r^M. \quad (6.59)$$

Mit dem konstanten Radius $r = g_p^{1/M_p}$ und den logarithmischen Größen $R = 20\log_{10}r$ und $G_p = 20\log_{10}g_p$ folgt für die Dämpfung pro Abtastintervall

$$R = \frac{G_p}{M_p}. \quad (6.60)$$

Die Nachhallzeit ist definiert als die Zeit für den Abfall der Impulsantwort auf -60 dB. Mit der Gleichung $\frac{-60}{T_{60}} = \frac{R}{T_A}$ lässt sich für die Nachhallzeit

$$T_{60} = -60\frac{T_A}{R} = -60\frac{T_A M_p}{G_p} = \frac{3}{\log_{10}|1/g_p|}M_p \cdot T_A \quad (6.61)$$

schreiben. Die Einstellung der Nachhallzeit kann also entweder über den Rückkopplungsfaktor g oder den Laufzeitfaktor M vorgenommen werden. Die Erhöhung der Nachhallzeit über den Faktor g führt zu einem Polradius nahe dem Einheitskreis und damit zu einer Verstärkung der Maxima des Frequenzgangs (s. Gl. (6.43)). Dies führt zu einer Verfärbung oder *Colorierung* des Klangeindrucks. Die Erhöhung des Laufzeitfaktors M führt dagegen zu einer Impulsantwort, deren von Null verschiedene Abtastwerte zeitlich weit auseinanderliegen, so dass Einzelechos wahrnehmbar werden. Die Diskrepanz zwischen Echodichte und Frequenzdichte bei vorgegebener Nachhallzeit muss durch eine Parallelschaltung von Kammfiltersystemen gelöst werden.

Frequenzabhängige Nachhallzeit

Die Eigenschwingungen eines natürlichen Raumes haben zu hohen Frequenzen hin ein schnelleres Abklingverhalten. Diese frequenzabhängige Nachhallzeit wird beim Kammfilteransatz durch einen Tiefpass

$$H_1(z) = \frac{1}{1 - az^{-1}} \quad (6.62)$$

in der Rückführung des Kammfilters realisiert. Das so modifizierte Kammfilter in Bild 6.21 hat die Übertragungsfunktion

$$H(z) = \frac{z^{-M}}{1 - gH_1(z)z^{-M}} \quad (6.63)$$

mit der Stabilitätsbedingung

$$\frac{g}{1-a} < 1. \quad (6.64)$$

Die Kurzzeit-Spektren und die Polverteilung einer Parallelschaltung von Tiefpass-Kammfiltern sind in Bild 6.22 dargestellt. Tieffrequente Eigenschwingungen klingen langsamer ab als hochfrequente. Die kreisförmige Polverteilung wird zu einer ellipsenartigen Polverteilung, wobei die tieffrequenten Polstellen zum Einheitskreis hin verschoben sind.

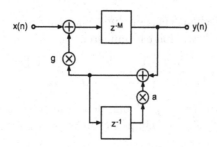

Bild 6.21 Modifiziertes Tiefpass-Kammfilter

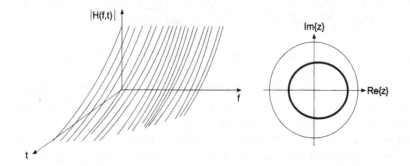

Bild 6.22 Kurzzeit-Spektren einer Parallelschaltung von Tiefpass-Kammfiltern

Stereo-Raumsimulation

Eine Erweiterung des Schroeder-Algorithmus ist von Moorer [Moo78] vorgeschlagen worden. Zusätzlich zur Parallelschaltung von Kammfiltern und Kaskadierung von Allpässen wird vorab ein Muster von ersten Reflexionen erzeugt. Bild 6.23 zeigt ein System zur Raumsimulation für ein Stereo-Signal. Hierbei werden den Direktsignalen $x_L(n)$ und $x_R(n)$ additiv die Raumsignale $e_L(n)$ und $e_R(n)$ überlagert. Das Eingangssignal der Raumsimulation ist im dargestellten Bild 6.23 das Mono-Signal $x_M(n) = x_L(n) + x_R(n)$ (Summen-Signal). Dieses Mono-Signal wird über eine Verzögerungskette DEL1 auf den linken und rechten Raumsignalanteil aufaddiert. Die Gesamtsumme aller Reflexionen wird über eine weitere Verzögerungskette DEL2 auf eine Parallelschaltung von Kammfiltern gegeben, die den diffusen Nachhall realisieren. Zur Erzielung eines räumlichen Eindrucks müssen die Raumsignale $e_L(n)$ und $e_R(n)$ dekorreliert sein [Bla74, Bla84, Gri91, Ken95a, Ken95b]. Dies geschieht durch unterschiedliche Abgriffe aus der Parallelschaltung der Kammfilter zur Bildung der linken und rechten Raumsignale. Diese Raumsignale werden daran anschließend noch über kaskadierte Allpässe geführt. Neben dem beschriebenen System zur Stereo-Raumsimulation, bei dem das Mono-Signal über einen Raumalgorithmus bearbeitet wird, ist eine komplette Stereo-Bearbeitung von $x_L(n)$ und $x_R(n)$ möglich. Desweiteren ist eine Verarbeitung von Mono-Signal $x_M(n) = x_L(n) + x_R(n)$ und Seiten-Signal $x_S(n) = x_L(n) - x_R(n)$ (Differenz-Signal) möglich.

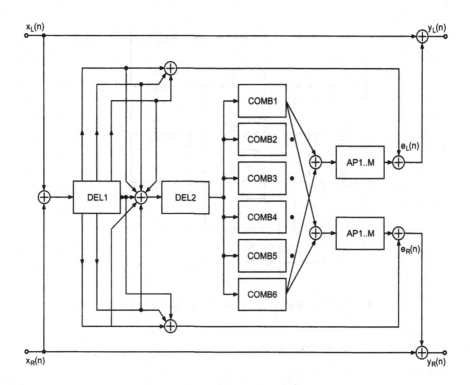

Bild 6.23 Stereo-Raumsimulation

6.3.2 Verallgemeinerte Rückkopplungsstrukturen

Vielfältige Erweiterungen des Kammfilteransatzes von Schroeder zur Verbesserung der akustischen Qualität des Nachhalls und insbesondere zur Verbesserung der Echodichte sind in [Ger71, Ger76, Sta82, Jot91, Jot92, Roc95, Roc96, Roc97, Roc02] beschrieben. In Anlehnung an [Jot91] wird das verallgemeinerte Rückkopplungssystem in Bild 6.24 betrachtet. Zur Vereinfachung sind nur drei Verzögerungssysteme abgebildet. Die Rückkopplung der Ausgangssignale der Verzögerungssysteme erfolgt über die Matrix **A**, welche jeden Ausgang auf alle drei Eingänge additiv rückkoppelt.

Allgemein lässt sich für N Verzögerungseinheiten

$$y(n) \;=\; \sum_{i=1}^{N} c_i q_i(n) + dx(n) \tag{6.65}$$

$$q_i(n + m_i) \;=\; \sum_{j=1}^{N} a_{ij} q_j(n) + b_i x(n) \qquad 1 \le i \le N \tag{6.66}$$

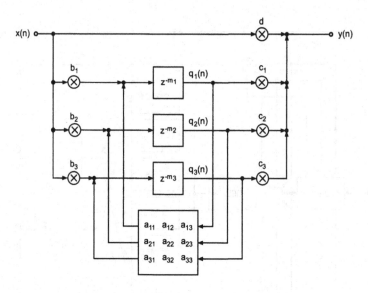

Bild 6.24 Verallgemeinertes Rückkopplungssystem

schreiben. Die Z-Transformierte führt auf

$$Y(z) = \mathbf{c}^T \mathbf{Q}(z) + d \cdot X(z) \tag{6.67}$$

$$\mathbf{D}(z) \cdot \mathbf{Q}(z) = \mathbf{A} \cdot \mathbf{Q}(z) + \mathbf{b} \cdot X(z)$$

$$\rightarrow \mathbf{Q}(z) = [\mathbf{D}(z) - \mathbf{A}]^{-1} \mathbf{b} \cdot X(z) \tag{6.68}$$

mit

$$\mathbf{Q}(z) = \begin{bmatrix} Q_1(z) \\ \vdots \\ Q_N(z) \end{bmatrix}, \quad \mathbf{b} = \begin{bmatrix} b_1 \\ \vdots \\ b_N \end{bmatrix}, \quad \mathbf{c} = \begin{bmatrix} c_1 \\ \vdots \\ c_N \end{bmatrix} \tag{6.69}$$

und der Verzögerungsmatrix

$$\mathbf{D}(z) = \text{diag}[z^{-m_1} \cdots z^{-m_N}]. \tag{6.70}$$

Mit (6.68) folgt für die Z-Transformierte des Ausgangsignals

$$Y(z) = \mathbf{c}^T [\mathbf{D}(z) - \mathbf{A}]^{-1} \mathbf{b} \cdot X(z) + d \cdot X(z) \tag{6.71}$$

und für die Übertragungsfunktion

$$H(z) = \mathbf{c}^T [\mathbf{D}(z) - \mathbf{A}]^{-1} \mathbf{b} + d. \tag{6.72}$$

Das System ist stabil, wenn die Rückkopplungsmatrix $\mathbf{A}$ als Produkt einer unitären Matrix $\mathbf{U}$ ($\mathbf{U}^{-1} = \overline{\mathbf{U}}^T$) und einer Diagonalmatrix mit $g_{ii} < 1$ dargestellt werden kann (Herleitung in [Sta82]). Bild 6.25 zeigt ein allgemeines Rückkopplungssystem mit dem Eingangsvektor $\mathbf{X}(z)$, dem Ausgangsvektor $\mathbf{Y}(z)$, einer Diagonalmatrix $\mathbf{D}(z)$

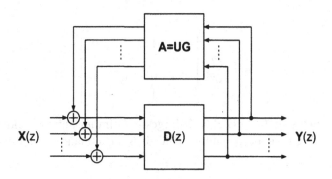

Bild 6.25 Rückkopplungssystem

bestehend aus reinen Verzögerungssystemen z^{-m_i} und einer Rückkopplungsmatrix $\mathbf{A}$. Diese Rückkopplungsmatrix besteht aus der orthogonalen Matrix $\mathbf{U}$ multipliziert mit der Matrix $\mathbf{G}$, die eine Gewichtung der Rückkopplungsmatrix $\mathbf{A}$ bewirkt.

Bei der Wahl einer orthogonalen Matrix $\mathbf{U}$ und der Gewichtungsmatrix $\mathbf{G} = \mathbf{I}$ als Einheitsmatrix realisiert das System in Bild 6.25 bei Anregung mit einem Dirac-Impuls ein sich langsam in seiner zeitlichen Dichte aufbauendes weißes Rauschsignal mit einer Gaußverteilung. Wenn die Diagonalelemente der Gewichtungsmatrix kleiner als Eins sind, ergibt sich ein exponentiell abfallendes Zufallssignal. Mit Hilfe der Gewichtungsmatrix lässt sich dann die Nachhallzeit beeinflussen. Die Anregung dieses Systems mit einem Audiosignal führt zu einer Faltung des Audiosignals mit der exponentiell abfallenden Impulsantwort des Rückkopplungssystems.

Der Einfluss der orthogonalen Matrix $\mathbf{U}$ auf die subjektiv wahrnehmbaren klanglichen Eigenschaften des diffusen Nachhalls ist von besonderem Interesse. Ein Zusammenhang zwischen der Verteilung der Eigenwerte der Matrix $\mathbf{U}$ auf dem Einheitskreis und den Polstellen der Systemübertragungsfunktion lässt sich aufgrund der hohen Systemordnung analytisch nicht beschreiben. In [Her94] ist experimentell gezeigt, dass eine Verteilung der Eigenwerte innerhalb der rechten oder linken komplexen Halbebene eine gleichmäßigere Verteilung der Polstellen der Systemübertragungsfunktion zur Folge hat. Eine derartige Rückkopplungsmatrix führt zu einem akustisch besseren Nachhallverhalten. Die Echodichte nimmt bei einer gleichmäßigen Verteilung der Eigenwerte sehr schnell den Maximalwert von einem Impulswert pro Abtastintervall an. Neben der Rückkopplungsmatrix sind zusätzliche digitale Filter zur Spektralbewertung des diffusen Nachhalls und zur Realisierung frequenzabhängiger Abklingzeiten notwendig (s. [Jot91]). Zur Verdeutlichung der Zunahme der Echodichte soll das folgende Beispiel dienen.

Beispielhaft wird zunächst ein System betrachtet, welches nur eine einzige Rückkopplung eines jeden Kammfilters hat. Für die Rückkopplungsmatrix gilt dann

$$\mathbf{A} = \frac{g}{\sqrt{2}}\,\mathbf{I}. \tag{6.73}$$

Bild 6.26 zeigt die Impulsantwort und den Betragsfrequenzgang. Mit der Rückkopplungsmatrix

$$\mathbf{A} = \frac{g}{\sqrt{2}} \begin{bmatrix} 0 & 1 & 1 & 0 \\ -1 & 0 & 0 & -1 \\ 1 & 0 & 0 & -1 \\ 0 & 1 & -1 & 0 \end{bmatrix} \qquad (6.74)$$

aus [Sta82] ergeben sich die in Bild 6.27 dargestellte Impulsantwort und der zugehörige Frequenzgang. Man erkennt gegenüber Bild 6.26 die Zunahme der Echodichte in der Impulsantwort.

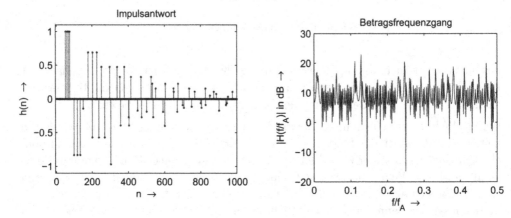

Bild 6.26 Impulsantwort und Betragsfrequenzgang eines 4-fach Verzögerungssystems mit einer Einheitsmatrix als Rückkopplungsmatrix ($g = 0.83$)

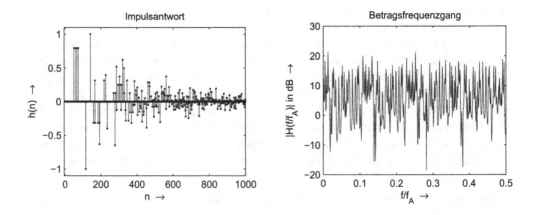

Bild 6.27 Impulsantwort und Betragsfrequenzgang eines 4-fach Verzögerungssystems mit unitärer Rückkopplungsmatrix (s. Beispiel $g = 0.63$)

Zu einer weiteren Erhöhung der Echodichte wird in [Vää97] die Einführung von Allpässen in die Verzögerungssysteme vorgeschlagen. Diese Allpässe sorgen aber auch für eine frequenzabhängige Verzögerung (Dispersion) innerhalb der Parallelschaltung der Verzögerungssysteme. Eine Untersuchung von zeitvarianten Rückkopplungssystemen findet sich in [Fre00, Lok01]. Hiermit wird die Eigenfrequenzdichte künstlich durch zeitvariante Modulation der Verzögerungssysteme erhöht. Die Realisierung von nichtexponentiellem Nachhall wird in [Pii98] vorgestellt. Einen Einblick in die Implementierung von Raumsimulatoren mit MATLAB findet man in [Bel99].

6.3.3 Rückgekoppelte Allpass-Systeme

Neben den verallgemeinerten Rückkopplungssystemen haben sich zunächst einfache Verzögerungssysteme mit Rückkopplungen in verschiedenen Raumsimulatoren durchgesetzt (s. Bild 6.28). Diese Verfahren beruhen auf einem Verzögerungsspeicher, der

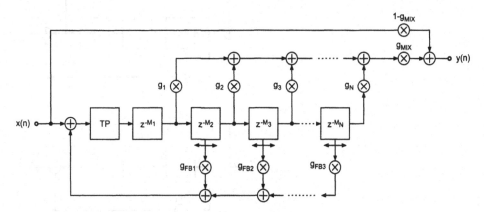

Bild 6.28 Raumsimulation mit Verzögerungsspeicher und Vorwärts- und Rückkopplungs-Koeffizienten

von einzelnen Verzögerungen über L Rückkopplungsfaktoren wieder auf den Eingang zurückgeführt wird. Das Summensignal aus Eingangssignal und Rückkopplungssignal wird mit einem Tiefpass oder einem TP-Shelving-Filter spektral geformt und dann auf den Verzögerungsspeicher gegeben. Die ersten N Reflexionen werden aus dem Verzögerungsspeicher entsprechend des zu simulierenden Raumes entnommen und gewichtet dem Ausgangssignal hinzu addiert. Das Mischungsverhältnis zwischen dem direkten Eingangssignal und dem Raumsignal wird mit dem Faktor g_{MIX} eingestellt. Das innere System zur Simulation der Raumimpulsantwort lässt sich allgemein als gebrochen rationale z-Übertragungsfunktion $H(z) = Y(z)/X(z)$ schreiben. Zur Vermeidung einer zu geringen Frequenzdichte der Pole der Übertragungsfunktion können die L Rückkopplungsabgriffe mit Hilfe von zeitvarianten Verzögerungen realisiert werden [Gri89, Gri91].

Eine Erhöhung der Echodichte kann durch eine Ersetzung der frequenzunabhängigen Verzögerungen z^{-M_i} durch frequenzabhängige Allpass-Systeme $A(z^{-M_i})$ erreicht werden. Diese Erweiterung wurde erstmals von Gardner in [Gar92, Gar98] beschrieben. Neben der Ersetzung der Systeme $z^{-M_i} \rightarrow A(z^{-M_i})$ können ebenso die Allpass-Systeme durch *eingebettete Allpass-Systeme* erweitert werden [Gar92]. Dies wird in

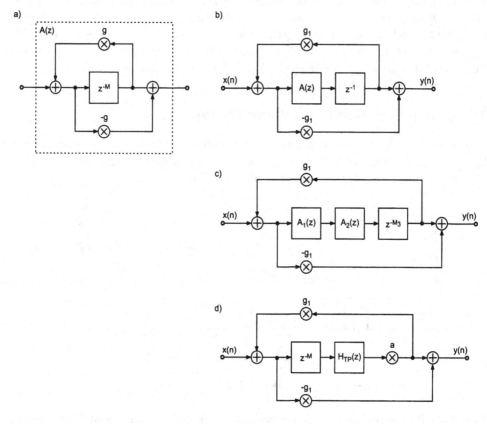

Bild 6.29 Eingebettete und absorbierende Allpass-Systeme [Gar92, Gar98, Dat97, Vää97, Dah00]

Bild 6.29 verdeutlicht, wo in einem Allpass-System (Bild 6.29a) die frequenzunabhängige Verzögerung z^{-M} durch ein weiteres Allpass-System und einer Einheitsverzögerung z^{-1} ersetzt wird (Bild 6.29b). Die Integration einer Einheitsverzögerung dient zur Vermeidung von rückkopplungsfreien Schleifen. In Bild 6.29c wird der innere Allpass durch eine Kaskade von zwei frequenzabhängigen Allpässen und einer weiteren Verzögerung z^{-M_3} realisiert. Das resultierende Gesamtsystem ist wieder ein Allpass [Gar92, Gar98]. Eine weitere Modifikation der allgemeinen Allpass-Struktur ist in Bild 6.29d dargestellt [Dat97, Vää97, Dah00]. Hierbei wird dem frequenzunabhängigen Verzögerungssystem z^{-M} ein Tiefpass und ein Gewichtungsfaktor a nachgeschaltet. Ein solches System wird als *absorbierendes Allpass-System* bezeichnet. Mit Hilfe dieser eingebetteten Allpass-Systeme wird die Raumsimulationsstruktur aus Bild 6.28 zu einer rückgekoppelten Allpass-Struktur erweitert, die in Bild 6.30 dargestellt ist [Gar92,Gar98]. Die Rückkopplung erfolgt nur über einen Tiefpass und einen Rückkopplungskoeffizienten g, mit dem das Abklingverhalten eingestellt werden kann.

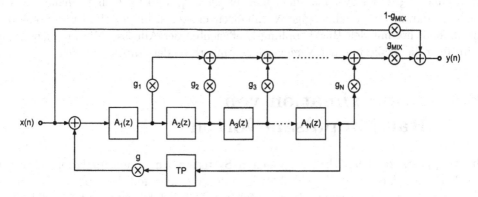

Bild 6.30 Raumsimulation mit eingebetteten Allpass-Systemen [Gar92,Gar98]

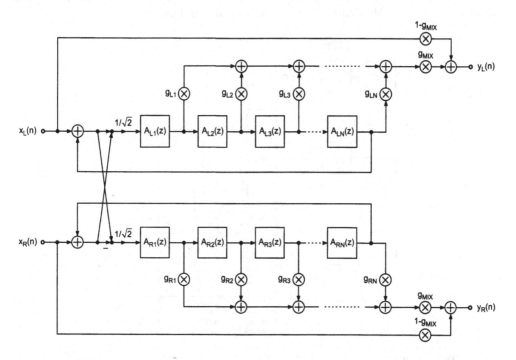

Bild 6.31 Stereo-Raumsimulation mit absorbierenden Allpass-Systemen [Dah00]

Eine Erweiterung auf eine Stereo-Raumsimulation mit absorbierenden Allpass-Systemen wird in [Dat97, Dah00] beschrieben und ist in Bild 6.31 dargestellt [Dah00]. Die kaskadierten Allpass-Systeme $A_i(z)$ im linken und rechten Kanal können eine Kombination von eingebetteten und absorbierenden Allpass-Systemen sein. Die beiden Ausgangssignale der Allpass-Ketten werden wieder auf die beiden Eingangssignale zurückgeführt und aufaddiert. Vor den beiden Allpass-Ketten befindet sich eine Verkopplung der beiden Kanäle mit einer gewichteten Summen- und Differenzbildung. Eine Dimensionierung dieses Systems findet man in [Dah00]. Man kann eine genaue und von anderen Parametern unabhängige Nachhallzeit einstellen bei gleichzeitiger Steuerung der Echodichte mit den Rückkopplungskoeffizienten der Allpässe. Die Frequenzdichte wird über die Skalierung der Verzögerungen innerhalb der Allpässe erreicht.

6.4 Approximation von Raumimpulsantworten

Im Gegensatz zu den bisher behandelten Systemen zur Raumsimulation wird nun ein Verfahren dargestellt, das die Aufgaben der Messung und der Approximation der Raumimpulsantwort in einem Schritt [Zöl90, Sch92, Sch93] vornimmt (s. Bild 6.32). Es führt darüber hinaus zu einer parametrisierten Darstellung der Raumimpulsantwort. Da das Abklingverhalten von Raumimpulsantworten zu hohen Frequenzen hin abnimmt, wird eine Multiraten-Signalverarbeitung durchgeführt.

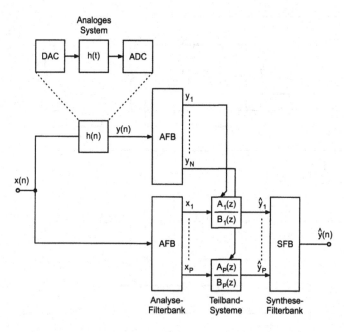

Bild 6.32 System zur Messung und Simulation von Raumimpulsantworten

Das zu messende und zu approximierende analoge System wird mit einer binären Pseudo-Zufallsfolge $x(n)$ über einen DA-Umsetzer erregt und das resultierende Raumsignal liefert nach einer AD-Umsetzung eine digitale Folge $y(n)$. Die zeitdiskrete Folge $y(n)$ und die Pseudo-Zufallsfolge $x(n)$ werden jeweils mit einer Analyse-Filterbank in Teilbandsignale $y_1, ..., y_P$ bzw. $x_1, ..., x_P$ zerlegt und ihrer Bandbreite entsprechend im Abtasttakt reduziert. Die Approximation der Teilbandsignale $y_1, ..., y_P$ erfolgt durch

Einstellung von Teilbandsystemen $H_1(z) = A_1(z)/B_1(z), ..., H_P(z) = A_P(z)/B_P(z)$, deren Ausgangssignale eine Approximation $\hat{y}_1, ..., \hat{y}_P$ der gemessenen Teilbandsignale liefern. Die daran anschließende Synthese-Filterbank liefert die Approximation $\hat{y}(n)$ der gemessenen Folge $y(n)$. Die zu approximierende Impulsantwort des analogen Systems liegt damit in parametrisierter Form (Teilband-Parameter) vor und ist direkt in der digitalen Ebene simulierbar.

Bei entsprechender Dimensionierung der Analyse-Filterbank [Sch94] erhält man die Teilbandimpulsantworten aus der Kreuzkorrelierten

$$h_i \approx r_{X_i Y_i}. \tag{6.75}$$

Die Approximation der Teilbandimpulsantworten erfolgt mit einer Kombination aus einem nichtrekursiven Filter und einem rekursiven Kammfilter. Die Kaskadierung beider Systeme führt auf die Übertragungsfunktion

$$H_i(z) = \frac{b_0 + ... + b_{M_i} z^{-M_i}}{1 - g_i z^{-N_i}} = \sum_{n_i=0}^{\infty} h_i(n_i) z^{-n_i} \quad , \tag{6.76}$$

die gleich der Impulsantwort im Teilband i gesetzt wird. Eine Multiplikation beider Seiten von (6.76) mit dem Nennerterm $1 - g_i z^{-N_i}$ führt auf

$$(b_0 + ... + b_{M_i} z^{-M_i}) = \left(\sum_{n_i=0}^{\infty} h_i(n_i) z^{-n_i} \right) (1 - g_i z^{-N_i}). \tag{6.77}$$

Das Abschneiden der Impulsantwort in jedem Teilband auf K Abtastwerte und der Koeffizientenvergleich der Potenzen von z führt auf das Gleichungssystem

$$
\begin{bmatrix} b_0 \\ b_1 \\ \vdots \\ b_M \\ 0 \\ \vdots \\ 0 \end{bmatrix} = \begin{bmatrix} h_0 & 0 & 0 & \cdots & 0 \\ h_1 & h_0 & 0 & \cdots & 0 \\ \vdots & \vdots & \vdots & & \vdots \\ h_M & h_{M-1} & h_{M-2} & \cdots & h_{M-N} \\ h_{M+1} & h_M & h_{M-1} & \cdots & h_{M-N+1} \\ \vdots & \vdots & \vdots & & \vdots \\ h_K & h_{K-1} & h_{K-2} & \cdots & h_{K-N} \end{bmatrix} \begin{bmatrix} 1 \\ 0 \\ \vdots \\ -g \end{bmatrix}. \tag{6.78}
$$

Die Bestimmung der Koeffizienten $b_0 ... b_M$ und des Koeffizienten g aus dem Gleichungssystem wird in zwei Schritten vorgenommen. Zunächst wird der Koeffizient g des Kammfilters aus der exponentiell abfallenden Einhüllenden der gemessenen Teilbandimpulsantwort berechnet. Daran anschließend wird mit dem Vektor $[1\,0 ... g]^T$ die Bestimmung der Koeffizienten $[b_0 b_1 ... b_M]^T$ durchgeführt.

Die Impulsantwort des Kammfilters $H(z) = 1/(1 - g z^{-N})$ ist durch

$$h(l = Nn) = g^l \tag{6.79}$$

gegeben. Zur Bestimmung des Koeffizienten g wird die *integrierte Impulsantwort*

$$h_e(k) = \sum_{n=k}^{\infty} h(n)^2 \qquad (6.80)$$

nach [Schr62] herangezogen. Sie beschreibt die Restenergie der Impulsantwort zum Zeitpunkt k. Durch Logarithmierung von $h_e(k)$ entsteht eine Gerade über dem Zeitindex k. Aus der Steigung der Geraden wird mit

$$\ln g = N \cdot \frac{\ln h_e(n_1) - \ln h_e(n_2)}{n_1 - n_2} \qquad \text{mit} \quad n_1 < n_2 \qquad (6.81)$$

der Koeffizient g bestimmt [Sch94]. Für M=N ergeben sich aus (6.78) die Koeffizienten des Zählerpolynoms direkt aus der Impulsantwort:

$$
\begin{aligned}
b_n &= h_n && \text{für} \quad n = 0, 1, \ldots, M-1 \\
b_M &= h_M - g h_0.
\end{aligned}
\qquad (6.82)
$$

Somit wird mit dem Zählerpolynom in (6.76) eine direkte Nachbildung der ersten M Abtastwerte der Impulsantwort vorgenommen (s. Bild 6.33). Das Nennerpolynom approximiert den exponentiell abklingenden weiteren Verlauf der Impulsantwort. Dieses Verfahren wird in jedem Teilband angewendet. Der Realisierungsaufwand kann durch

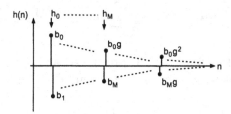

Bild 6.33 Bestimmung der Modellparameter aus der gemessenen Impulsantwort

die Teilbandapproximation um den Faktor 10 gegenüber der direkten Realisierung der breitbandigen Impulsantwort reduziert werden [Sch94].

Literaturverzeichnis

[All79] J.B. Allen, D.A. Berkeley: *Image Method for Efficient Simulating Small Room Acoustics*, J. Acoust. Soc. Am., Vol. 65 , No. 4, pp. 943–950, 1979.

[And90] Y. Ando: *Concert Hall Acoustics*, Springer-Verlag, 1990.

[Bro01] S. Browne: *Hybrid Reverberation Algorithm Using Truncated Impulse Response Convolution and Recursive Filtering*, MSc Thesis, University of Miami, Coral Gables, Florida, June, 2001.

[Bar71]   M. Barron: *The Subjective Effects of First Reflections in Concert Halls - The Need for Lateral Reflections*, J. Sound and Vibration 15, pp. 475–494, 1971.

[Bar81]   M. Barron, A.H. Marschall: *Spatial Impression Due to Early Lateral Reflections in Concert Halls: The Derivation of a Physical Measure*, J. Sound and Vibration 77, pp. 211–232, 1981.

[Bel99]   F.A. Beltran, J.R. Beltran , N. Holzem, and A. Gogu: *Matlab Implementation of Reverberation Algorithms*, Proc. Workshop on Digital Audio Effects (DAFx-99), pp. 91–96, Trondheim, Norway, 1999.

[Bla74]   J. Blauert: *Räumliches Hören*, S. Hirzel Verlag, Stuttgart, 1974.

[Bla85]   J. Blauert: *Räumliches Hören*, Nachschrift-Neue Ergebnisse und Trends seit 1972, S. Hirzel Verlag, Stuttgart, 1985.

[Ble01]   B. Blesser: *An Interdisciplinary Synthesis of Reverberation Viewpoints*, J. Audio Eng. Soc., 49(10):867–903, October 2001.

[Cre78]   L. Cremer, H.A. Müller: *Die wissenschaftlichen Grundlagen der Raumakustik - Bd. 1 u. 2*, S. Hirzel Verlag, Stuttgart, 1978/76.

[Cre03]   L. Cremer, M. Möser: *Technische Akustik*, Springer-Verlag, Berlin, 2003.

[Dah00]   L. Dahl, J.-M. Jot: *A Reverberator based on Absorbent All-pass Filters*, in Proceedings of the COST G-6 Conference on Digital Audio Effects (DAFX-00), Verona, Italy, December 7-9, 2000.

[Dat97]   J. Dattorro: *Effect design - Part 1: Reverberator and other Filters*, J. Audio Eng. Soc., 45(19):660–684, September 1997.

[Ege96]   G. P. M. Egelmeers and P. C. W. Sommen: *A new method for efficient convolution in frequency domain by nonuniform partitioning for adaptive filtering*, IEEE Trans. Signal Processing, Vol. 44, pp. 3123–3192, Dec. 1996.

[Far00]   A. Farina: *Simultaneous Measurement of Impulse Response and Distortion with a Swept-sine Technique*, Proc. 108th AES Convention, Paris 18-22, February 2000.

[Fre00]   J. Frenette: *Reducing Artificial Reverberation Algorithm Requirements Using Time-varying Feddback Delay Networks*, MSc Thesis, University of Miami, Coral Gables, Florida, December 2000.

[Gar92a]   W.G. Gardner: *A Realtime Multichannel Room Simulator*, J. Acoust. Soc. Am., Vol. 92 (4(A)):2395, 1992.

[Gar92b]   W.G. Gardner: *Reverb - A Reverberator Design Tool for Audiomedia*, Proc. Int. Comp. Music Conf. (San Jose, CA), 1992.

[Gar92c] W.G. Gardner: *The Virtual Acoustic Room*, Master's Thesis, MIT Media Lab, 1992.

[Gar95]   W. G. Gardner: *Efficient Convolution Without Input-output Delay*, J. Audio Eng. Soc., 43(3), pp. 127–136,1995.

[Gar98]   W.G. Gardner: *Reverberation Algorithms*, In M. Kahrs and K. Brandenburg (eds), Applications of Digital Signal Processing to Audio and Acoustics, Kluwer Academic Publishers, p. 85–131, 1998.

[Ger71]   M.A. Gerzon: *Synthetic Stereo Reverberation*, Studio Sound, no. 13, pp. 632-635, 1971 und no. 14, pp. 24–28, 1972.

[Ger76]   M.A. Gerzon: *Unitary (Energy-Preserving) Multichannel Networks with Feedback*, Electronics Letters, Vol. 12, No. 11, pp. 278–279, 1976.

[Ger92]   M.A. Gerzon: *The Design of Distance Panpots*, Proc. 92nd AES Convention, Preprint No. 3308, Vienna, 1992.

[Gri89]   D. Griesinger: *Practical Processors and Programs for Digital Reverberation*, Proc. AES 7th Int. Conf., pp. 187–195, Toronto, 1989.

[Gri91]   D. Griesinger: *Improving Room Acoustics Through Time-Variant Synthetic Reverberation*, in Proc. 90th Conv. Audio Eng. Soc., Preprint 3014, Feb. 1991.

[Her94]   T. Hertz: *Implementierung und Untersuchung von Rückkopplungssystemen zur digitalen Raumsimulation*, Diplomarbeit, TU Hamburg-Harburg, 1994.

[Iid95]   K. Iida, K. Mizushima, Y. Takagi, and T. Suguta: *A New Method of Generating Artificial Reverberant Sound*, Proc. 99th AES Convention 1995, Preprint No. 4109, October 6-9, 1995.

[Joh00]   M. Joho, G.S. Moschytz: *Connecting Partitioned Frequency-Domain Filters in Parallel or in Cascade*, IEEE Trans. CAS-II: Analog and Digital Signal Processing, Vol. 47, No. 8, pp. 685–698, Aug. 2000.

[Jot91]   J.M. Jot, A. Chaigne: *Digital Delay Networks for Designing Artificial Reverberators*, Proc. 94th AES Convention, Preprint No. 3030, 1991.

[Jot92]   J.M. Jot: *An Analysis/Synthesis Approach to Real-Time Artificial Reverberation*, Proc. ICASSP-92, pp. 221–224, San Francisco, 1992.

[Ken95a] G.S. Kendall: *A 3-D sound primer: directional hearing and stereo reproduction*, Computer Music J., 19(4):23–46, Winter 1995.

[Ken95b] G.S. Kendall. *The decorrelation of audio signals and its impact on spatial imagery*, Computer Music J., 19(4):71–87, Winter 1995.

[Kut91]   H. Kuttruff: *Room Acoustics*, 3rd Edition, Elsevier Applied Sciences, London, 1991.

[Lee03a] W.-C. Lee, C.-M. Liu, C.-H. Yang, and J.-I. Guo, *Perceptual Convolution for Reverberation*, Proc. 115th Convention 2003, Preprint No. 5992, October 10-13, 2003

[Lee03b] W.-C. Lee, C.-M. Liu, C.-H. Yang, and J.-I. Guo, *Fast Perceptual Convolution for Reverberation*, In Proc. of the 6th Int. Conference on Digital Audio Effects (DAFX-03), London, UK, September 8-11, 2003.

[Lok01]   T. Lokki, J. Hiipakka: *A Time-variant Reverberation Algorithm for Reverberation Enhancement Systems* In Proc. of the COST G-6 Conference on Digital Audio Effects (DAFX-01), Limerick, Ireland, December 6-8, 2001.

[Moo78]   J.A. Moorer: *About this Reverberation Business*, Computer Music Journal, Vol. 3, No. 2, pp. 13–28, 1978.

[Mac76]   F.J. MacWilliams, N.J.A. Sloane: *Pseudo-Random Sequences and Arrays*, IEEE Proceedings, Vol. 64, pp. 1715–1729, 1976.

[Mül01]   S. Müller, P. Massarani: *Transfer-Function Measurement with Sweeps*, J. Audio Eng. Soc., Vol. 49, pp. 443–471, 2001.

[Pii98]   E. Piirilä, T. Lokki, V. Välimäki, *Digital Signal Processing Techniques for Non-exponentially Decaying Reverberation*, in Proc. 1st COST-G6 Workshop on Digital Audio Effects (DAFX98) (Barcelona, Spain), 1998.

[Rei95]   A.J. Reijen, J.J. Sonke, and D. de Vries: *New Developments in Electro-Acoustic Reverberation Technology*, Proc. 98th AES Convention 1995, Preprint No. 3978, February 25-28, 1995.

[Roc95]   D. Rocchesso: *The Ball within the Box: a sound-processing metaphor*, Computer Music J., 19(4):47–57, Winter 1995.

[Roc96]   D. Rocchesso: *Strutture ed Algoritmi per l'Elaborazione del Suono basati su Reti di Linee di Ritardo Interconnesse*, PhD thesis, University of Padua, February 1996.

[Roc97a] D. Rocchesso: *Maximally-diffusive yet efficient feedback delay networks for artifcial reverberation*, IEEE Signal Processing Letters, 4(9):252–255, September 1997.

[RS97b]   D. Rocchesso and J.O. Smith: *Circulant and elliptic feedback delay networks for artificial reverberation*, IEEE Transactions on Speech and Audio Processing, 5(1):51–63, January 1997.

[Roc02]   D. Rocchesso: *Spatial Effects*, In U. Zölzer (eds), DAFX -Digital Audio Effects, J. Wiley & Sons, p. 137–200, 2002.

[Sch92]   M. Schönle, U. Zölzer, N. Fliege: *Modeling of Room Impulse Responses by Multirate Systems*, Proc. 93rd AES Convention, Preprint No. 3447, San Francisco 1992.

[Sch93]   M. Schönle, N.J. Fliege, U. Zölzer: *Parametric Approximation of Room Impulse Responses by Multirate Systems*, Proc. ICASSP-93, Vol. 1, pp. 153–156, 1993.

[Sch94]   M. Schönle: *Wavelet-Analyse und parametrische Approximation von Raumimpulsantworten*, Dissertation, TU Hamburg-Harburg, 1994.

[Schr61] M.R. Schroeder, B.F. Logan: *Colorless Artificial Reverberation*, J. Audio Eng. Soc., Vol. 9(3), pp. 192–197, 1961.

[Schr62] M.R. Schroeder: *Natural Sounding Artificial Reverberation*, J. Audio Eng. Soc., Vol. 10(3), pp. 219–223, 1962.

[Schr65] M.R. Schroeder: *New Method of Measuring Reverberation Time*, J. Acoust. Soc. Am., pp. 409–412, 1965.

[Schr70] M.R. Schroeder: *Digital Simulation of Sound Transmission in Reverberant Spaces*, J. Acoust. Soc. Am., Vol. 47 , No. 2, pp. 424–431, 1970.

[Schr87] M.R. Schroeder: *Statistical Parameters of the Frequency Response Curves of Large Rooms*, J. Audio Eng. Soc., Vol. 35 , No. 5, pp. 299–305, 1987.

[Smi85]   J.O. Smith: *A new approach to digital reverberation using closed waveguide networks*, In Proc. International Computer Music Conference, pp. 47–53, Vancouver, Canada, 1985.

[Sta02]   G.B. Stan, J.J. Embrechts, D. Archambeau: *Comparison of Different Impulse Response Measurement Techniques*, J. Audio Eng. Soc., Vol. 50, pp. 249–262, 2002.

[Sta82]   J. Stautner, M. Puckette: *Designing Multi-Channel Reverberators*, Computer Music Journal, Vol. 6, No. 1, pp. 56-65, 1982.

[Vää97]   R. Väänänen, V. Välimäki, and J. Huopaniemi: *Efficient and Parametric Reverberator for Room Acoustics Modeling*, in Proc. Int. Computer Music Conf. (ICMC'97), pp. 200–203, Thessaloniki, Greece, Sept. 1997.

[Vei88]   I. Veit: *Technische Akustik*, 4. Aufl., Vogel-Buchverlag, Würzburg, 1988.

[Zöl90]   U. Zölzer, N.J. Fliege, M. Schönle, M. Schusdziarra: *Multirate Digital Reverberation System*, Proc. 89th AES Convention, Preprint No. 2968, Los Angeles 1990.

Kapitel 7

Dynamikbeeinflussung

Der Dynamikbereich eines Signals ist das logarithmierte Verhältnis von maximaler zu minimaler Signalamplitude und wird in Dezibel angegeben. Der Dynamikbereich eines Musik- oder Audiosignals liegt zwischen 40 und 120 dB. Die Dynamikbeeinflussung von Audiosignalen ist in vielen Bereichen erforderlich, um die Dynamik an die verschiedenen Anforderungen anzupassen [Dic79, Web85]. Bei der Aufnahme eines akustischen Ereignisses dient die Dynamikbeeinflussung dem Schutz des AD-Umsetzers vor einer Übersteuerung, oder im Signalpfad wird sie zur optimalen Aussteuerung eines digitalen Aufzeichnungsgerätes genutzt. Zur Unterdrückung von kleinen Störsignalen werden sogenannte Noisegates eingesetzt, um erst oberhalb eines definierten Eingangspegels das Signal durchzuschalten. Bei der Wiedergabe von Musik und Sprache im Auto, Kaufhaus, Restaurant oder in der Discothek muss die Dynamik den Umgebungsgeräuschen angepasst werden. Hierzu muss zunächst aus dem Audiosignal eine Messgröße abgeleitet werden, die den Signalpegel darstellt, und daraus eine Steuergröße für die Veränderung des Signalpegels abgeleitet werden, die wiederum als Lautstärkesteuerung genutzt wird. Diese Lautstärkesteuerung wird adaptiv dem Eingangssignalpegel angepasst. Die Kombination der Messung des Signalpegels und die daraus abgeleitete Steuerung des Signalpegels wird als *Dynamikbeeinflussung* bezeichnet.

7.1 Grundlagen

In Bild 7.1 sind die Funktionen eines Systems zur Dynamikbeeinflussung dargestellt. Nach der Messung des Eingangspegels $X_{\mathrm{dB}}(n)$ in dB soll der Ausgangspegel $Y_{\mathrm{dB}}(n)$ in dB durch Multiplikation des verzögerten Eingangssignals $x(n)$ mit einem Faktor $g(n)$ gemäß

$$y(n) = g(n) \cdot x(n - D) \tag{7.1}$$

beeinflusst werden. Die Verzögerung des Signals $x(n)$ gegenüber dem Steuerfaktor $g(n)$ erlaubt die voreilende Steuerung des Signalpegels. Diese multiplikative Bewertung soll mit entsprechenden Ansprech- und Rücklaufzeiten durchgeführt werden. Die Multiplikation führt bei einer logarithmischen Darstellung zur Addition von Eingangspegel $X_{dB}(n)$ und Bewertungspegel $G_{dB}(n)$ in dB und ergibt den Ausgangspegel

$$Y_{dB}(n) = X_{dB}(n) + G_{dB}(n) \quad \text{in dB.} \tag{7.2}$$

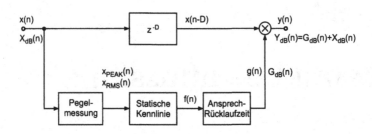

Bild 7.1 Dynamiksystem

7.2   Statische Kennlinie

Der Zusammenhang zwischen dem Eingangspegel und dem Bewertungspegel wird durch eine statische Pegelkennlinie $G_{dB} = f(X_{dB})$ definiert. Ein Beispiel einer statischen Kennlinie ist in Bild 7.2 gegeben. Hierin ist sowohl der Ausgangspegel als auch der Bewertungspegel als Funktion des Eingangspegels dargestellt.

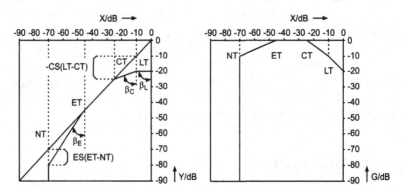

Bild 7.2 Statische Kennlinie mit den Parametern LT=*Limiter Threshold*: Limiter-Schwelle, CT=*Compressor Threshold*: Compressor-Schwelle, ET=*Expander Threshold*: Expander-Schwelle und NT=*Noisegate Threshold*: Noisegate-Schwelle

Mit dem Limiter (Begrenzer) wird ab einer Eingangspegelschwelle LT der Ausgangspegel auf einen Wert begrenzt. Alle Eingangspegel oberhalb dieser Limiter-Schwelle führen zu einem konstanten Ausgangspegel. Der Compressor bildet eine Eingangspegeländerung auf eine bestimmte kleinere Ausgangspegeländerung ab. Gegenüber der reinen Begrenzung beim Limiter sorgt der Compressor somit für eine Erhöhung der Lautheit des Audiosignals. Der Expander sorgt bei kleinen Eingangspegeländerungen für große Ausgangspegeländerungen. Hiermit erreicht man bei kleinen Pegeln eine Erhöhung der Dynamik. Das Noisegate sorgt für die Unterdrückung von kleinen Signalpegeln, dient zur Rauschunterdrückung und wird aber auch für künstlerische akustische Effekte benutzt, wie z.B. Abschneiden von Abklingvorgängen des Raumhalls. Die bei allen Teilsystemen auftretenden Schwellen sind beim Limiter und Compressor als untere Grenze definiert und beim Expander und Noisegate als obere Grenze.

Der Kompressionsfaktor R (*Ratio*) ist im logarithmischen Bereich durch das Verhältnis

$$R = \frac{\Delta P_I}{\Delta P_O} \tag{7.3}$$

von Eingangspegeländerung ΔP_I zu Ausgangspegeländerung ΔP_O definiert.

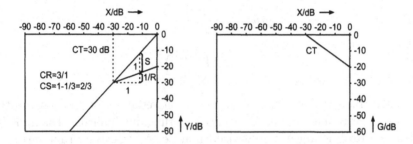

Bild 7.3 Compressor-Kennlinie (Compressor Ratio CR/Slope CS)

Anhand von Bild 7.3 folgt für die Geradengleichung $Y_{\mathrm{dB}} = \mathrm{CT} + \frac{1}{R}(X_{\mathrm{dB}} - \mathrm{CT})$ und für den Kompressionsfaktor

$$R = \frac{X_{\mathrm{dB}} - \mathrm{CT}}{Y_{\mathrm{dB}} - \mathrm{CT}} = \tan \beta_C, \tag{7.4}$$

wobei der Winkel β_C gemäß Bild 7.2 definiert ist. Der Zusammenhang zwischen dem Kompressionsfaktor R und der Steigung S (*Slope*) ist ebenfalls dem Bild 7.3 zu entnehmen und lautet

$$S = 1 - \frac{1}{R} \tag{7.5}$$

$$R = \frac{1}{1 - S}. \tag{7.6}$$

Die typischen Kompressionsfaktoren sind

$$
\begin{aligned}
R &= \infty & &\text{Limiter} \\
R &> 1 & &\text{Compressor (CR: Compressor Ratio)} \\
0 < R &< 1 & &\text{Expander (ER: Expander Ratio)} \\
R &= 0 & &\text{Noisegate.}
\end{aligned} \tag{7.7}
$$

Der Übergang von logarithmischer zu linearer Darstellung erfolgt über (7.4) mit

$$R = \frac{\log_{10}\frac{\hat{x}(n)}{c_T}}{\log_{10}\frac{\hat{y}(n)}{c_T}}, \tag{7.8}$$

wobei mit $\hat{x}(n)$ und $\hat{y}(n)$ die linearen Pegelwerte und mit c_T die lineare Compressor-Schwelle bezeichnet sind. Eine Umformung von (7.8) liefert den linearen Ausgangspegel

$$\frac{\hat{y}(n)}{c_T} = 10^{\frac{1}{R}\log_{10}(\frac{\hat{x}(n)}{c_T})} = \left(\frac{\hat{x}(n)}{c_T}\right)^{\frac{1}{R}}$$

$$\hat{y}(n) = c_T^{1-\frac{1}{R}} \cdot \hat{x}^{\frac{1}{R}}(n). \tag{7.9}$$

Die Berechnung des Steuerwertes $g(n)$ wird aus dem Quotienten

$$g(n) = \frac{\hat{y}(n)}{\hat{x}(n)}$$

$$= \left(\frac{\hat{x}(n)}{c_T}\right)^{\frac{1}{R}-1} \tag{7.10}$$

ermittelt. Mit Hilfe von Tabellen und Interpolationsverfahren ist die Steuerwertbestimmung ohne Logarithmierung und Entlogarithmierung durchführbar. Die im Folgenden beschriebenen Realisierungen werden jedoch auf eine Logarithmierung des Eingangspegels zurückgreifen und die Berechnung des Steuerpegels G in dB mit Hilfe der Geradengleichung durchführen. Die anschließende Entlogarithmierung führt auf den Wert $f(n)$, der mit einer entsprechenden Ansprech- und Rücklaufzeit den Steuerwert $g(n)$ liefert (s. Bild 7.1).

7.3 Dynamische Eigenschaften

Neben den statischen Kennlinien der Dynamikbeeinflussung sind die dynamischen Eigenschaften in Form der Ansprech- und Rücklaufzeiten von großer akustischer Bedeutung. Diese Ansprech- und Rücklaufzeiten, mit der die Dynamikbeeinflussung einsetzt oder wieder rückgängig gemacht wird, hängt maßgeblich von der Messung des Spitzen- und Effektivwerts ab [McN84, Sti86].

7.3.1 Pegelmessung

Zur Pegelmessung werden die Systeme in den Bildern 7.4 zur Spitzenwertmessung und 7.5 zur Effektivwertmessung genutzt [McN84]. Zur Spitzenwertmessung wird der Betrag des Eingangssignals mit dem Spitzenwert $x_{\mathrm{PEAK}}(n-1)$ verglichen. Wenn der Betragswert größer als der Spitzenwert ist, wird die Differenz mit dem Koeffizienten AT (Attack

Time: Ansprechzeit) bewertet und additiv dem Wert $x_{\text{PEAK}}(n-1)$ überlagert. Für diesen sogenannten Attack-Fall $|x(n)| > x_{\text{PEAK}}(n-1)$ folgt für die Differenzengleichung

$$x_{\text{PEAK}}(n) = (1 - \text{AT}) \cdot x_{\text{PEAK}}(n-1) + \text{AT} \cdot |x(n)| \qquad (7.11)$$

und für die Übertragungsfunktion

$$H(z) = \frac{\text{AT}}{1 - (1 - \text{AT})z^{-1}}. \qquad (7.12)$$

Ist der Betrag des Eingangssignals $|x(n)| \leq x_{\text{PEAK}}(n-1)$ (der sogenannte Release-Fall), berechnet sich der neue Spitzenwert gemäß der Differenzengleichung

$$x_{\text{PEAK}}(n) = (1 - \text{RT}) \cdot x_{\text{PEAK}}(n-1) \qquad (7.13)$$

mit dem Koeffizienten RT (Release Time: Rücklaufzeit). Das Differenzsignal wird aufgrund der speziellen Nichtlinearität nicht mit dem Attack-Koeffizienten AT gewichtet, so dass in der Differenzengleichung (7.13) der Term $\text{AT} \cdot (|x(n)| - x_{\text{PEAK}}(n-1)) = 0$ nicht auftritt. Für diesen Release-Fall lässt sich die Übertragungsfunktion

$$H(z) = \frac{1}{1 - (1 - \text{RT})z^{-1}} \qquad (7.14)$$

angeben. Man erkennt, dass die Übertragungsfunktion (7.12) und damit die Zeitkonstante für den Attack-Fall durch AT bestimmt wird und dass die Übertragungsfunktion (7.14) für den Release-Fall nur durch den Koeffizienten RT. Die Koeffizienten (siehe hierzu Abschnitt 7.3.3) berechnen sich zu

$$\text{AT} = 1 - \exp\left(\frac{-2.2 T_A}{t_a/1000}\right) \qquad (7.15)$$

$$\text{RT} = 1 - \exp\left(\frac{-2.2 T_A}{t_r/1000}\right), \qquad (7.16)$$

wobei die Ansprechzeit t_a und die Rückstellzeit t_r in Millisekunden anzugeben sind (T_A Abtastintervall). Durch diese Umschaltung der Filterstruktur erreicht man eine schnelle Ansprechzeit bei ansteigenden Signalamplituden und eine langsame Abfallzeit bei sinkenden Signalamplituden des Eingangssignals.

Zur Bestimmung des Effektivwertes

$$x_{\text{RMS}}(n) = \sqrt{\frac{1}{N} \sum_{i=0}^{N-1} x^2(n-i)} \qquad (7.17)$$

über eine Anzahl von N Abtastwerten kann durch eine rekursive Formulierung der Effektivwertbildung durchgeführt werden. Die Effektivwertmessung nach Bild 7.5 wird durch Quadrieren des Eingangswertes und Mittelung mit einem Tiefpass 1. Ordnung durchgeführt. Der Mittelungskoeffizient

$$\text{TAV} = 1 - \exp\left(\frac{-2.2 T_A}{t_M/1000}\right) \qquad (7.18)$$

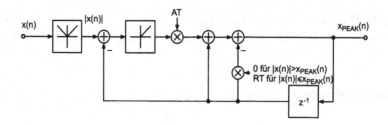

Bild 7.4 Spitzenwertmessung

wird gemäß der Zeitkonstantenberechnung in Abschnitt 7.3.3 bestimmt, wobei t_M die Mittelungszeit in Millisekunden angibt. Die Differenzengleichung lautet

$$x_{\text{RMS}}^2(n) = (1 - \text{TAV}) \cdot x_{\text{RMS}}^2(n - 1) + \text{TAV} \cdot x^2(n) \tag{7.19}$$

und für die Übertragungsfunktion gilt

$$H(z) = \frac{\text{TAV}}{1 - (1 - \text{TAV})z^{-1}}. \tag{7.20}$$

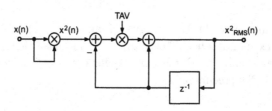

Bild 7.5 Effektivwertmessung (TAV=Mittelungskoeffizient)

7.3.2   Glättung des Steuerwertes

Die Realisierung von Ansprech- und Rücklaufzeiten wird durch das System in Bild 7.6 erreicht [McN84]. Der notwendige Ansprechkoeffizient AT oder Rücklaufkoeffizient RT wird aus dem Vergleich zwischen Eingangssteuerwert und altem Ausgangssteuerwert ermittelt. Eine kleine Hysteresekennlinie zur Entscheidung, ob der Steuerwert sich in einem Ansprechbereich oder einem Rücklaufbereich befindet, wählt den notwendigen Koeffizienten aus. Dieses System dient ebenfalls zur Glättung des Steuersignals. Für die Differenzengleichung gilt

$$g(n) = (1 - k) \cdot g(n - 1) + k \cdot f(n), \tag{7.21}$$

mit $k = \text{AT}$ bzw. $k = \text{RT}$. Für die Übertragungsfunktion folgt

$$H(z) = \frac{k}{1 - (1 - k)z^{-1}}. \tag{7.22}$$

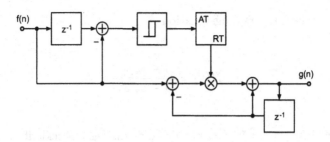

Bild 7.6 Realisierung von Ansprech- und Rücklaufzeit

7.3.3   Zeitkonstantenbildung

Ausgehend von der Sprungantwort eines kontinuierlichen Systems

$$g(t) = 1 - e^{-t/\tau} \qquad \tau = \text{Zeitkonstante} \qquad (7.23)$$

lässt sich durch eine Abtastung (Sprunginvariante Transformation) die diskrete Sprung-antwort

$$g(nT_A) = \varepsilon(nT_A) - e^{-nT_A/\tau} = 1 - z_\infty^n \qquad \text{mit} \quad z_\infty = e^{-T_A/\tau} \qquad (7.24)$$

angeben. Für die Z-Transformierte gilt

$$\begin{aligned} G(z) &= \frac{z}{z-1} - \frac{1}{1 - z_\infty z^{-1}} \\ &= \frac{1 - z_\infty}{(z-1)(1 - z_\infty z^{-1})}. \end{aligned} \qquad (7.25)$$

Mit der Definition der Anstiegszeit $t_a = t_{90} - t_{10}$ folgt

$$0.1 = 1 - e^{-t_{10}/\tau} \qquad (7.26)$$
$$0.9 = 1 - e^{-t_{90}/\tau}. \qquad (7.27)$$

Der Zusammenhang zwischen Anstiegszeit t_a und der Zeitkonstanten der Sprungant-wort τ ergibt sich durch

$$\begin{aligned} 0.9/0.1 &= e^{(t_{90}-t_{10})/\tau} \\ \ln(0.9/0.1) &= (t_{90} - t_{10})/\tau \\ t_a &= t_{90} - t_{10} = 2.2\tau. \end{aligned} \qquad (7.28)$$

Hiermit muss für die Polstelle

$$\boxed{z_\infty = e^{-2.2T_A/t_a}} \qquad (7.29)$$

gelten. Ein System zur Realisierung der angegebenen Sprungantwort erhält man durch den Zusammenhang zwischen der Z-Transformierten der Impulsantwort und der Z-Transformierten der Sprungantwort:

$$H(z) = \frac{z-1}{z} G(z) \quad . \qquad (7.30)$$

Hiermit folgt für die Übertragungsfunktion

$$H(z) = \frac{(1 - z_\infty)z^{-1}}{1 - z_\infty z^{-1}} \qquad (7.31)$$

mit der Polstelle $z_\infty = e^{-2.2T_A/t_a}$, mit der die Anstiegs-/Rücklauf-/Mittelungszeiten eingestellt werden können. Für die Koeffizienten der entsprechenden Zeitkonstanten-Filter gelten für den Anstiegsfall die Gleichung (7.15), für den Rücklauffall die Gleichung (7.16) und für dem Mittelungsfall die Gleichung (7.18). Ein Beispiel für unterschiedliche Ansprech- und Rücklaufzeiten ist in Bild 7.7 dargestellt. Die gestrichelten vertikalen Linien deuten die t_{10} und t_{90} Zeiten an.

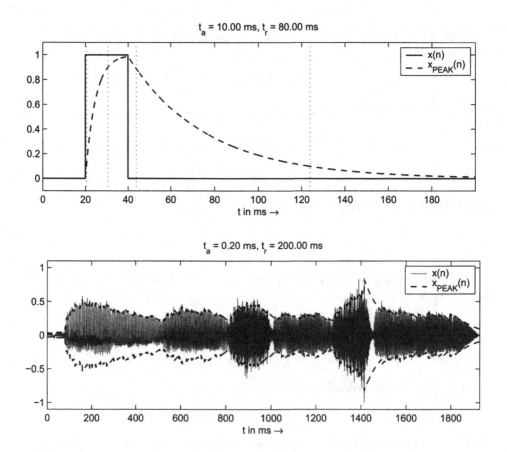

Bild 7.7 Ansprech- und Rücklaufverhalten der Zeitkonstanten-Filter

7.4 Dynamik-Realisierung

Die programmtechnische Realisierung einer Dynamikbeeinflussung wird in den folgenden Abschnitten beschrieben.

7.4.1 Limiter

Das Blockschaltbild eines Limiters ist in Bild 7.8 dargestellt. Aus dem Eingangssignal wird der Spitzenwert $x_{\text{PEAK}}(n)$ mit einer einstellbaren Ansprech- und Rücklaufzeit bestimmt. Dieser Spitzenwert wird zur Basis 2 logarithmiert und mit der Limiter-Schwelle verglichen. Ist die Schwelle überschritten, wird der Differenzwert mit der negativen Limiter-Steigung LS multipliziert und das Ergebnis anschließend wieder entlogarithmiert. Der erhaltene Steuerwert $f(n)$ wird mit einem Tiefpassfilter 1. Ordnung (SMOOTH-Filter) geglättet. Wenn die Limiter-Schwelle nicht überschritten wird, wird das Signal $f(n) = 1$ gesetzt. Das verzögerte Eingangssignal $x(n - D_1)$ wird mit dem geglätteten Steuerwert $g(n)$ multipliziert und liefert das Ausgangssignal $y(n)$.

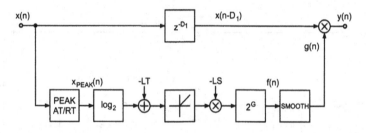

Bild 7.8 Limiter

7.4.2 Compressor, Expander, Noisegate

Das Blockschaltbild eines Compressor/Expander/Noisegates ist in Bild 7.9 wiedergegeben. Die Grundstruktur ist ähnlich der des Limiters. Im Gegensatz zum Limiter wird der Mittelwert $x_{\text{RMS}}(n)$ logarithmiert und mit 0.5 multipliziert. Der so erhaltene Wert wird mit den drei Schwellen verglichen, um festzustellen, in welchem Bereich der statischen Kennlinie man sich befindet. Ist eine der drei Schwellen überschritten, wird der daraus resultierende Differenzwert mit der zugehörigen Steigung (CS, ES, NS) multipliziert und das Ergebnis entlogarithmiert. Mit dem anschließenden Filter 1. Ordnung wird die Ansprech- und Rücklaufzeit der Steuerung eingestellt.

7.4.3 Kombinationssystem

Eine Kombination eines Limiters, der aufgrund seiner Funktion als Spitzenwertbegrenzer von einer Spitzenwertmessung ausgeht, und eines Compressor/Expander/Noisegates

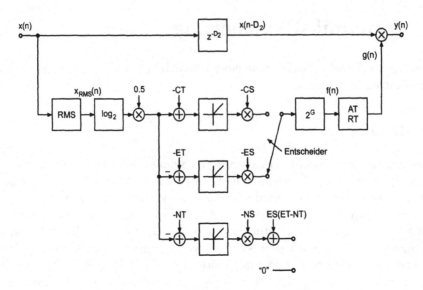

Bild 7.9 Compressor/Expander/Noisegate

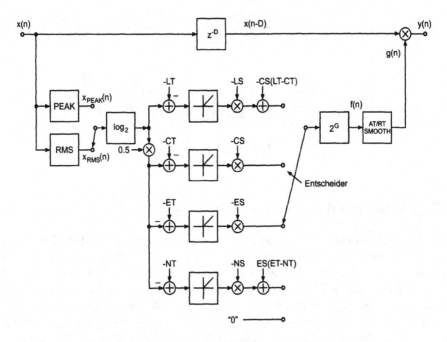

Bild 7.10 Limiter/Compressor/Expander/Noisegate

basierend auf einer Effektivwertmessung ist in Bild 7.10 dargestellt. Hier wird parallel eine Messung von Spitzenwert und Effektivwert durchgeführt. Wird der lineare Schwellenwert des Limiters überschritten, so wird der Spitzenwert $x_{PEAK}(n)$ logarithmiert und der obere Limiter-Zweig der Kennlinienberechnung durchlaufen. Ist dies nicht der Fall, wird der Effektivwert $x_{RMS}(n)$ logarithmiert und einer der drei unteren Zweige durchlaufen. Die im Limiter-Zweig und Noisegate-Zweig vorhandenen additiven Terme ergeben sich aus dem Verlauf der statischen Kennlinie im logarithmischen Bereich. Nach dem Entscheider wird entlogarithmiert. Die Folge $f(n)$ wird im Fall des Limiters mit dem SMOOTH-Filter geglättet oder mit der zum jeweiligen Zweig (Compressor, Expander, Noisegate) gehörenden Ansprech- und Rücklaufzeit bewertet. Da bei der Begrenzung des Maximalpegels der vorhandene Dynamikbereich reduziert wird, kann die Gesamtkennlinie mit dem sogenannten Hub nach oben verschoben werden. Das wird im Bild 7.11 mit einem Hub von 10 dB verdeutlicht. Diese statische Größe wird direkt durch eine Multiplikation in dem Steuerfaktor $g(n)$ berücksichtigt. Exemplarisch sind

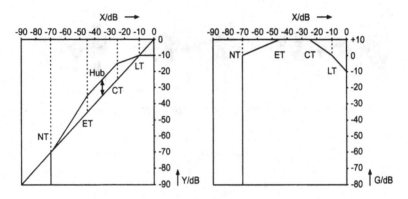

Bild 7.11 Hub der statischen Kennlinie

in Bild 7.12 das Eingangssignal $x(n)$, das Ausgangssignal $y(n)$ und der Steuerfaktor $g(n)$ eines Compressor/Expander-Systems dargestellt. Man erkennt die Komprimierung größerer und die Expandierung kleinerer Signalamplituden. Ein zusätzlicher Hub von 12 dB zeigt sich im Maximalwert 4 des Steuerfaktors. Das Compressor/Expander-System arbeitet im linearen Bereich der statischen Kennlinie, wenn der Steuerfaktor gleich vier ist. Befindet sich der Steuerfaktor im Bereich zwischen 1 und 4 arbeitet das System als Compressor und Expander. Bei Steuerfaktoren kleiner 1 ist der Limiter (um $n = 2000$ und $n = 5800$) oder das Noise-Gate ($3500 < n < 4500$ und $6800 < n < 7900$) aktiv. Der Compressor sorgt für eine Erhöhung der Lautheit des Signals, während der Expander die Dynamik bei kleinen Signalpegeln erhöht.

7.5 Realisierungsaspekte

7.5.1 Abtastratenreduktion

Zur Reduktion des Rechenaufwands kann nach der Spitzenwert-/Effektivwertberechnung eine Unterabtastung vorgenommen werden (s. Bild 7.13). Da die Signale $x_{PEAK}(n)$ und $x_{RMS}(n)$ schon bandbegrenzt sind, kann die Unterabtastung direkt ausgeführt werden, indem nur jeder zweite oder jeder vierte Wert diesen beiden Folgen entnommen

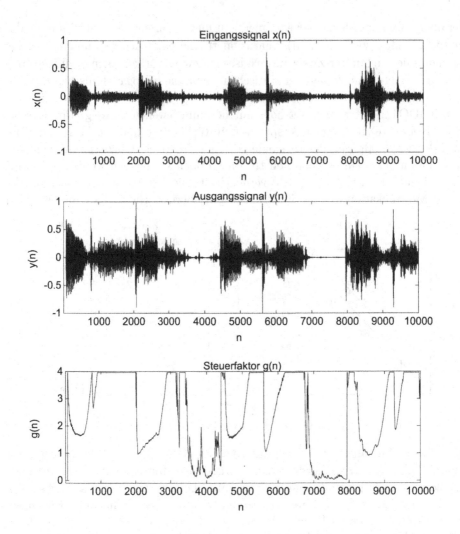

Bild 7.12 Zeitsignale $x(n)$, $y(n)$ und $g(n)$ der Dynamikbeeinflussung

wird. Hiermit kann die Logarithmierung, Kennlinienberechnung, Entlogarithmierung und Filterung für Ansprech- und Rücklaufzeit mit reduzierter Abtastrate durchgeführt werden. Die danach folgende Aufwärtstastung um den Faktor 4 wird durch vierfaches Wiederholen des Ausgangswertes des Zeitkonstantenfilters erreicht. Dieser Vorgang entspricht der Aufwärtstastung um den Faktor 4 und anschließender Filterung mit der Abtast-Halte-Übertragungsfunktion.

Die Verschachtelung und Verteilung von Teilprogrammen über vier Abtasttakte hinweg ist in Bild 7.14 dargestellt. Die Programmteile PEAK/RMS (Spitzenwert-/Effektivwertberechnung) und MULT (Verzögerung des Eingangssignals und Multiplikation mit $g(n)$) werden in jedem Abtastintervall ausgeführt. Die Anzahl der Prozessorzyklen für PEAK/RMS ist mit Z1 bezeichnet und die für MULT mit Z3. Die Programmteile

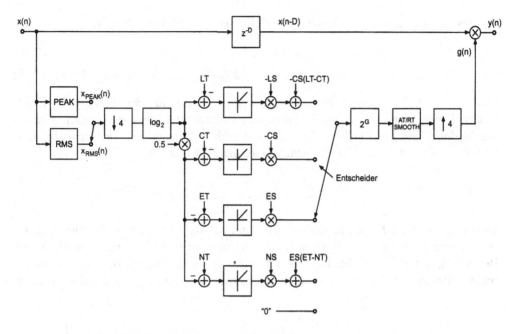

Bild 7.13 Dynamiksystem mit Abtastratenreduktion

LD(x), KENN, 2^x und SMO haben die maximale Prozessorzyklenanzahl Z2 und werden in den vier aufeinanderfolgenden Abtastintervallen nacheinander abgearbeitet. Dieser Vorgang wiederholt sich alle vier Abtasttakte. Die Gesamtanzahl von Prozessorzyklen pro Abtasttakt für den vollständigen Dynamik-Algorithmus ergibt sich aus der Summe aller drei Teilprogramme.

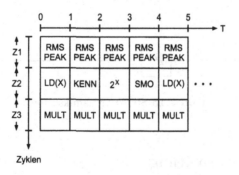

Bild 7.14 Verschachtelungstechnik

7.5.2 Kennlinienapproximation

Neben der Logarithmierung und Entlogarithmierung treten bei der Kennlinienberechnung einfach zu realisierende Operationen wie Vergleich und Addition/Multiplikation auf. Die Logarithmierung des Spitzen-/Effektivwerts erfolgt mit Hilfe von

$$x = M \cdot 2^E \tag{7.32}$$

$$\mathrm{ld}(x) = \mathrm{ld}(M) + E. \tag{7.33}$$

Zunächst wird eine Normalisierung der Mantisse M und eine Bestimmung des Exponenten E vorgenommen. Daraufhin wird eine Reihenentwicklung der Funktion $\mathrm{ld}(M)$ durchgeführt und anschließend der Exponent additiv hinzugefügt. Der logarithmische Bewertungsfaktor G und die Entlogarithmierung 2^G ist durch

$$G = -E - M \tag{7.34}$$

$$2^G = 2^{-E} \cdot 2^{-M} \tag{7.35}$$

gegeben. Hierin ist E eine natürliche Zahl und M die Nachkommazahl. Die Entlogarithmierung 2^G wird durch Reihenentwicklung der Funktion 2^{-M} und anschließender Bewertung mit 2^{-E} erreicht. Die Reduktion des Rechenaufwands kann durch eine direkte Nutzung von Tabellen zur Logarithmierung und Entlogarithmierung erfolgen.

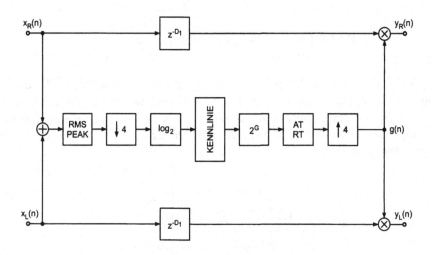

Bild 7.15 Stereo-Dynamiksystem

7.5.3   Stereo-Verarbeitung

Bei der Stereo-Verarbeitung muss ein gemeinsamer Steuerfaktor $g(n)$ ermittelt werden. Wenn für beide Signale unterschiedlich gewonnene Steuerfaktoren benutzt werden, führen Begrenzungen oder Kompressionen in einem der beiden Stereo-Signale zu Verschiebungen der Balance des Stereo-Signals. In Bild 7.15 wird zur Bestimmung eines gemeinsamen Steuerfaktors $g(n)$ die Summe der beiden Signale herangezogen. Die darauffolgenden Stufen Spitzenwert-/Effektivwertmessung, Unterabtastung, Logarithmierung, Kennlinienberechnung, Entlogarithmierung, Ansprech- und Rücklaufzeit und

Aufwärtstastung mit der Abtast-Haltefunktion entsprechen der bekannten Vorgehensweise. Die Verzögerung D_1 muss für beide Signale gleich gewählt werden.

Literaturverzeichnis

[Dic79]   M. Dickreiter: *Handbuch der Tonstudiotechnik*, K.G. Saur, München, 1979.

[McN85]   G.W. McNally: *Dynamic Range Control of Digital Audio Signals*, J. Audio Eng. Soc., Vol. 32, No. 5, pp. 316–327, 1984.

[Sti86]   E. Stikvoort: *Digital Dynamic Range Compressor for Audio*, J. Audio Eng. Soc., Vol. 34, No. 1/2, pp. 3–9, 1986.

[Web85]   J. Webers: *Tonstudiotechnik*, Franzis-Verlag, München, 1985.

Kapitel 8

Abtastratenumsetzung

In der digitalen Audiotechnik haben sich verschiedene Abtastraten etabliert. Da sind der Hörrundfunkbereich mit einer Abtastrate von 32 kHz, der professionelle Studiobereich mit 48 kHz und der Konsumerbereich mit 44,1 kHz Abtastrate zu nennen. Es werden darüber hinaus noch weitere Abtastraten benutzt, die sich aus den unterschiedlichen Bildwechselfrequenzen bei Film und Video ableiten. Neben den Abtastraten 32, 44,1 und 48 kHz sind ganzzahlige Vielfache dieser Abtastraten ebenfalls eingeführt. Bei der Verbindung von Systemen mit unterschiedlichen und nichtverkoppelten Abtastraten muss eine Abtastratenumsetzung durchgeführt werden. In diesem Kapitel werden die synchrone Abtastratenumsetzung um den rationalen Faktor L/M bei verkoppelten Systemtakten und die asynchrone Abtastratenumsetzung zwischen plesiochronen Systemen, deren Abtastraten verschieden und in keiner Weise miteinander synchronisiert sind, behandelt.

8.1 Grundlagen

Die Abtastratenumsetzung besteht aus den grundlegenden Operationen der Aufwärts- und Abwärtstastung und der zugehörigen Anti-Imaging und Anti-Aliasing Filterung [Cro83, Vai93, Fli93, Opp99, Göc04]. Die zeitdiskrete Fourier-Transformierte des abgetasteten Signals $x(n)$ mit der Abtastfrequenz $f_A = 1/T$ ($\omega_A = 2\pi f_A$) ist gegeben durch

$$X(e^{j\Omega}) \;=\; \frac{1}{T} \sum_{k=-\infty}^{\infty} X_a(j\omega + jk \underbrace{\frac{2\pi}{T}}_{\omega_A}) \quad \text{mit} \quad \Omega = \omega T \tag{8.1}$$

mit der Fourier-Transformierten $X_a(j\omega)$ des zeitkontinuierlichen Signals $x(t)$. Die ideale Abtastung ohne Aliasing-Fehler erfüllt die Bedingung

$$X(e^{j\Omega}) \;=\; \frac{1}{T} X_a(j\omega), \quad |\Omega| \le \pi. \tag{8.2}$$

8.1.1   Aufwärtstastung und Anti-Imaging Filterung

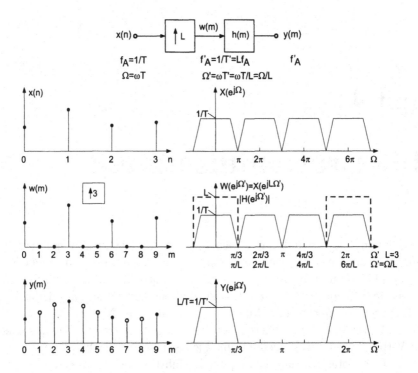

Bild 8.1 Darstellung der Aufwärtstastung um Faktor L und Anti-Imaging Filterung im Zeit-und Frequenzbereich

Bei der Aufwärtstastung des Signals

$$x(n) \circ\!\!-\!\!\bullet X(e^{j\Omega}) \tag{8.3}$$

mit dem Faktor L werden zwischen aufeinanderfolgenden Abtastwerten des Signals $L - 1$ Nullwerte eingefügt (s. Bild 8.1). Dieser Vorgang führt auf das aufwärtsgetastete Signal

$$w(m) = \begin{cases} x\left(\dfrac{m}{L}\right) & m = 0, \pm L, \pm 2L, \dots \\ 0 & \text{sonst} \end{cases} \tag{8.4}$$

mit der Abtastfrequenz $f'_A = 1/T' = L \cdot f_A = L/T$ ($\Omega' = \Omega/L$) und der zugehörigen Fourier-Transformierten

$$W(e^{j\Omega'}) = \sum_{m=-\infty}^{\infty} w(m)e^{-jm\Omega'} = \sum_{m=-\infty}^{\infty} x(m)e^{-jmL\Omega'} = X(e^{jL\Omega'}). \tag{8.5}$$

Die Unterdrückung der Spiegelspektren erfolgt durch eine Anti-Imaging Filterung des Signals $w(m)$ mit $h(m)$, so dass für das Ausgangssignal

$$y(m) = w(m) * h(m) \tag{8.6}$$

$$Y(e^{j\Omega'}) = H(e^{j\Omega'}) \cdot X(e^{j\Omega'L}) \tag{8.7}$$

gilt. Zur Anhebung des Signalleistung im Basisband muss die Fourier-Transformierte der Impulsantwort

$$H(e^{j\Omega'}) \;=\; \begin{cases} L & |\Omega'| \leq \pi/L \\ 0 & \text{sonst} \end{cases} \tag{8.8}$$

den Verstärkungsfaktor L im Durchlassbereich besitzen, damit für das Ausgangssignal $y(m)$ die zeitdiskrete Fourier-Transformierte

$$Y(e^{j\Omega'}) \;=\; LX(e^{j\Omega'L}) \tag{8.9}$$

$$= \; L\frac{1}{T} \underbrace{\sum_{k=-\infty}^{\infty} X_a\left(j\omega + jLk\frac{2\pi}{T}\right)}_{\text{mit (8.1) und (8.5)}} \tag{8.10}$$

$$= \; L\frac{1}{LT'} \sum_{k=-\infty}^{\infty} X_a\left(j\omega + jLk\frac{2\pi}{LT'}\right) \tag{8.11}$$

$$= \; \underbrace{\frac{1}{T'} \sum_{k=-\infty}^{\infty} X_a\left(j\omega + jk\frac{2\pi}{T'}\right)}_{\text{Spektrum eines Signals mit } f_A'=Lf_A} \tag{8.12}$$

gilt. Das Ausgangssignal entspricht der Abtastung des Eingangssignals $x(t)$ mit der Abtastfrequenz $f_A' = Lf_A$.

8.1.2 Abwärtstastung und Anti-Aliasing Filterung

Zur Abwärtstastung eines Signals $x(n)$ um den Faktor M muss das Signal auf die Bandbreite π/M bandbegrenzt sein, damit kein Aliasing nach der Abwärtstastung auftritt (s. Bild 8.2). Zur Bandbegrenzung erfolgt eine zunächst Filterung mit $H(e^{j\Omega})$ gemäß

$$w(m) \;=\; x(m) * h(m) \tag{8.13}$$

$$W(e^{j\Omega}) \;=\; X(e^{j\Omega}) \cdot H(e^{j\Omega}) \tag{8.14}$$

$$H(e^{j\Omega}) \;=\; \begin{cases} 1 & |\Omega| \leq \pi/M \\ 0 & \text{sonst} \end{cases}. \tag{8.15}$$

Die Abwärtstastung des Signals $w(m)$ besteht aus der Entnahme jedes M-ten Abtastwertes und liefert das Ausgangssignal

$$y(n) = w(Mn) \tag{8.16}$$

mit der Fourier-Transformierten

$$Y(e^{j\Omega'}) = \frac{1}{M} \sum_{l=0}^{M-1} W(e^{j(\Omega'-2\pi l)/M}). \tag{8.17}$$

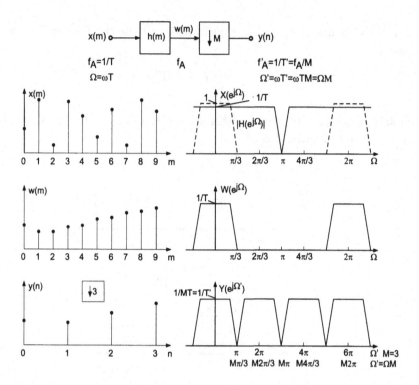

Bild 8.2 Darstellung der Anti-Alasing Filterung und Abwärtstastung um Faktor M im Zeit-
und Frequenzbereich

Für das Basisbandspektrum ($|\Omega'| \leq \pi$ und $l = 0$) gilt

$$Y(e^{j\Omega'}) = \frac{1}{M}H(e^{j\Omega'/M}) \cdot X(e^{j\Omega'/M}) = \frac{1}{M}X(e^{j\Omega'/M}) \quad |\Omega'| \leq \pi \qquad (8.18)$$

und hiermit folgt für die zeitdiskrete Fourier-Transformierte des Ausgangssignals

$$Y(e^{j\Omega'}) = \frac{1}{M}X(e^{j\Omega'/M}) = \underbrace{\frac{1}{M}\frac{1}{T}\sum_{k=-\infty}^{\infty}X_a\left(j\omega + jk\frac{2\pi}{MT}\right)}_{\text{mit (8.1)}} \qquad (8.19)$$

$$= \underbrace{\frac{1}{T'}\sum_{k=-\infty}^{\infty}X_a\left(j\omega + jk\frac{2\pi}{T'}\right)}_{\text{Spektrum eines Signals mit } f_A'=f_A/M} \quad , \qquad (8.20)$$

welches das Spektrum eines mit $f_A' = f_A/M$ abgetasteten Signals $y(n)$ darstellt.

8.2 Synchrone Umsetzung

Die Umsetzung von verkoppelten Abtastraten um einen rationalen Faktor L/M kann mit der Anordnung in Bild 8.3 durchgeführt werden. Nach einer Abtastratenerhöhung um den Faktor L erfolgt eine Filterung bei der Abtastrate Lf_A und einer anschließenden Abtastratenreduktion um den Faktor M. Da nach der Abtastratenerhöhung und Filterung nur jeder M-te Abtastwert aus der Folge $v(k)$ genommen wird, lassen sich effiziente Algorithmen ableiten, um den Rechenaufwand zu reduzieren. Hierzu sind zwei Methoden im Einsatz, von denen eine auf einer Betrachtung im Zeitbereich [Cro83] und die zweite auf einer Betrachtung im Z-Bereich [Hsi87] beruht. Aufgrund der Recheneffizienz wird im Folgenden nur auf den Ansatz im Z-Bereich eingegangen.

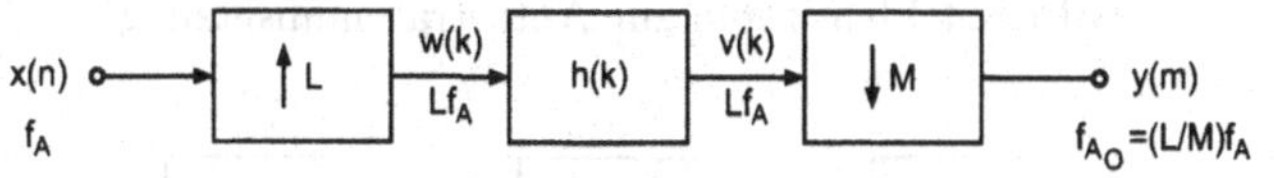

Bild 8.3 Abtastratenumsetzung L/M

Ausgehend von der Impulsantwort $h(n)$ mit der Länge N und der zugehörigen Z-Transformierten

$$H(z) = \sum_{n=0}^{N-1} h(n)z^{-n} \tag{8.21}$$

folgt für die Polyphasendarstellung [Cro83, Vai93, Fli93, Opp99, Göc04] mit M Komponenten

$$H(z) = \sum_{k=0}^{M-1} z^{-k} E_k(z^M) \qquad \text{Typ 1} \tag{8.22}$$

$$\text{mit} \qquad e_k(n) = h(nM + k), \quad k = 0, 1, ..., M-1 \tag{8.23}$$

oder

$$H(z) = \sum_{k=0}^{M-1} z^{-(M-1-k)} R_k(z^M) \qquad \text{Typ 2} \tag{8.24}$$

$$\text{mit} \qquad r_k(n) = h(nM - k), \quad k = 0, 1, ..., M-1. \tag{8.25}$$

Die in Gl. (8.22) angegebene Polyphasenzerlegung wird mit Typ 1 und die in Gl. (8.24) mit Typ 2 bezeichnet. Die Typ-1 Polyphasenzerlegung entspricht dem Kommutator-Modell im Gegenuhrzeigersinn und die Typ-2 Polyphasenzerlegung dem Kommutator-Modell im Uhrzeigersinn. Der Zusammenhang zwischen $R(z)$ und $E(z)$ lautet

$$R_k(z) = E_{M-1-k}(z). \tag{8.26}$$

Mit Hilfe der in Bild 8.4 angegebenen Identitäten und der Zerlegung (Theorem von Euklid) von

$$z^{-1} = z^{-pL} z^{qM} \tag{8.27}$$

lassen sich die in Bild 8.5a dargestellten Verschiebungen von Verzögerungsgliedern durchführen. Gleichung (8.27) gilt, wenn M und L Primzahlen und p, q ganzzahlige Werte sind. Bei einer Kaskade von Aufwärtstastung und Abwärtstastung können die Funktionsblöcke in ihrer Reihenfolge vertauscht werden (s. Bild 8.5b).

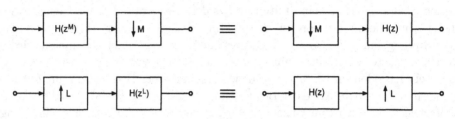

Bild 8.4 Identitäten zur Abtastratenumsetzung

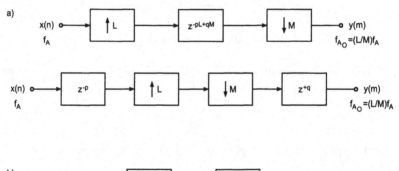

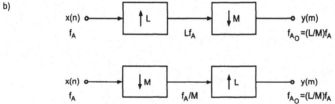

Bild 8.5 Zerlegung nach Euklid's Theorem

Die Anwendung der Polyphasenzerlegung wird nun am Beispiel $L = 2$ und $M = 3$ deutlich gemacht. Dies entspricht z. B. einer Abtastratenumsetzung von 48 kHz auf 32 kHz. Die Bilder 8.6 und 8.7 zeigen die mögliche Zusammenfassung von Übertragungs-funktion und Interpolation oder Reduktion und die Polyphasenzerlegung. Die weiteren Schritte zur Zerlegung des Filterproblems sind in Bild 8.8 dargestellt. Zunächst wird die Interpolation mit einer Polyphasenzerlegung realisiert. Anschließend wird der Abwärts-taster um den Faktor 3 durch den Summationsknoten in die beiden Zweige verschoben. In Bild 8.8c wird der Aufwärtstaster in der Reihenfolge mit dem Abwärtstaster ver-tauscht, und im letzten Schritt (Bild 8.8d) wird eine erneute Polyphasenzerlegung von $E_0(z)$ und $E_1(z)$ vorgenommen. Die eigentlichen Filteroperationen $E_{0k}(z)$ und $E_{1k}(z)$ mit $k = 0, 1, 2$ werden bei der um den Faktor 3 reduzierten Eingangsabtastrate aus-geführt.

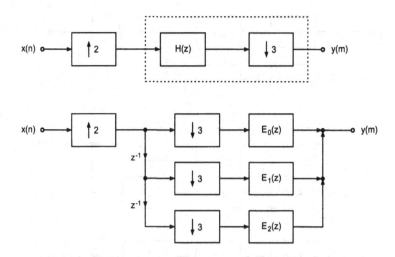

Bild 8.6 Polyphasenzerlegung der Reduktion $L/M = 2/3$

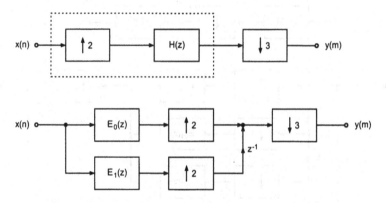

Bild 8.7 Polyphasenzerlegung der Interpolation $L/M = 2/3$

8.3   Asynchrone Umsetzung

Plesiochrone Systeme bestehen aus Teilsystemen mit unterschiedlichen und nichtverkoppelten Abtasttakten. Die Abtastratenumsetzung zwischen diesen Systemen kann
durch eine Digital/Analog-Umsetzung mit der Abtastrate des ersten Systems und eine
anschließende Analog/Digital-Umsetzung mit der Abtastrate des zweiten Systems erfolgen. Eine digitale Approximation dieses Vorganges kann mit einem Multiraten-System
erreicht werden [Lag81, Lag82, Lag83, Ram82, Ram84, Eva01]. Bild 8.9 zeigt ein System zur Erhöhung der Abtastrate um den Faktor L mit anschließender Anti-Image-
Filterung durch $H(z)$ und einer Abtastung des interpolierten Signals $y(k)$. Die Abtastwerte $y(k)$ werden über einen Takt gehalten und mit dem Ausgangstakt $T_{A_O} = 1/f_{A_O}$
abgetastet. Die Abtastrate muss dabei so weit erhöht werden, bis die Differenz zweier aufeinander folgender Abtastwerte kleiner als die Quantisierungsstufe Q ist. Die
anschließende Abtasthalte-Funktion bewirkt dabei eine Unterdrückung der Spiegel-

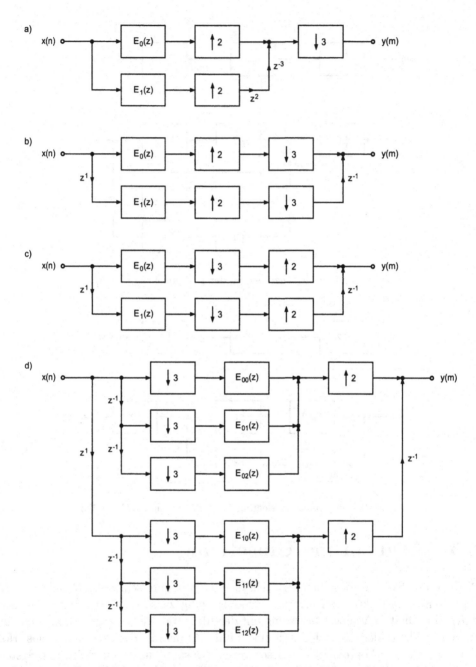

Bild 8.8 Abtastratenumsetzung um den Faktor 2/3

spektren bei Vielfachen von Lf_A. Das so erhaltene Signal ist ein bandbegrenztes, zeit-kontinuierliches Signal und kann mit der Ausgangsabtastrate neu abgetastet werden.

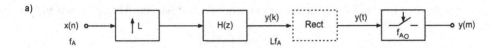

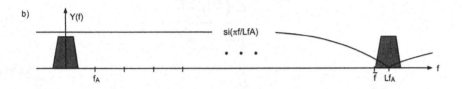

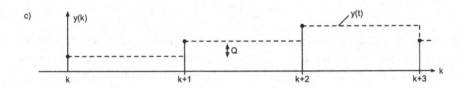

Bild 8.9 Approximation der DA/AD-Umsetzung

Zur Berechnung der notwendigen Interpolationsrate wird eine Interpretation im Frequenzbereich vorgenommen. Für die si-Funktion eines Abtasthalte-Systems (s. Bild 8.9b) gilt bei der Frequenz $\tilde{f} = (L - \frac{1}{2})f_A$

$$E(\tilde{f}) = \frac{\sin\left(\frac{\pi\tilde{f}}{Lf_A}\right)}{\frac{\pi\tilde{f}}{Lf_A}} = \frac{\sin\left(\frac{\pi(L-\frac{1}{2})f_A}{Lf_A}\right)}{\frac{\pi(L-\frac{1}{2})f_A}{Lf_A}} = \frac{\sin\left(\pi - \frac{\pi}{2L}\right)}{\pi - \frac{\pi}{2L}}. \tag{8.28}$$

Mit $\sin(\alpha - \beta) = \sin(\alpha)\cos(\beta) - \cos(\alpha)\sin(\beta)$ folgt

$$E(\tilde{f}) = \frac{\sin\left(\frac{\pi}{2L}\right)}{\pi\left(1 - \frac{1}{2L}\right)} \approx \frac{\pi/2L}{\pi\left(1 - \frac{1}{2L}\right)} = \frac{1}{2L - 1} \approx \frac{1}{2L}. \tag{8.29}$$

Bei vorgegebener Wortbreite w und der Quantisierungsstufe Q folgt für die notwendige Interpolationsrate L:

$$\frac{Q}{2} \geq \frac{1}{2L} \tag{8.30}$$

$$\frac{2^{-(w-1)}}{2} \geq \frac{1}{2L} \tag{8.31}$$

$$L \geq 2^{w-1}. \tag{8.32}$$

Für eine lineare Interpolation zwischen den aufwärtsgetasteten Abtastwerten $y(k)$ gilt:

$$E(\tilde{f}) = \frac{\sin^2\left(\frac{\pi\tilde{f}}{Lf_A}\right)}{\left(\frac{\pi\tilde{f}}{Lf_A}\right)^2} \tag{8.33}$$

$$= \frac{\sin^2\left(\frac{\pi(L-\frac{1}{2})f_A}{Lf_A}\right)}{\left(\frac{\pi(L-\frac{1}{2})f_A}{Lf_A}\right)^2} \tag{8.34}$$

$$\approx \frac{1}{(2L)^2}. \tag{8.35}$$

Hiermit ist es möglich, die notwendige Interpolationsrate auf

$$L_1 \geq 2^{\frac{w}{2}-1} \tag{8.36}$$

zu reduzieren. Bild 8.10 verdeutlicht dies anhand eines Blockschaltbildes. In einer ersten Stufe wird auf die Abtastrate $L_1 f_A$ interpoliert, von der aus dann über eine lineare Interpolation auf die Abtastrate $Lf_A = (L_1 L_2)f_A$ aufwärts getastet wird.

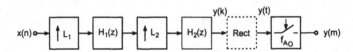

Bild 8.10 Lineare Interpolation vor der virtuellen Abtasthalte-Funktion

Durch Wahl des Interpolationsverfahrens ist es also möglich, die Interpolationsrate vor dem virtuellen Abtasthalte-Vorgang zu reduzieren. Hierauf wird im Abschnitt 8.3.2 über mehrstufige Verfahren näher eingegangen.

8.3.1 Einstufige Verfahren

Direkte Umsetzungsverfahren realisieren das in Bild 8.9a dargestellte Blockschaltbild [Lag83, Smi84, Par90, Par91, Ada92, Ada93]. Zur Berechnung eines diskreten Amplitudenwertes auf einem Ausgangsraster mit der Abtastfrequenz f_{A_O} aus den Abtastwerten des Signals $x(n)$, welches mit der Abtastfrequenz f_{A_I} abgetastet ist, folgt mit $0 \leq \alpha < 1$

$$\begin{aligned} \mathrm{DFT}[x(n-\alpha)] &= X(e^{j\Omega})e^{-j\alpha\Omega} \\ &= X(e^{j\Omega})H_\alpha(e^{j\Omega}). \end{aligned} \tag{8.37}$$

Mit der Übertragungsfunktion

$$H_\alpha(e^{j\Omega}) = e^{-j\alpha\Omega} \tag{8.38}$$

und den Eigenschaften gemäß

$$H(e^{j\Omega}) = \begin{cases} 1 & 0 \leq |\Omega| \leq \Omega_g \\ 0 & \Omega_g < |\Omega| < \pi \end{cases} \tag{8.39}$$

folgt für die Impulsantwort

$$h_\alpha(n) = h(n - \alpha) = \frac{\Omega_g}{\pi} \frac{\sin[\Omega_g(n - \alpha)]}{\Omega_g(n - \alpha)}. \tag{8.40}$$

Aus Gl. (8.37) folgt die Faltungsbeziehung

$$x(n - \alpha) = \sum_{m=-\infty}^{\infty} x(m)h(n - \alpha - m) \tag{8.41}$$

$$= \sum_{m=-\infty}^{\infty} x(m)\frac{\Omega_g}{\pi}\frac{\sin[\Omega_g(n - \alpha - m)]}{\Omega_g(n - \alpha - m)}. \tag{8.42}$$

Bild 8.11 verdeutlicht diese Faltungsbeziehung im Zeitbereich für ein festes α, und

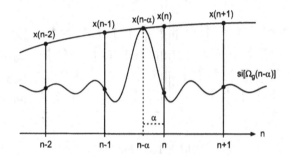

Bild 8.11 Faltungssumme im Zeitbereich

Bild 8.12 zeigt die Koeffizienten $h(n - \alpha_i)$ für diskrete α_i $(i = 0, \ldots, 3)$, welche sich aus den Schnittpunkten der si-Funktion mit den diskreten Stützstellen $x(n)$ ergeben.

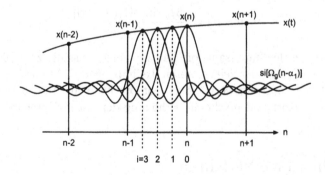

Bild 8.12 Faltungssumme für unterschiedliche α_i

Zur Begrenzung der Faltungssumme erfolgt eine Fensterung der Impulsantwort gemäß

$$h_W(n - \alpha_i) = w(n)\frac{\Omega_g}{\pi}\frac{\sin[\Omega_g(n - \alpha_i)]}{\Omega_g(n - \alpha_i)} \qquad n = 0, \ldots, 2M. \tag{8.43}$$

Hieraus ergibt sich der Schätzwert

$$\hat{x}(n - \alpha_i) = \sum_{m=-M}^{M} x(m)h_W(n - \alpha_i - m). \tag{8.44}$$

Eine graphische Interpretation der von α_i abhängigen zeitvarianten Impulsantworten ist exemplarisch in Bild 8.13 gegeben. Die diskrete Aufteilung zwischen zwei Eingangs-abtastwerten in N Teilintervalle führt somit auf N Teilimpulsantworten der Länge $2M + 1$.

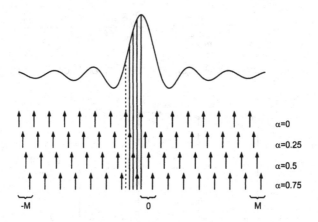

Bild 8.13 si-Funktion

Wenn für die Ausgangsabtastfrequenz $f_{A_O} < f_{A_I}$ gilt, muss eine Bandbegrenzung (Anti-Aliasing-Filter) auf $f_{A_O}/2$ vorgenommen werden. Dies geschieht mit dem Faktor $\beta = \frac{f_{A_O}}{f_{A_I}}$ und führt mit Hilfe des Skalierungssatzes der Fourier-Transformation auf

$$h(n - \alpha) = \frac{\beta\Omega_g}{\pi} \frac{\sin[\beta\Omega_g(n - \alpha)]}{\beta\Omega_g(n - \alpha)}. \tag{8.45}$$

Diese Zeitskalierung der Impulsantwort hat zur Folge, dass die zur Faltung benötigte Anzahl von Koeffizienten der zeitvarianten Teilimpulsantworten erhöht wird. Die Anzahl der benötigten Zustandswerte steigt entsprechend an. Bild 8.14 zeigt die zeit-skalierte Impulsantwort und macht die Erhöhung der Koeffizientenanzahl M und der Zustandswerteanzahl deutlich.

8.3.2 Mehrstufige Verfahren

Die Grundlagen mehrstufiger Umsetzungsverfahren [Lag81, Lag82, Kat85, Kat86] werden mit Hilfe der Darstellung im Frequenzbereich in Bild 8.15 erläutert. Die Abtast-ratenerhöhung auf die notwendige Abtastrate Lf_A vor der Abtasthalte-Funktion erfolgt hierbei in 4 Stufen. In den Stufen 1 und 2 wird die Abtastrate jeweils um den Fak-tor 2 mit anschließender Anti-Image-Filterung erhöht (s. Bild 8.15b/c). In der Stufe 3

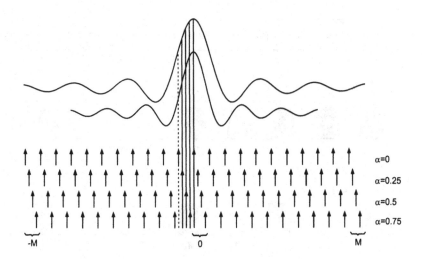

Bild 8.14 Zeitskalierte Impulsantwort

wird um den Faktor 32 aufwärts getastet und die Spiegelspektren unterdrückt (s. Bild 8.15d/e). Mit einer Aufwärtstastung um den Faktor 256 und einem linearen Interpolator wird in der Stufe 4 auf die Abtastrate Lf_A interpoliert (Bild 8.15e). Die si^2-Funktion des linearen Interpolators unterdrückt die Spiegelspektren bei Vielfachen von $128f_A$ bis zu dem Spektrum bei Lf_A. Der virtuelle Abtasthalte-Vorgang ist in Bild 8.15f dargestellt, wonach die Abtastung mit der Ausgangsabtastrate erfolgt. Eine direkte Umsetzung dieser kaskadierten Interpolationsstruktur erfordert Anti-Image-Filterungen nach der jeweiligen Aufwärtstastung mit der entsprechenden Abtastrate. Obwohl sich die notwendigen Filterordnungen aufgrund abnehmender Filteranforderungen reduzieren, ist eine Realisierung der Filter in den Stufen 3 und 4 nicht direkt möglich.

Nach einem Vorschlag von Lagadec [Lag82c] wird die Messung des Verhältnisses von Eingangs- zu Ausgangsrate zur Steuerung der Polyphasenfilter in Stufe 3 und 4 (s. Bild 8.16a, CON=Steuerung) herangezogen, um den Rechenaufwand zu reduzieren. Zur Veranschaulichung wird in Bild 8.16b–d eine Zeitbereichsinterpretation vorgenommen. Bild 8.16b verdeutlicht die Interpolation von 3 Abtastwerten zwischen 2 Eingangswerten $x(n)$ durch die Stufen 1 und 2. Die Abszisse zeigt die Intervalle der Eingangsabtastrate und der um den Faktor 4 erhöhten Abtastrate. Zur Verdeutlichung ist das zeitkontinuierliche Signal ebenfalls gezeichnet. In Bild 8.16c ist das um den Faktor 4 in der Abtastrate erhöhte Signal über dem Index der Ausgangsabtastrate dargestellt. Es wird angenommen, dass der Abtastwert bei $y(m = 0)$ mit dem Eingangsabtastwert $x(n = 0)$ übereinstimmt. Der Ausgangsabtastwert $y(m = 1)$ wird nun in der Form ermittelt, dass mit Hilfe des Interpolators in Stufe 3 nur der vor und nach dem Ausgangsabtastwert benötigte Polyphasenzweig berechnet wird. Es werden damit nur 2 der insgesamt 31 möglichen Zwischenwerte in der Stufe 3 berechnet. In Bild 8.16d sind diese beiden Zwischenwerte des Signals $y(j)$ dargestellt. Zwischen diesen beiden Werten wird dann mit einer linearen Interpolation der Ausgangswert $y(m = 1)$ auf einem Raster von 255 Zwischenwerten ermittelt.

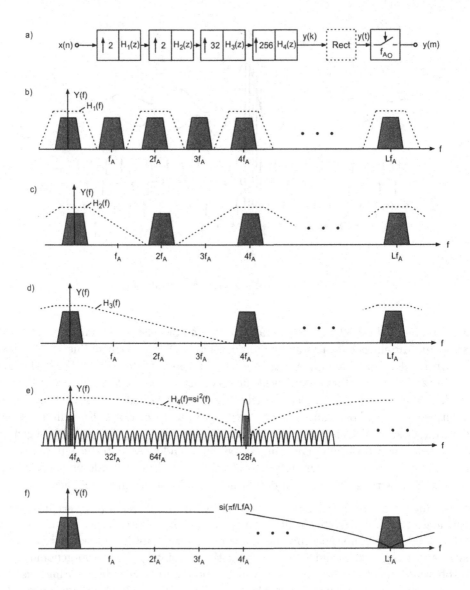

Bild 8.15 Mehrstufige Abtastratenerhöhung und Darstellung der Spektren

Anstelle der Stufen 3 und 4 lassen sich Interpolationsverfahren nutzen, die die Ausgangswerte $y(m)$ direkt aus dem um den Faktor 4 hochgetasteten Signal berechnen (s. Bild 8.17) [Sti91 , Cuc91, Liu92]. Die Interpolationsrate $L_3 = 2^{w-3}$ für die letzte Stufe berechnet sich mit $L = 2^{w-1} = L_1 L_2 L_3 = 2^2 L_3$. Auf verschiedene Interpolationsverfahren, die eine Echtzeitberechnung von Filterkoeffizienten erlauben, wird in Abschnitt 8.4 eingegangen. Dieser Vorgang lässt sich als zeitvariantes Interpolationsfilter interpretieren, dessen Filterkoeffizienten aus der Kenntnis der Abtastratenverhältnisse abgeleitet werden. Die Berechnung der Lage der Ausgangsabtastwerte aus der Messung

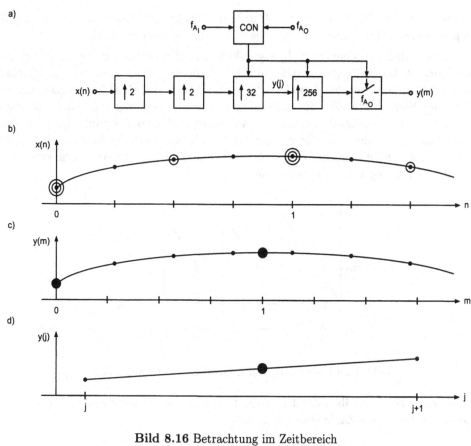

Bild 8.16 Betrachtung im Zeitbereich

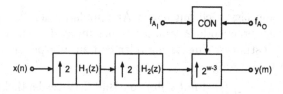

Bild 8.17 Abtastratenumsetzung mit Interpolationsverfahren zur Koeffizientenberechnung für zeitvariantes Interpolationsfilter

des Abtastratenverhältnisses wird im nächsten Abschnitt durchgeführt.

8.3.3 Steuerung der Interpolationsfilter

Die Messung des Verhältnisses zwischen Eingangs- und Ausgangsabtastrate wird zur Steuerung der Interpolationsfilter [Lag82a] herangezogen und soll im Folgenden erläutert werden. Bei der Abtastratenerhöhung um den Faktor L wird das Eingangsabtastintervall bei einer Signalwortbreite von $w = 16$ Bit in $L = 2^{w-1} = 2^{15}$ Abschnitte unterteilt.

Auf diesem neuen Raster wird der Zeitpunkt des Ausgangswertes rechnerisch mit Hilfe des gemessenen Abtastratenverhältnisses T_{A_O}/T_{A_I} wie folgt ermittelt:

Ein Zähler wird mit dem Takt Lf_A getaktet und durch jeden neuen Eingangstakt zurückgesetzt. Hiermit ergibt sich der in Bild 8.18 dargestellte sägezahnförmige Verlauf des Zählerstandes über der Zeit. Der Zähler läuft während eines Eingangstaktes von 0 bis zum Wert $L - 1$. Zu einem Zeitpunkt t_{i-2} mit dem zugehörigen Zählerstand z_{i-2} möge der Ausgangsabtasttakt T_{A_O} beginnen und zum Zeitpunkt t_{i-1} mit dem Zählerstand z_{i-1} enden. Aus der Kenntnis der Zählerstände zu den beiden Zeitpunkten lässt sich mit der Differenz der beiden Zählerstände die Länge des Abtastintervalls T_{A_O} mit einer Auflösung von Lf_{A_I} bestimmen.

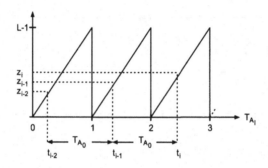

Bild 8.18 Berechnung von t_i (Zählerstand über der Zeit)

Man addiert zu dem Zählerstand z_{i-1} die Differenz der vorhergehenden Zählerstände und erhält den neuen Zählerstand z_i gemäß

$$t_i = (t_{i-1} + T_{A_O}) \oplus T_{A_I}. \tag{8.46}$$

Die Modulo-Operation lässt sich mit einem Akkumulator der Wortbreite $w - 1 = 15$ durchführen. Der sich ergebende Zeitpunkt t_i bestimmt den zu wählenden Polyphasenzweig bei einer einstufigen Umsetzung oder den zu interpolierenden Zeitpunkt bei einer mehrstufigen Umsetzung.

Die Messung von T_{A_O}/T_{A_I} wird mit Hilfe von Bild 8.19 verdeutlicht:

- Die Eingangsabtastfrequenz f_{A_I} wird mit einem Frequenzvervielfacher auf $M_Z f_{A_I}$ erhöht, wobei $M_Z = 2^w$ ist. Dieser M_Z-fache Eingangstakt taktet einen w-Bit-Zähler, dessen Zählerstand z alle M_O Ausgangsabtastintervalle ausgewertet wird.

- Zählen von M_O Ausgangsabtastintervallen

- Gleichzeitiges Zählen der M_I Eingangsabtastintervalle

Für die Zeitintervalle d_1 und d_2 gilt

$$d_1 = M_I T_{A_I} + \frac{z - z_0}{M_Z} T_{A_I} = \left(M_I + \frac{z - z_0}{M_Z} \right) T_{A_I} \tag{8.47}$$

$$d_2 = M_O T_{A_O}, \tag{8.48}$$

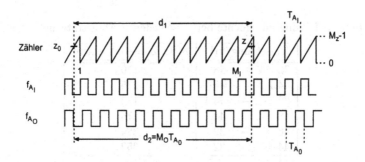

Bild 8.19 Messung von T_{A_O}/T_{A_I}

und mit der Forderung $d_1 = d_2$ folgt

$$M_O T_{A_O} = \left(M_I + \frac{z - z_0}{M_Z}\right) T_{A_I}$$

$$\frac{T_{A_O}}{T_{A_I}} = \frac{M_I + (z - z_0)/M_Z}{M_O} = \frac{M_Z M_I + (z - z_0)}{M_Z M_O}. \tag{8.49}$$

- Fallbeispiel 1: $w = 0 \rightarrow M_Z = 1$

$$\frac{T_{A_O}}{T_{A_I}} = \frac{M_I}{2^{15}} \tag{8.50}$$

Bei einer Messgenauigkeit von 15 Bit muss die Mittelungsanzahl $M_O = 2^{15}$ gewählt und die Anzahl M_I bestimmt werden.

- Fallbeispiel 2: $w = 8 \rightarrow M_Z = 2^8$

$$\frac{T_{A_O}}{T_{A_I}} = \frac{2^8 M_I + (z - z_0)}{2^8 2^7} \tag{8.51}$$

Bei einer Messgenauigkeit von 15 Bit muss die Mittelungsanzahl $M_O = 2^7$ gewählt werden, die Anzahl M_I bestimmt werden und eine Auswertung der Zählerstände vorgenommen werden.

Die Abtastraten am Eingang und Ausgang eines Abtastratenumsetzers lassen sich durch Auswertung des 8-Bit-Zählerinkrementes pro Ausgangsabtasttakt mit

$$z = \frac{T_{A_O}}{T_{A_I}} M_Z = \frac{f_{A_I}}{f_{A_O}} 256 \tag{8.52}$$

berechnen, wie der Tabelle 8.1 zu entnehmen ist.

Tabelle 8.1 Zählerinkremente bei verschiedenen Abtastratenumsetzungen

Umsetzung/kHz	8-Bit Zählerinkrement
32 → 48	170
44,1 → 48	235
32 → 44,1	185
48 → 44,1	278
48 → 32	384
44,1 → 32	352

8.4 Interpolationsverfahren

In den folgenden Unterabschnitten werden Interpolationsverfahren behandelt, die es ermöglichen, mit Hilfe der überabgetasteten Eingangsfolge und der Kenntnis der zeitlichen Lage des Ausgangsabtastwertes eine Berechnung von zeitvarianten Filterkoeffizienten vorzunehmen. Eine Faltung der überabgetasteten Eingangsfolge mit diesen zeitvarianten Filterkoeffizienten liefert den Ausgangsabtastwert mit der Ausgangsabtastrate. Diese Echtzeitberechnung der Filterkoeffizienten beruht nicht auf den Filterentwurfsverfahren wie Fensterentwurf oder Parks/McClellan [Fli93]. Es werden vielmehr Verfahren behandelt, in denen sich die Filterkoeffizienten analytisch aus dem Abstand des Ausgangsabtastwertes von dem Raster der Eingangsfolge ableiten lassen. Eine ausführliche Diskussion von Entwurfsverfahren findet sich in [Eva01].

8.4.1 Polynom-Interpolation

Ziel einer Polynom-Interpolation [Liu92] ist die Bestimmung eines Polynoms

$$p_N(x) = \sum_{i=0}^{N} a_i x^i \tag{8.53}$$

der Ordnung N, welches eine Funktion $f(x)$ an $N+1$ äquidistanten Stützstellen (Knoten) x_i exakt repräsentiert, d.h. $p_N(x_i) = f(x_i) = y_i$ für $i = 0, \ldots, N$. Die Aufstellung eines Gleichungssystems führt für die exakten Stützwerte y_i mit $i = 0, \ldots, N$ auf

$$\begin{bmatrix} 1 & x_0 & x_0^2 & \cdots & x_0^N \\ 1 & x_1 & x_1^2 & \cdots & x_1^N \\ \vdots & \vdots & \vdots & & \vdots \\ 1 & x_N & x_N^N & \cdots & x_N^N \end{bmatrix} \begin{bmatrix} a_0 \\ a_1 \\ \vdots \\ a_N \end{bmatrix} = \begin{bmatrix} y_0 \\ y_1 \\ \vdots \\ y_N \end{bmatrix}. \tag{8.54}$$

Die Polynomkoeffizienten a_i in Abhängigkeit von den Stützwerten $y_0 \ldots y_N$ erhält man mit der Cramerschen Regel gemäß

$$a_i = \cfrac{\begin{vmatrix} 1 & x_0 & x_0^2 & \cdots & y_0 & \cdots & x_0^N \\ 1 & x_1 & x_1^2 & \cdots & y_1 & \cdots & x_1^N \\ \vdots & \vdots & \vdots & & \vdots & \cdots & \vdots \\ 1 & x_N & x_N^2 & \cdots & y_N & \cdots & x_N^N \end{vmatrix}}{\begin{vmatrix} 1 & x_0 & x_0^2 & \cdots & x_0^N \\ 1 & x_1 & x_1^2 & \cdots & x_1^N \\ \vdots & \vdots & \vdots & & \vdots \\ 1 & x_N & x_N^2 & \cdots & x_N^N \end{vmatrix}}, \qquad i = 0, 1, \ldots, N. \tag{8.55}$$

i-te Spalte

Bei äquidistanten Stützstellen $x_i = i$ mit $i = 0, 1, \ldots, N$ folgt für die Interpolation eines Zwischenwertes im Abstand α

$$y(n + \alpha) = \sum_{i=0}^{N} a_i (n + \alpha)^i. \tag{8.56}$$

Zur Ableitung eines Zusammenhanges zwischen dem Ausgangswert $y(n + \alpha)$ und den Stützwerten y_i muss eine Bestimmung der zeitvarianten Koeffizienten c_i erfolgen, so dass

$$\boxed{y(n + \alpha) = \sum_{i=-N/2}^{N/2} c_i(\alpha) y(n + i)} \tag{8.57}$$

gilt. Die Vorgehensweise zur Bestimmung der zeitvarianten Koeffizienten $c_i(\alpha)$ wird exemplarisch im Folgenden aufgezeigt.

Beispiel: Für die Interpolation eines Zwischenwertes im Abstand α mit N=2 und 3 Stützwerten in Bild 8.20 folgt

$$y(n + \alpha) = \sum_{i=0}^{2} a_i (n + \alpha)^i. \tag{8.58}$$

An den Stützstellen $y(n)$ gilt

$$y(n + 1) = \sum_{i=0}^{2} a_i (n + 1)^i \qquad \alpha = 1$$

$$y(n) = \sum_{i=0}^{2} a_i n^i \qquad \alpha = 0$$

$$y(n - 1) = \sum_{i=0}^{2} a_i (n - 1)^i \qquad \alpha = -1 \tag{8.59}$$

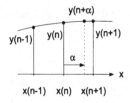

Bild 8.20 Polynom-Interpolation mit 3 Stützwerten

oder in Matrixschreibweise

$$
\begin{bmatrix} 1 & (n+1) & (n+1)^2 \\ 1 & n & n^2 \\ 1 & (n-1) & (n-1)^2 \end{bmatrix} \begin{bmatrix} a_0 \\ a_1 \\ a_2 \end{bmatrix} = \begin{bmatrix} y(n+1) \\ y(n) \\ y(n-1) \end{bmatrix}.
\tag{8.60}
$$

Für die Koeffizienten a_i in Abhängigkeit der Stützwerte y_i erhält man

$$
\begin{bmatrix} a_0 \\ a_1 \\ a_2 \end{bmatrix} = \begin{bmatrix} \frac{n(n-1)}{2} & 1-n^2 & \frac{n(n+1)}{2} \\ -\frac{2n-1}{2} & 2n & -\frac{2n+1}{2} \\ \frac{1}{2} & -1 & \frac{1}{2} \end{bmatrix} \begin{bmatrix} y(n+1) \\ y(n) \\ y(n-1) \end{bmatrix},
\tag{8.61}
$$

so dass

$$
y(n+\alpha) = a_0 + a_1(n+\alpha) + a_2(n+\alpha)^2
\tag{8.62}
$$

gilt. Für den Stützwert $y(n+\alpha)$ lässt sich

$$
\begin{aligned}
y(n+\alpha) &= \sum_{i=-1}^{1} c_i(\alpha) y(n+i) \\
&= c_{-1} y(n-1) + c_0 y(n) + c_1 y(n+1)
\end{aligned}
\tag{8.63}
$$

schreiben. Gleichung (8.62) führt mit den a_i aus Gl. (8.61) auf

$$
\begin{aligned}
y(n+\alpha) &= \left[\frac{1}{2} y(n+1) - y(n) + \frac{1}{2} y(n-1) \right] (n+\alpha)^2 \\
&\quad + \left[-\frac{2n-1}{2} y(n+1) + 2n y(n) - \frac{2n+1}{2} y(n-1) \right] (n+\alpha) \\
&\quad + \frac{n(n-1)}{2} y(n+1) + (1-n^2) y(n) + \frac{n(n+1)}{2} y(n-1).
\end{aligned}
\tag{8.64}
$$

Ein Koeffizientenvergleich von (8.63) und (8.64) liefert für $n = 0$ die gesuchten Koeffizienten

$$
\begin{aligned}
c_{-1} &= \frac{1}{2}\alpha(\alpha-1) \\
c_0 &= -(\alpha-1)(\alpha+1) = 1-\alpha^2 \\
c_1 &= \frac{1}{2}\alpha(\alpha+1).
\end{aligned}
$$

8.4.2 Lagrange-Interpolation

Die Lagrange-Interpolation für $N+1$ Stützstellen nutzt die Polynome $l_i(x)$, die folgende Eigenschaften (s. Bild 8.21) besitzen:

$$l_i(x_k) = \delta_{ik} = \left\{ \begin{array}{ll} 1 & i = k \\ 0 & \text{sonst} \end{array} \right. . \tag{8.65}$$

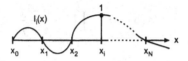

Bild 8.21 Lagrange-Polynom

Aufgrund der Nullstellen der Polynome $l_i(x)$ folgt

$$l_i(x) = a_i(x - x_0) \ldots (x - x_{i-1})(x - x_{i+1}) \ldots (x - x_N). \tag{8.66}$$

Mit $l_i(x_i) = 1$ folgt für die Koeffizienten

$$a_i(x_i) = \frac{1}{(x_i - x_0) \ldots (x_i - x_{i-1})(x_i - x_{i+1}) \ldots (x_i - x_N)}. \tag{8.67}$$

Für das Interpolationspolynom gilt

$$\begin{aligned} p_N(x) &= \sum_{i=0}^{N} l_i(x) y_i \\ &= l_0(x) y_0 + \ldots + l_N(x) y_N. \end{aligned} \tag{8.68}$$

Mit $a = \prod_{j=0}^{N}(x - x_j)$ lässt sich für Gl. (8.66)

$$\begin{aligned} l_i(x) &= a_i \frac{a}{x - x_i} = \frac{1}{\prod_{j=0, j \neq i}^{N} x_i - x_j} \frac{\prod_{j=0}^{N} x - x_j}{x - x_i} \\ &= \prod_{j=0, j \neq i}^{N} \frac{x - x_j}{x_i - x_j} \end{aligned} \tag{8.69}$$

schreiben. Für äquidistante Stützstellen

$$x_i = x_0 + ih \tag{8.70}$$

und der neuen Variablen α gemäß

$$x = x_0 + \alpha h \tag{8.71}$$

gilt

$$\frac{x - x_j}{x_i - x_j} = \frac{(x_0 + \alpha h) - (x_0 + jh)}{(x_0 + ih) - (x_0 + jh)} = \frac{\alpha - j}{i - j} \tag{8.72}$$

und somit

$$l_i(x(\alpha)) = \prod_{j=0, j \neq i}^{N} \frac{\alpha - j}{i - j}. \tag{8.73}$$

Für gerades N gilt

$$l_i(x(\alpha)) = \prod_{j=-\frac{N}{2}, j \neq i}^{\frac{N}{2}} \frac{\alpha - j}{i - j} \tag{8.74}$$

und für ungerades N

$$l_i(x(\alpha)) = \prod_{j=-\frac{N-1}{2}, j \neq i}^{\frac{N+1}{2}} \frac{\alpha - j}{i - j}. \tag{8.75}$$

Für die Interpolation eines Zwischenwertes folgt

$$\boxed{y(n + \alpha) = \sum_{i=-N/2}^{N/2} l_i(\alpha) y(n + i).} \tag{8.76}$$

Beispiel: N=2, 3 Stützwerte

$$l_{-1}(x(\alpha)) = \prod_{j=-1, j \neq -1}^{1} \frac{\alpha - j}{-1 - j} = \frac{1}{2}\alpha(\alpha - 1)$$

$$l_0(x(\alpha)) = \prod_{j=-1, j \neq 0}^{1} \frac{\alpha - j}{0 - j} = -(\alpha - 1)(\alpha + 1) = 1 - \alpha^2$$

$$l_1(x(\alpha)) = \prod_{j=-1, j \neq 1}^{1} \frac{\alpha - j}{1 - j} = \frac{1}{2}\alpha(\alpha + 1)$$

8.4.3   Spline-Interpolation

Die Interpolation mit Hilfe von stückweise definierten Funktionen, die nur über ein begrenztes Intervall verlaufen, bezeichnet man als Spline-Interpolation [Cuc92]. Ziel ist hierbei die Berechnung eines Abtastwertes $y(n + \alpha) = \sum_{i=-N/2}^{N/2} b_i^N(\alpha) y(n + i)$ aus gewichtet überlagerten Stützwerten $y(n + i)$.

Ein B-Spline N-ter Ordnung $M_k^N(x)$ über die $m+1$ Stützstellen $[x_k, \ldots, x_{k+m}]$ [Boe93] ist definiert als

$$M_k^N(x) = \sum_{i=k}^{k+m} a_i \phi_i(x) \tag{8.77}$$

mit der abgebrochenen Potenzfunktion

$$\phi_i(x) = (x - x_i)_+^N = \begin{cases} 0 & x < x_i \\ (x - x_i)^N & x \geq x_i \end{cases}. \tag{8.78}$$

Im Folgenden wird zunächst $M_0^N(x) = \sum_{i=0}^m a_i \phi_i(x)$ betrachtet ($k = 0$), wobei die Randbedingungen $M_0^N(x) = 0$ für $x < x_0$ und $M_0^N(x) = 0$ für $x \geq x_m$ gelten. In Bild 8.22 sind die abgebrochenen Potenzfunktionen und der B-Spline N-ter Ordnung dargestellt.

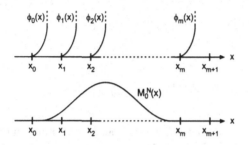

Bild 8.22 Abgebrochene Potenzfunktionen und B-Spline N-ter Ordnung

Mit Hilfe der Definition der abgebrochenen Potenzfunktion folgt für

$$\begin{aligned} M_0^N(x) &= a_0 \phi_0(x) + a_1 \phi_1(x) + \ldots + a_m \phi_m(x) \\ &= a_0(x - x_0)_+^N + a_1(x - x_1)_+^N + \ldots + a_m(x - x_m)_+^N \end{aligned} \tag{8.79}$$

und nach einigen Umrechnungen

$$\begin{aligned} M_0^N(x) = \quad & a_0(x_0^N + c_1 x_0^{N-1} x + \ldots + c_{N-1} x_0 x^{N-1} + x^N) \\ & + a_1(x_1^N + c_1 x_1^{N-1} x + \ldots + c_{N-1} x_1 x^{N-1} + x^N) \\ & \vdots \\ & + a_m(x_m^N + c_1 x_m^{N-1} x + \ldots + c_{N-1} x_m x^{N-1} + x^N). \end{aligned} \tag{8.80}$$

Mit der Randbedingung $M_0^N(x) = 0$ für $x \geq x_m$ lässt sich mit Gl. (8.80) und den Koeffizienten der Potenzen von x folgendes Gleichungssystem aufstellen:

$$\begin{bmatrix} 1 & 1 & \cdots & 1 \\ x_0 & x_1 & \cdots & x_m \\ x_0^2 & x_1^2 & \cdots & x_m^2 \\ \vdots & \vdots & & \vdots \\ x_0^N & x_1^N & \cdots & x_m^N \end{bmatrix} \begin{bmatrix} a_0 \\ a_1 \\ a_2 \\ \vdots \\ a_m \end{bmatrix} = \begin{bmatrix} 0 \\ 0 \\ 0 \\ \vdots \\ 0 \end{bmatrix}. \tag{8.81}$$

Das homogene Gleichungssystem hat genau dann nichttriviale Lösungen, wenn $m > N$ ist. Die Mindestanforderung führt auf $m = N + 1$. Für $m = N + 1$ lassen sich die

Koeffizienten [Boe93] gemäß

$$a_i = \cfrac{\begin{vmatrix} & & & & \overset{\text{i-te Spalte}}{} & & \\ 1 & 1 & 1 & \cdots & 0 & \cdots & 1 \\ x_0 & x_1 & x_2 & \cdots & 0 & \cdots & x_{N+1} \\ \vdots & \vdots & \vdots & & \vdots & & \vdots \\ x_0^N & x_1^N & x_2^N & \cdots & 0 & \cdots & x_{N+1}^N \end{vmatrix}}{\begin{vmatrix} 1 & 1 & 1 & \cdots & 1 \\ x_0 & x_1 & x_2 & \cdots & x_{N+1} \\ \vdots & \vdots & \vdots & & \vdots \\ x_0^{N+1} & x_1^{N+1} & x_2^{N+1} & \cdots & x_{N+1}^{N+1} \end{vmatrix}}, \qquad i = 0, 1, \ldots, N+1 \qquad (8.82)$$

ermitteln. Das Nullsetzen der i-ten Spalte in der Determinanten im Zähler von Gl. (8.82) entspricht einem Streichen dieser Spalte. Durch Berechnung der beiden Determinanten von *Vandermonde*-Matrizen [Bar90] und Division ergeben sich die Koeffizienten

$$a_i = \frac{1}{\prod_{j=0, i\neq j}^{N+1}(x_i - x_j)} \qquad (8.83)$$

und hiermit

$$M_0^N(x) = \sum_{i=0}^{N+1} \frac{(x - x_i)_+^N}{\prod_{j=0, i\neq j}^{N+1}(x_i - x_j)}. \qquad (8.84)$$

Für beliebiges k gilt

$$M_k^N(x) = \sum_{i=k}^{k+N+1} \frac{(x - x_i)_+^N}{\prod_{j=0, i\neq j}^{N+1}(x_i - x_j)}. \qquad (8.85)$$

Da die Funktionen $M_k^N(x)$ mit wachsendem N immer kleiner werden, wird eine Normalisierung der Form $N_k^N(x) = (x_{k+N+1} - x_k)M_k^N(x)$ vorgenommen, so dass für äquidistante ganzzahlige Stützstellen

$$N_k^N(x) = (N + 1) \cdot M_k^N(x) \qquad (8.86)$$

gilt. Anhand eines Beispiels soll die Vorgehensweise zur Bestimmung eines B-Splines verdeutlicht werden.

Beispiel: Mit N=3, m=4 und fünf Stützwerten folgt für die Koeffizienten mit Gl. (8.83)

$$a_0 = \frac{1}{(x_0 - x_4)(x_0 - x_3)(x_0 - x_2)(x_0 - x_1)}$$

$$a_1 = \frac{1}{(x_1 - x_4)(x_1 - x_3)(x_1 - x_2)(x_1 - x_0)}$$

$$a_2 = \frac{1}{(x_2 - x_4)(x_2 - x_3)(x_2 - x_1)(x_2 - x_0)}$$

$$a_3 = \frac{1}{(x_3 - x_4)(x_3 - x_2)(x_3 - x_1)(x_3 - x_0)}$$

$$a_4 = \frac{1}{(x_4 - x_3)(x_4 - x_2)(x_2 - x_1)(x_3 - x_0)}.$$

Bild 8.23a/b zeigt die abgebrochenen Potenzfunktionen und deren Überlagerung zur Bildung von $N_0^3(x)$. Bild 8.23c zeigt horizontal verschobene $N_i^3(x)$.

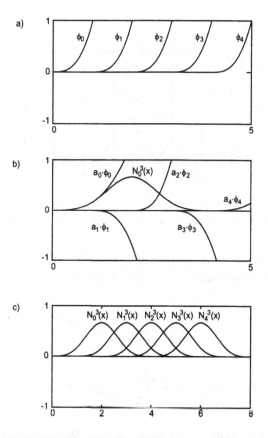

Bild 8.23 B-Spline 3. Ordnung (N=3, m=4, 5 Stützwerte)

Eine Linearkombination von B-Splines bezeichnet man als Spline. Bild 8.24 zeigt die Interpolation eines Zwischenwertes $y(n + \alpha)$ für die B-Splines zweiter und dritter Ordnung. Die verschobenen B-Splines $N_i^N(x)$ werden an dem Schnittpunkt mit der vertikalen Linie, die den Zeitpunkt $n + \alpha$ repräsentiert, ausgewertet.

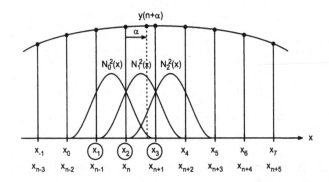

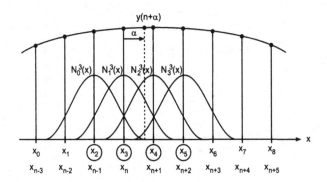

Bild 8.24 Interpolation mit B-Spline 2. und 3. Ordnung

Mit den Stützwerten $y(n)$ und den normalisierten B-Splines $N_i^N(x)$ folgt für eine Interpolation mit B-Splines zweiter und dritter Ordnung

$$y(n + \alpha) = \sum_{i=-1}^{1} N_{1+i}^2(\alpha)y(n + i) \tag{8.87}$$

$$y(n + \alpha) = \sum_{i=-1}^{2} N_{1+i}^3(\alpha)y(n + i). \tag{8.88}$$

Zur Berechnung der B-Splines 2. Ordnung an dem Wert α können die Symmetriebedingungen der B-Splines, die in Bild 8.25 dargestellt sind, ausgewertet werden. Hierzu schreiben wir mit Gl. (8.77) und Gl. (8.86) und den Symmetriebedingungen aus Bild

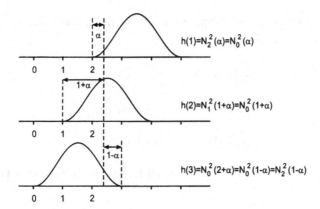

Bild 8.25 Ausnutzung der Symmetrieeigenschaften eines B-Spline 2. Ordnung

8.25 die B-Splines in der Form

$$N_2^2(\alpha) = N_0^2(\alpha) = 3\sum_{i=0}^{3} a_i(\alpha - x_i)_+^2$$

$$N_1^2(1+\alpha) = N_0^2(1+\alpha) = 3\sum_{i=0}^{3} a_i(1+\alpha - x_i)_+^2$$

$$N_0^2(2+\alpha) = N_0^2(1-\alpha) = 3\sum_{i=0}^{3} a_i(2+\alpha - x_i)_+^2$$

$$= 3\sum_{i=0}^{3} a_i(1-\alpha - x_i)_+^2. \tag{8.89}$$

Mit Gl. (8.83) folgt für die Koeffizienten

$$a_0 = \frac{1}{(0-1)(-2)(-3)} = -\frac{1}{6}$$

$$a_1 = \frac{1}{(1-0)(1-2)(1-3)} = \frac{1}{2}$$

$$a_2 = \frac{1}{(2-0)(2-1)(2-3)} = -\frac{1}{2} \tag{8.90}$$

und somit

$$N_2^2(\alpha) = 3[a_0\alpha^2] = -\frac{1}{2}\alpha^2$$

$$N_1^2(\alpha) = 3[a_0(1+\alpha)^2 + a_1\alpha^2] = -\frac{1}{2}(1+\alpha)^2 + \frac{3}{2}\alpha^2$$

$$N_0^2(\alpha) = 3[a_0(1-\alpha)^2] = -\frac{1}{2}(1-\alpha)^2. \tag{8.91}$$

Aufgrund der Symmetrie der B-Splines folgt für die zeitvarianten Koeffizienten für einen B-Spline 2. Ordnung

$$N_2^2(\alpha) = -\frac{1}{2}\alpha^2 \tag{8.92}$$

$$N_1^2(\alpha) = -\frac{1}{2}(1+\alpha)^2 + \frac{3}{2}\alpha^2 \tag{8.93}$$

$$N_0^2(\alpha) = -\frac{1}{2}(1-\alpha)^2. \tag{8.94}$$

In gleicher Form lassen sich die zeitvarianten Koeffizienten für einen B-Spline 3. Ordnung ableiten:

$$N_3^3(\alpha) = \frac{1}{6}\alpha^3 \tag{8.95}$$

$$N_2^3(\alpha) = \frac{1}{6}(1+\alpha)^3 - \frac{2}{3}\alpha^3 \tag{8.96}$$

$$N_1^3(\alpha) = \frac{1}{6}(2-\alpha)^3 - \frac{2}{3}(1-\alpha)^3 \tag{8.97}$$

$$N_0^3(\alpha) = \frac{1}{6}(1-\alpha)^3. \tag{8.98}$$

Für B-Splines höherer Ordnung gilt

$$y(n+\alpha) = \sum_{i=-2}^{2} N_{2+i}^4(\alpha)y(n+i) \tag{8.99}$$

$$y(n+\alpha) = \sum_{i=-2}^{3} N_{2+i}^5(\alpha)y(n+i) \tag{8.100}$$

$$y(n+\alpha) = \sum_{i=-3}^{3} N_{3+i}^6(\alpha)y(n+i). \tag{8.101}$$

Auch hier lassen sich entsprechende zeitvariante Koeffizientensätze aus den Symmetrieeigenschaften der B-Splines ableiten. Bild 8.26 veranschaulicht dies für B-Splines 4. und 6. Ordnung.

Allgemein gilt für gerade Ordnung

$$y(n+\alpha) = \sum_{i=-N/2}^{N/2} N_{N/2+i}^N(\alpha)y(n+i) \tag{8.102}$$

und für ungerade Ordnung

$$y(n+\alpha) = \sum_{i=-(N-1)/2}^{(N+1)/2} N_{(N-1)/2+i}^N(\alpha)y(n+i). \tag{8.103}$$

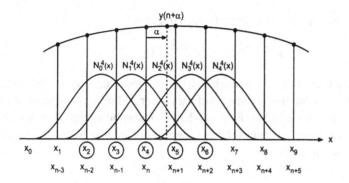

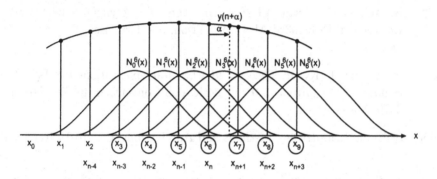

Bild 8.26 Interpolation mit B-Spline 4. und 6. Ordnung

Für die Anwendung als Interpolator sind die Eigenschaften im Frequenzbereich von Wichtigkeit. Für den B-Spline nullter Ordnung folgt

$$N_0^0(x) = \sum_{i=0}^{1} a_i \phi_i(x) = \begin{cases} 0 & x < 0 \\ 1 & 0 \le x < 1 \\ 0 & x \ge 1 \end{cases}, \qquad (8.104)$$

und durch Fourier-Transformation folgt die si-Funktion im Frequenzbereich. Für den B-Spline erster Ordnung gilt

$$N_0^1(x) = 2 \sum_{i=0}^{2} a_i \phi_i(x) = \begin{cases} 0 & x < 0 \\ \frac{1}{2}x & 0 \le x < 1 \\ 1 - \frac{1}{2}x & 1 \le x < 2 \\ 0 & x \ge 2 \end{cases}, \qquad (8.105)$$

und man erhält die si^2-Funktion im Frequenzbereich. Die B-Splines höherer Ordnung lassen sich durch wiederholte Faltung gemäß

$$N^N(x) = N^0(x) * N^{N-1}(x) \qquad (8.106)$$

bestimmen [Chu92]. Für die Fourier-Transformierte gilt

$$FT[N^N(x)] = si^{N+1}(f). \tag{8.107}$$

Mit Hilfe der Eigenschaften im Frequenzbereich lässt sich die notwendige Ordnung für eine Spline-Interpolation bestimmen. Aufgrund der Dämpfungseigenschaften der $si^{N+1}(f)$-Funktion und der einfachen Echtzeit-Koeffizientenberechnung eignet sich die Spline-Interpolation für die zeitvariante Umsetzung in der letzten Stufe einer mehrstufigen Abtastratenumsetzung [Zöl94].

Literaturverzeichnis

[Ada92]   R. Adams, T. Kwan: *VLSI Architectures for Asynchronous Sample-Rate Conversion*, Proc. 93rd AES Convention, San Francisco, Preprint No. 3355, October 1992.

[Ada93]   R. Adams, T. Kwan: *Theory and VLSI Implementations for Asynchronous Sample-Rate Conversion*, Proc. 94th AES Convention, Berlin, Preprint No. 3570, March 1993.

[Bar90]   S. Barnett: *Matrices - Methods and Applications*, Oxford University Press, 1990.

[Chu92]   C.K. Chui (ed.): *Wavelets: A Tutorial in Theory and Applications*, Volume 2, Academic Press, Boston, 1992.

[Cro83]   R.E. Crochiere, L.R. Rabiner: *Multirate Digital Signal Processing*, Prentice-Hall, Englewood Cliffs, 1983.

[Cuc91]   S. Cucchi, F. Desinan, G. Parladori, G. Sicuranza: *DSP Implementation of Arbitrary Sampling Frequency Conversion for High Quality Sound Application*, Proc. IEEE ICASSP-91, Toronto, pp. 3609-3612, May 1991.

[Eva01]   G. Evangelista: *Zum Entwurf digitaler Systeme zur asynchronen Abtastratenumsetzung*, Dissertation, Ruhr-Universität Bochum, 2001.

[Fli93]   N.J. Fliege: *Multiraten-Signalverarbeitung*, B.G. Teubner Verlag, 1993.

[Göc04]   H.G. Göckler, A. Groth: *Multiratensysteme - Abtastratenumsetzung und digitale Filterbänke*, Schlembach-Verlag, 2004.

[Hsi87]   C.-C. Hsiao: *Polyphase Filter Matrix for Rational Sampling Rate Conversions*, Proc. IEEE ICASSP-87, Dallas, pp. 2173-2176, April 1987.

[Kat85]   Y. Katsumata, O. Hamada: *A Digital Audio Sampling Frequency Converter Employing New Digital Signal Processors*, Proc. 79th AES Convention, New York, Preprint No. 2272, October 1985.

[Kat86]   Y. Katsumata, O. Hamada: *An Audio Sampling Frequency Conversion Using Digital Signal Processors*, Proc. IEEE ICASSP-86, Tokyo, pp. 33-36, 1986.

[Lag81]   R. Lagadec, H.O. Kunz: *A Universal, Digital Sampling Frequency Converter for Digital Audio*, Proc. IEEE ICASSP-81, Atlanta, pp. 595–598, April 1981.

[Lag82a] R. Lagadec, D. Pelloni, D. Weiss: *A Two-Channel Professional Digital Audio Sampling Frequency Converter*, Proc. 71st AES Convention, Montreux, Preprint No. 1882, March 1982.

[Lag82b] D. Lagadec, D. Pelloni, D. Weiss: *A 2-Channel, 16-Bit Digital Sampling Frequency Converter for Professional Digital Audio*, Proc. IEEE ICASSP-82, Paris, pp. 93–96, May 1982.

[Lag82c] R. Lagadec: *Digital Sampling Frequency Conversion*, Digital Audio, Collected Papers from the AES Premier Conference, pp. 90–96, June 1982.

[Lag83]   R. Lagadec, D. Pelloni, A. Koch: *Single-Stage Sampling Frequency Conversion*, Proc. 74th AES Convention, New York, Preprint No. 2039, October 1983.

[Liu92]   G.-S. Liu, C.-H. Wei: *A New Variable Fractional Delay Filter with Nonlinear Interpolation*, IEEE Trans. Circuits and Systems-II: Analog and Digital Signal Processing, Vol. 39, No. 2, pp. 123–126, February 1992.

[Opp99]   A.V. Oppenheim, R.W. Schafer, J.R. Buck: *Discret-time Signal Processing*, Prentice-Hall, 2nd Edition, 1999.

[Par90]   S. Park, R. Robles: *A Real-Time Method for Sample-Rate Conversion from CD to DAT*, Proc. IEEE Int. Conf. Consumer Electronics, Chicago, pp. 360–361, June 1990.

[Par91a] S. Park: *Low Cost Sample Rate Converters*, Proc. NAB Broadcast Engineering Conference, Las Vegas, April 1991.

[Par91b] S. Park, R. Robles: *A Novel Structure for Real-Time Digital Sample-Rate Converters with Finite Precision Error Analysis*, Proc. IEEE ICASSP-91, Toronto, pp. 3613–3616, May 1991.

[Ram82]   T.A. Ramstad: *Sample-Rate Conversion by Arbitrary Ratios*, Proc. IEEE ICASSP-82, Paris, pp. 101–104, May 1982.

[Ram84]   T.A. Ramstad: *Digital Methods for Conversion Between Arbitrary Sampling Frequencies*, IEEE Transactions on Acoustics, Speech and Signal Processing, vol. ASSP-32, no. 3, pp. 577–591, June 1984.

[Smi84]   J.O. Smith, P. Gossett: *A Flexible Sampling-Rate Conversion Method*, Proc. IEEE ICASSP-84, pp. 19.4.1–19.4.4, 1984.

[Sti91]   E.F. Stikvoort: *Digital Sampling Rate Converter with Interpolation in Continous Time*, Proc. 90th AES Convention, Paris, Preprint No. 3018, Feb. 1991.

[Vai93]   P.P. Vaidyanathan: *Multirate Systems and Filter Banks*, Prentice-Hall, Englewood Cliffs, 1993.

[Zöl94]   U. Zölzer, T. Boltze: *Interpolation Algorithms: Theory and Application*, Proc. 97th AES Convention, San Francisco, Preprint No. 3898, November 1994.

Kapitel 9

Audio-Codierung

Zur Übertragung und Speicherung von Audiosignalen sind neben der linearen PCM-Darstellung verschiedene Verfahren zur Audio-Codierung im Einsatz. Die Anforderungen der unterschiedlichen Applikationen haben in den letzten Jahren eine Vielzahl von Audio-Codierungsverfahren hervorgebracht, die in mehreren internationalen Standards festgehalten sind. Im Rahmen dieses Kapitels werden zunächst die grundsätzlichen Prinzipien der Audio-Codierung dargestellt und daran anschließend die wichtigen Audio-Codierungsstandards vorgestellt. Die Verfahren der Audio-Codierung lassen sich in zwei Bereiche aufteilen: die *verlustlose* und die *verlustbehaftete* Audio-Codierung. Bei der verlustlosen Audio-Codierung wird basierend auf einem statistischen Modell der Signalamplituden eine Codierung des Audiosignals vorgenommen (Audio-Coder). Die Rekonstruktion des Signals beim Empfänger erlaubt eine exakte Reproduktion der Signalamplituden des ursprünglichen PCM-Signals (Audio-Decoder). Demgegenüber wird bei der verlustbehafteten Audio-Codierung ein psychoakustisches Modell des Wahrnehmungsvorganges unseres Gehörs herangezogen, um das PCM-Signal neu zu quantisieren und zu codieren. Es werden hierbei nur die wahrnehmungsrelevanten Anteile des Signals codiert und beim Empfänger wieder ein PCM-Signal rekonstruiert. Die Abtastwerte des Originalsignals können hierbei nicht wieder exakt rekonstruiert werden. Ziel beider Audio-Codierungsverfahren ist die Reduktion der zur Übertragung oder Speicherung benötigten Bitrate gegenüber der Bitrate des ursprünglichen PCM-Signals.

9.1 Verlustlose Audio-Codierung

Die *verlustlose* Audio-Codierung basiert auf Verfahren der linearen Prädiktion mit nachfolgender Entropiecodierung [Jay84, Kam96, Var97] (s. Bild 9.1):

- Lineare Prädiktion: Bestimmung eines quantisierten Koeffizientensatzes P für einen Block von M Abtastwerten, der zu einer Schätzung $\hat{x}(n)$ der Eingangsfolge

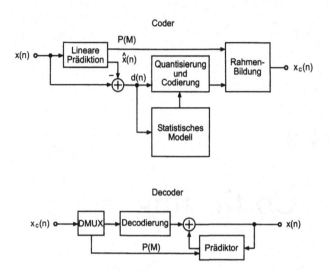

Bild 9.1 Verlustlose Audio-Codierung basierend auf linearer Prädiktion und Entropiecodierung

$x(n)$ führt. Ziel ist die Minimierung der Leistung des Differenzsignals $d(n)$ ohne zusätzliche Addition von Quantisierungsfehlern; d.h. die Wortbreite zur Darstellung des Signals $\hat{x}(n)$ muss gleich der Wortbreite des Eingangssignals sein. Ein alternativer Ansatz [Han98, Han01] quantisiert das Prädiktionssignal $\hat{x}(n)$, sodass die Wortbreite des Differenzsignals $d(n)$ gleich der Eingangswortbreite bleibt. Bild 9.2 zeigt einen Signalausschnitt $x(n)$ und sein zugehöriges Spektrum $|X(f)|$. Die Filterung des Signals mit dem Prädiktor $P(z)$ liefert den Schätzwert $\hat{x}(n)$. Die Differenzbildung liefert den Prädiktionsfehler $d(n)$, dessen Leistung wesentlich geringer als die Eingangssignalleistung ist. Das Spektrum des Prädiktionsfehlers $d(n)$ ist ein nahezu weißes Spektrum (s. Bild 9.2). Das Gesamtfilter $H_A(z) = 1 - P(z)$ auf der Coderseiter bezeichnet man als Analysefilter.

- Entropiecodierung: Quantisierung des Signals $d(n)$ aufgrund der Verteilungsdichtefunktion des Blocks. Abtastwerte $d(n)$ mit großer Häufigkeit werden mit kurzen Datenworten und Abtastwerte $d(n)$ mit geringer Häufigkeit werden mit längeren Datenworten codiert [Huf52].

- Zusammensetzung eines Datenformates bestehend aus den quantisierten und codierten Abtastwerten des Prädiktionsfehlers und den Prädiktionskoeffizienten P (Rahmen-Bildung).

- Auf der Decoderseite wird aus den codierten Abtastwerten und den Prädiktionskoeffizienten P mit Hilfe des Synthesefilters $H_S(z) = 1/(1 - P(z))$ (inverses Filter zu $H_A(z) = 1/H_S(z)$)) das Eingangssignal rekonstruiert. Das Synthesefilter formt das weiße Spektrum des Differenzsignals mit der spektralen Einhüllenden des Spektrums $|X(f)|$ des Eingangssignals (s. Bild 9.2).

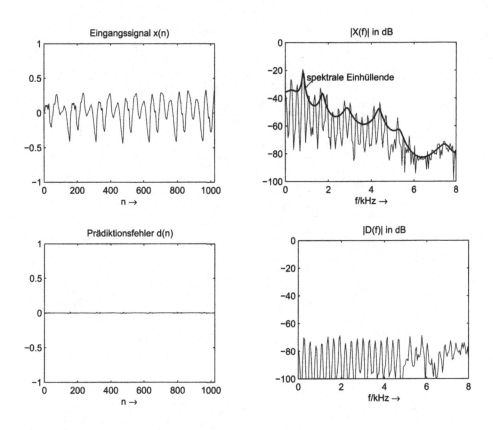

Bild 9.2 Zeitsignale und Spektren bei der linearen Prädiktion

Die hiermit erreichbaren mittleren Kompressionsraten sind abhängig von der Statistik des Audiosignals und erlauben Kompressionsraten bis etwa Faktor 2 [Bra92, Cel93, Rob94, Cra96, Cra97, Pur97, Han98, Han01, Lie02, Raa02, Sch02].

In Bild 9.3 sind zwei Beispiele der notwendigen Wortbreite für eine verlustlose Audio-Codierung angegeben [Blo95, Sqa88]. Neben der lokalen Entropie (über Blöcke mit 256 Abtastwerten ermittelt) des Signals sind die Ergebnisse einer linearen Prädiktion mit einer nachfolgenden Huffman-Codierung [Huf52] dargestellt. Die Huffman-Codierung wurde mit einer festen Codetabelle [Pen93] und einer leistungsgesteuerten Auswahl von leistungsangepassten Codetabellen durchgeführt. Man erkennt in Bild 9.3 (Stravinsky), dass bei hohen Signalleistungen durch eine Auswahl aus mehreren Codetabellen eine deutliche Reduktion der Wortbreite möglich ist. Verlustlose Kompressionsverfahren kommen in Bereichen zur Anwendung, in denen Speichermedien begrenzter Wortbreite (16 Bit bei CD und DAT) zur Aufzeichnung von Audiosignalen höherer Wortbreite (> 16 Bit) genutzt werden sollen. Weitere Anwendungsbereiche sind die Übertragung und Archivierung von Audiosignalen.

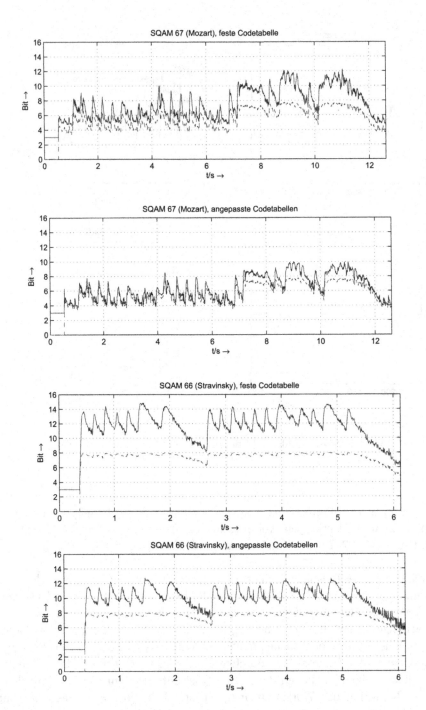

Bild 9.3 Verlustlose Audio-Codierung (Mozart und Stravinsky): Wortbreite in Bit über der Zeit (Entropie - - , lineare Prädiktion mit Huffman-Codierung —)

9.2 Verlustbehaftete Audio-Codierung

Wesentlich höhere Kompressionsraten (Faktor 4 bis 12) sind mit *verlustbehafteten* Codierungsverfahren zu erreichen. Hierzu werden psychoakustische Phänomene des menschlichen Gehörsinns ausgenutzt. Die Anwendungsbereiche sind sehr vielfältig und reichen von professionellen Anwendungen wie der Quellencodierung für DAB und Audioübertragung über ISDN/DSL und Internet bis hin zu Consumer-Anwendungen.

Die Grobstruktur dieser Codierungsverfahren [Bra94] ist in einer internationalen Spezifikation ISO/IEC 11172-3 [ISO92] standardisiert und basiert auf den folgenden Einzelschritten (s. Bild 9.4):

- Teilbandzerlegung mit Filterbänken kurzer Latenzzeiten

- Bestimmung psychoakustischer Modellparameter basierend auf einer Schätzung der Kurzzeitspektren mit der FFT

- Dynamische Bitzuweisung aufgrund psychoakustischer Modellparameter (Signal-Mithörschwellenabstand SMR)

- Quantisierung und Codierung der Teilbandsignale

- Zusammensetzung eines Datenformates (Rahmen-Bildung)

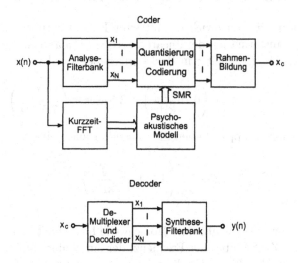

Bild 9.4 Verlustbehaftete Audio-Codierung basierend auf Teilbandcodierung und psychoakustischer Modelle

In Folge der verlustbehafteten Audio-Codierung ist die Nachbearbeitung solcher Signale oder die mehrfache Codierung/Decodierung mit zusätzlichen Problemen behaftet. Die hohen Kompressionsraten rechtfertigen den Einsatz verlustbehafteter Audio-Codierungsverfahren bei einigen Anwendungen, insbesondere im Bereich der Übertragungstechnik. Im Folgenden werden zunächst die notwendigen Grundlagen der Psycho-akustik dargestellt und anschließend die standardisierten Audio-Codierungsverfahren beschrieben.

9.3 Psychoakustische Grundlagen

Die Ergebnisse psychoakustischer Untersuchungen von Zwicker [Zwi82, Zwi90] bilden die Grundlage zur gehörangepassten Codierung von Musiksignalen mit deutlich re-duzierter Datenrate gegenüber der linear quantisierten Darstellung. Das menschliche Gehör analysiert breitbandige Schallereignisse in sogenannten Frequenzgruppen. Ziel der psychoakustischen Codierung von Audiosignalen ist, das breitbandige Audiosignal in Teilbänder angepasst an die Frequenzgruppen zu zerlegen und eine Codierung dieser Teilbandsignale durchzuführen [Joh88a, Joh88b, Thei88]. Da Schallereignisse unterhalb einer absoluten Hörschwelle nicht mehr wahrgenommen werden, brauchen Teilband-signale, die unterhalb der absoluten Hörschwelle liegen, nicht mehr codiert und über-tragen zu werden. Neben der Wahrnehmung in Frequenzgruppen und der Berücksich-tigung der absoluten Hörschwelle werden Maskierungseffekte des menschlichen Gehörs ausgenutzt. Diese drei Begriffe werden im Folgenden diskutiert und ihre Anwendung auf den psychoakustischen Codierungsvorgang beschrieben.

9.3.1 Frequenzgruppe und absolute Hörschwelle

Frequenzgruppen. Die von Zwicker ermittelten Frequenzgruppen sind in Tabelle 9.1 aufgelistet. Eine Transformation der linearen Frequenzskala in eine gehörrichtige Skala ist von Zwicker [Zwi90] (Tonheit z in Bark) angegeben worden:

$$\frac{z}{\text{Bark}} = 13 \arctan\left(0.76\frac{f}{\text{kHz}}\right) + 3.5 \arctan\left(\frac{f}{7.5\text{kHz}}\right)^2 \quad . \tag{9.1}$$

Die einzelnen Frequenzgruppen haben die folgende Bandbreite

$$\frac{\Delta f_G}{\text{Hz}} = 25 + 75\left(1 + 1.4\left(\frac{f}{\text{kHz}}\right)^2\right)^{0.69} \quad . \tag{9.2}$$

Absolute Hörschwelle. Die absolute Hörschwelle bezeichnet den Verlauf des Schall-druckpegels L_{T_q} L [Zwi82] über der Frequenz, der zur Wahrnehmung eines Sinustones führt. Nach Terhard [Ter79] gilt für die absolute Hörschwelle der Schalldruckpegel

$$\frac{L_{T_q}}{\text{dB}} = 3.64\left(\frac{f}{\text{kHz}}\right)^{-0.8} - 6.5\exp\left(-0.6\left(\frac{f}{\text{kHz}} - 3.3\right)^2\right) + 10^{-3}\left(\frac{f}{\text{kHz}}\right)^4 . \tag{9.3}$$

Unterhalb dieser Hörschwelle werden keine Signale wahrgenommen. Bild 9.5 zeigt den Verlauf über der Frequenz. Mit Hilfe der Frequenzbandaufspaltung in die Frequenz-

Tabelle 9.1 Frequenzgruppen nach Zwicker 1982

z/Bark	f_u/Hz	f_o/Hz	Δf_G/Hz	f_m/Hz
0	0	100	100	50
1	100	200	100	150
2	200	300	100	250
3	300	400	100	350
4	400	510	110	450
5	510	630	120	570
6	630	770	140	700
7	770	920	150	840
8	920	1080	160	1000
9	1080	1270	190	1170
10	1270	1480	210	1370
11	1480	1720	240	1600
12	1720	2000	280	1850
13	2000	2320	320	2150
14	2320	2700	380	2500
15	2700	3150	450	2900
16	3150	3700	550	3400
17	3700	4400	700	4000
18	4400	5300	900	4800
19	5300	6400	1100	5800
20	6400	7700	1300	7000
21	7700	9500	1800	8500
22	9500	1200	2500	10500
23	12000	15500	3500	13500
24	15500			

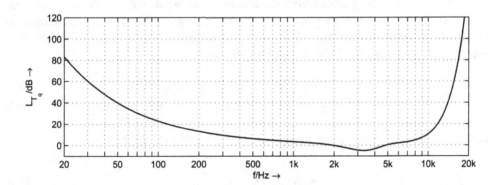

Bild 9.5 Schalldruckpegel L_{T_q} der absoluten Hörschwelle

gruppen und der absoluten Hörschwelle lässt sich für jede Frequenzgruppe ein Abstand zwischen dem Signalpegel und der absoluten Hörschwelle angeben, der zur Wahl der Quantisierungsstufen pro Frequenzgruppe herangezogen werden kann.

9.3.2 Ausnutzung der Maskierung

Die alleinige Ausnutzung der Wahrnehmung von Tonsignalen in Frequenzgruppen unter Berücksichtigung der Ruhegehörschwelle ermöglicht noch keine ausreichende Datenreduktion. Die Grundlagen einer weiteren Reduktion der Datenrate sind die von Zwicker untersuchten Verdeckungs- oder Maskierungseffekte. Für ein schmalbandiges Rauschsignal oder ein Sinussignal lassen sich frequenzabhängige Mithörschwellen angeben, die in der Frequenzlage benachbarte Signalkomponenten verdecken, wenn diese unterhalb dieser Mithörschwelle liegen (s. Bild 9.6). Die Ausnutzung der Maskierung

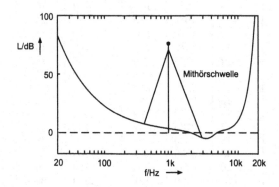

Bild 9.6 Mithörschwelle für ein schmalbandiges Rauschsignal

zur gehörangepassten Codierung wird durch die folgenden Teilschritte beschrieben.

Bestimmung der Signalleistung im Band i. Zunächst wird der Schalldruckpegel innerhalb der Frequenzgruppen ermittelt. Hierzu wird aus gefensterten Signalausschnitten $x(n)$ ein Kurzzeitspektrum $X(k) = \mathrm{DFT}[x(n)]$ mit Hilfe einer N-Punkte FFT berechnet und daraus ein Leistungsdichtespektrum

$$S_p(e^{j\Omega}) = S_p(e^{j\frac{2\pi k}{N}}) \;=\; X_R^2(e^{j\frac{2\pi k}{N}}) + X_I^2(e^{j\frac{2\pi k}{N}}) \tag{9.4}$$

$$S_p(k) \;=\; X_R^2(k) + X_I^2(k) \quad 0 \le k \le N-1 \tag{9.5}$$

bestimmt. Die Berechnung der Signalleistung im Band i erfolgt mit

$$S_p(i) = \sum_{\Omega=\Omega_{ui}}^{\Omega_{oi}} S_p(e^{j\Omega}) \quad . \tag{9.6}$$

Für den Schalldruckpegel im Band i gilt $L_S(i) = 10\log_{10}S_p(i)$.

Abstand des Signalpegels zur Mithörschwelle. Für den Abstand zwischen dem Pegel des Maskierungssignals und der Mithörschwelle in der Frequenzgruppe i (s. Bild 9.7) gilt nach [Hel72]:

$$\frac{O(i)}{\mathrm{dB}} = \alpha(14.5+i) + (1-\alpha)a_v \quad . \tag{9.7}$$

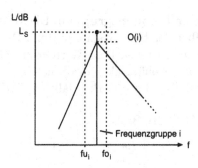

Bild 9.7 Abstand zwischen Mithörschwelle und Pegel des Originals

Mit α wird der Tonalitätsindex und mit a_v der Maskierungsindex bezeichnet. Für den Maskierungsindex [Kap92] gilt

$$a_v = -2 - 2.05 \arctan\left(\frac{f}{4\text{ kHz}}\right) - 0.75 \arctan\left(\frac{f^2}{2.56\text{ kHz}^2}\right) \quad . \tag{9.8}$$

Als Näherung wird

$$\frac{O(i)}{\text{dB}} = \alpha(14.5 + i) + (1-\alpha)5.5 \tag{9.9}$$

genutzt [Joh88]. Wenn ein Ton ein rauschartiges Signal maskiert, wird die Schwelle um $14.5 + i$ dB unterhalb des Wertes von $L_S(i)$ gesetzt ($\alpha = 1$). Wenn ein rauschartiges Signal einen Ton maskiert, wird die Schwelle um 5.5 dB unterhalb $L_S(i)$ gesetzt. Um den tonalen oder rauschartigen Charakter des Signals innerhalb einer gewissen Anzahl von Abtastwerten zu erkennen, wird eine Schätzung der spektralen Verteilung (SFM *Spectral Flatness Measure*) durchgeführt. Das Verhältnis aus geometrischem zu arithmetischem Mittelwert von $S_p(i)$ ist definiert als

$$\text{SFM} = 10\log_{10}\left(\frac{\left[\prod_{k=1}^{\frac{N}{2}} S_p(e^{j\frac{2\pi k}{N}})\right]^{1/(\frac{N}{2}+1)}}{\frac{1}{N/2+1}\sum_{k=1}^{\frac{N}{2}} S_p(e^{j\frac{2\pi k}{N}})}i\right) \quad . \tag{9.10}$$

Dieser SFM-Wert wird mit dem eines Sinussignals (Definition $\text{SFM}_{\max} = -60\text{dB}$) verglichen und der Tonalitätsindex gemäß

$$\alpha = \text{MIN}\left(\frac{\text{SFM}}{\text{SFM}_{\max}}, 1\right) \tag{9.11}$$

bestimmt [Joh88]. Ein SFM-Wert von 0 dB entspricht einem rauschartigen Signalabschnitt und führt zu $\alpha = 0$, und ein SFM-Wert von -75 dB führt zu einem tonartigen Signalabschnitt ($\alpha = 1$). Mit dem Schalldruckpegel $L_S(i)$ im Band i und dem Abstand $O(i)$ zur Mithörschwelle folgt für die Mithörschwelle

$$T(i) = 10^{[L_S(i)-O(i)]/10}. \tag{9.12}$$

Maskierung benachbarter Frequenzgruppen. Die Maskierung benachbarter Frequenzgruppen lässt sich über der Bark-Skala ermitteln. Die Mithörschwelle hat einen
dreiecksförmigen Verlauf, der zu tiefen Bark-Werten hin mit S_1 dB pro Bark abfällt
und zu hohen Bark-Werten in Abhängigkeit des Schalldruckpegels L_i und der Mittenfrequenz f_{m_i} im Band i mit S_2 dB pro Bark abfällt (s. [Ter79]):

$$S_1 = 27 \quad \text{dB/Bark} \tag{9.13}$$

$$S_2 = 24 + 0.23 \left(\frac{f_{m_i}}{\text{kHz}} \right)^{-1} - 0.2 \frac{L_S(i)}{\text{dB}} \quad \text{dB/Bark}. \tag{9.14}$$

Eine Abschätzung der minimalen Maskierung innerhalb einer Frequenzgruppe kann
anhand von Bild 9.8 gemacht werden [Thei88, Sauv90]. Bei der Lage eines Maskierers
an der oberen Frequenz f_{o_i} der Frequenzgruppe i sorgt die mit 27 dB/Bark abfallende
untere Mithörschwelle für eine Verdeckung des Quantisierungsrauschens (Quantisierungsfehler) mit ca. 32 dB. Die obere Flanke hat eine schallpegelabhängige Steilheit,
die geringer als die Steilheit der unteren Flanke ist.

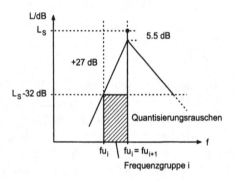

Bild 9.8 Maskierung innerhalb einer Frequenzgruppe

Die bandübergreifende Maskierung ist in Bild 9.9 dargestellt. Der Maskierer in der
$(i-1)$-ten Frequenzgruppe sorgt für eine Maskierung des Quantisierungsrauschens in
der i-ten Frequenzgruppe, so dass die resultierende Quantisierung in dieser Frequenzgruppe von dem Maskierer innerhalb der Frequenzgruppe i und der $(i-1)$-ten Frequenzgruppe abhängt. Diese bandübergreifende Maskierung reduziert die notwendige
Quantisierungsstufung innerhalb der Frequenzgruppen weiter.

Ein analytischer Ausdruck für die Maskierung benachbarter Frequenzgruppen nach
[Schr79] ist durch

$$10 \log_{10}[B(\Delta i)] = 15.81 + 7.5(\Delta i + 0.474) - 17.5[1 + (\Delta i + 0.474)^2]^{\frac{1}{2}} \quad \text{in dB} \tag{9.15}$$

gegeben (Δi bezeichnet hierbei den Abstand zweier Frequenzgruppen in Bark). Der
Ausdruck gemäß (9.15) wird als *Spreading*-Funktion bezeichnet. Mit dieser *Spreading*-
Funktion wird die Maskierung durch die Frequenzgruppe j auf die benachbarten Fre-

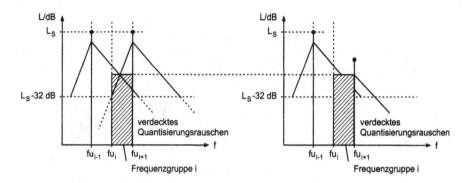

Bild 9.9 Bandübergreifende Maskierung

quenzgruppen i mit Hilfe von $abs(i - j) \leq 25$ gemäß der Beziehung

$$S_m(i) = \sum_{j=0}^{24} B(i - j) \cdot S_p(j) \tag{9.16}$$

bestimmt [Joh88]. Für diese bandübergreifende Maskierung lässt sich eine Matrixoperation gemäß

$$\begin{bmatrix} S_m(0) \\ S_m(1) \\ \vdots \\ S_m(24) \end{bmatrix} = \begin{bmatrix} B(0) & B(-1) & B(-2) & \cdots & B(-24) \\ B(1) & B(0) & B(-1) & \cdots & B(-23) \\ \vdots & \vdots & \vdots & & \vdots \\ B(24) & B(23) & B(22) & \cdots & B(0) \end{bmatrix} \begin{bmatrix} S_p(0) \\ S_p(1) \\ \vdots \\ S_p(24) \end{bmatrix} \tag{9.17}$$

angeben. Eine erneute Berechnung der Mithörschwelle unter Berücksichtigung von (9.16) führt auf die globale Mithörschwelle

$$T_m(i) = 10^{\log_{10} S_m(i) - O(i)/10}. \tag{9.18}$$

Berücksichtigung der absoluten Hörschwelle. Die absolute Hörschwelle wird in der Form gesetzt, dass ein 4 kHz Signal mit einer Amplitude von ± 1 LSB bei einer 16-Bit-Darstellung an der absoluten Hörgrenze liegt. Jede ermittelte Mithörschwelle in den einzelnen Frequenzgruppen, die unterhalb der absoluten Hörschwelle liegt, wird auf den Wert der absoluten Hörschwelle im entsprechenden Band gesetzt. Da bei hohen und tiefen Frequenzen die Hörschwelle innerhalb der Frequenzgruppen variiert, wird der Mittelwert der absoluten Hörschwelle innerhalb des Bandes herangezogen.

Zur Verdeutlichung der einzelnen Schritte zur Audio-Codierung werden hier noch einmal mit Hilfe eines Beispiels die Operationen zusammengestellt und mit Analysebeispielen dokumentiert:

- Bestimmung der Signalleistung $S_p(i)$ in den Bark-Bändern
  $\rightarrow L_S(i)$ in dB (Bild 9.10a)

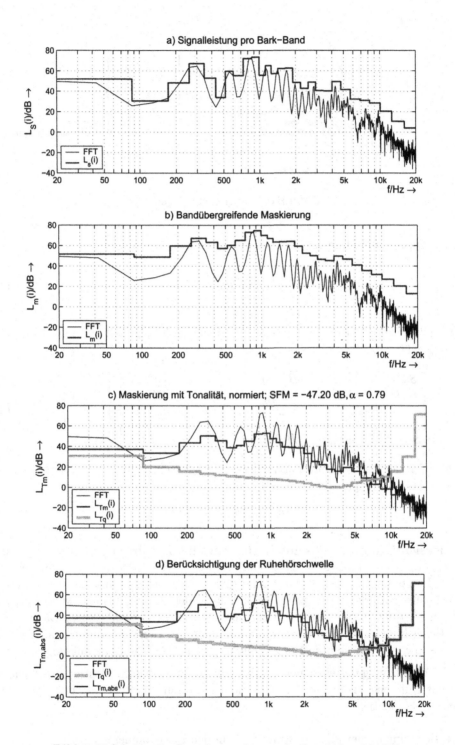

Bild 9.10 Schrittweise Berechnung des psychoakustischen Modells

- Berechnung der bandübergreifenden Maskierungsschwellen $T_m(i)$
  $\rightarrow L_{T_m}(i)$ in dB (Bild 9.10b)

- Berücksichtigung des Tonalitätsindex
  $\rightarrow L_{T_m}(i)$ in dB (Bild 9.10c)

- Berechnung der globalen Mithörschwelle unter Berücksichtigung der absoluten Hörschwelle L_{T_q}
  $\rightarrow L_{T_{m,abs}}(i)$ in dB (Bild 9.10d)

Mit Hilfe der globalen Mithörschwelle $L_{T_{m,abs}}(i)$ erfolgt nun die Bestimmung des Signal-Mithörschwellenabstands

$$\mathrm{SMR}(i) = L_S(i) - L_{T_{m,abs}}(i) \quad \text{in dB} \tag{9.19}$$

in jedem Bark-Band. Dieser Signal-Mithörschwellenabstand gibt nun an, wie viele Bits pro Bark-Band notwendig sind, um eine Maskierung des Quantisierungsrauschens zu erreichen. Für das angegebene Beispiel werden in Bild 9.11a die Signalleistung in den Bark-Bändern und die globale Mithörschwelle pro Bark-Band noch einmal angegeben. Der hieraus resultierende Signal-Mithörschwellenabstand SMR(i) ist in Bild 9.11b dargestellt. Sobald der SMR(i) größer als Null ist, müssen dem entsprechenden Bark-Band Bits zugewiesen werden. Für SMR(i) kleiner als Null werden die Bark-Bänder nicht übertragen.

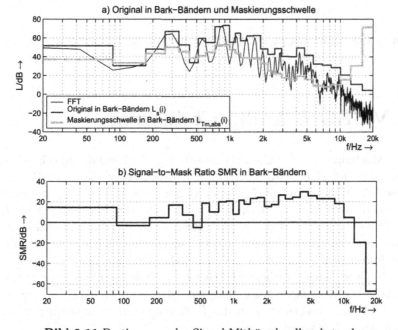

Bild 9.11 Bestimmung des Signal-Mithörschwellenabstands

In Bild 9.12 sind die Maskierungsschwellen in den Bark-Bändern für ein Sinussignal mit der Frequenz von 440 Hz dargestellt. Gegenüber dem ersten Beispiel sind hier die Einflüsse der Maskierungsschwellen innerhalb der Bark-Bänder einfacher zu erkennen und zu interpretieren.

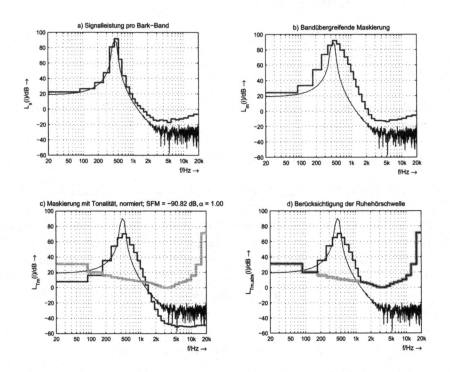

Bild 9.12 Berechnung des psychoakustischen Modells bei einem Sinussignal (440 Hz)

9.4   MPEG-1 Audio-Codierung

In diesem Abschnitt wird das Codierungsverfahren für digitale Audiosignale beschrieben, welches in der Norm ISO/IEC 11172-3 [ISO92] spezifiziert ist. Hierzu werden die eingesetzten Filterbänke zur Teilbandzerlegung, die benötigten psychoakustischen Modelle und die dynamische Bitzuweisung und Codierung kurz dargestellt. Eine vereinfachte Darstellung der Teilsysteme zur Realisierung der Layer I und II ist in Bild 9.13 wiedergegeben. Der entsprechende Decoder ist in Bild 9.14 dargestellt. Er benutzt die Informationen aus dem ISO-MPEG1-Rahmen und führt die decodierten Teilbandsignale auf eine Synthese-Filterbank zur Rekonstruktion des breitbandigen PCM-Signals. Die Komplexität des Decoders ist gegenüber dem Encoder wesentlich geringer. Zukünftige Verbesserungen des Codierungsverfahrens werden ausschließlich im Bereich des Coders vorgenommen.

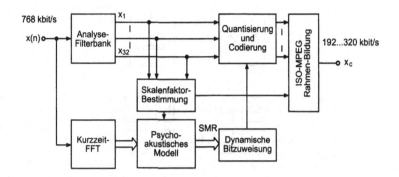

Bild 9.13 Vereinfachte Darstellung eines ISO-MPEG1-Coders

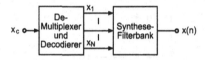

Bild 9.14 Vereinfachte Darstellung eines ISO-MPEG1-Decoders

9.4.1 Filterbänke

Die Teilbandzerlegung wird mit einer Pseudo-QMF-Filterbank durchgeführt (s. Bild 9.15). Die theoretischen Zusammenhänge findet man in der entsprechenden Filterbank-Literatur [Rot83, Mas85, Vai93, Glu93]. Die Pseudo-QMF-Filterbank zeichnet sich durch ihre geringe Komplexität aus. Die Zerlegung des Frequenzbereichs erfolgt in M äquidistante Teilbänder. Die Realisierung eines ISO-MPEG1-Codecs beruht auf $M = 32$ Frequenzbändern. Die weitere Verarbeitung dieser Teilbänder wird nach einer Abtastratenreduktion um den Faktor M durchgeführt. Die einzelnen Bandpassfilter $H_0(z)$ bis $H_{M-1}(z)$ werden aus einem Prototypfilter $H(z)$ durch Frequenzverschiebung realisiert. Die Frequenzverschiebung des Prototypfilters mit der Grenzfrequenz $\pi/2M$ erfolgt durch die Modulation der Prototypimpulsantwort $h(n)$ [Bos02] gemäß

$$h_k(n) \;=\; h(n) \cdot \cos\left(\frac{\pi}{32}(k+0{,}5)(n-16)\right) \tag{9.20}$$

$$f_k(n) \;=\; 32 \cdot h(n) \cdot \cos\left(\frac{\pi}{32}(k+0{,}5)(n+16)\right) \tag{9.21}$$

$$k = 0,\dots,31$$

$$n = 0,\dots,511.$$

Die entstehenden Bandpassfilter haben die Bandbreite π/M. Für die Synthese lassen sich entsprechende Filter $F_0(z)$ bis $F_{M-1}(z)$ angeben, deren Ausgangssignale sich additiv zu dem breitbandigen PCM-Signal überlagern. Die Prototypimpulsantwort mit 512 Abtastwerten, die modulierten Bandpassimpulsantworten und die zugehörigen Betragsfrequenzgänge sind in Bild 9.16 dargestellt. Die Betragsfrequenzgänge der 32 Bandpassfilter sind ebenfalls wiedergegeben. Die Überlappung der benachbarten

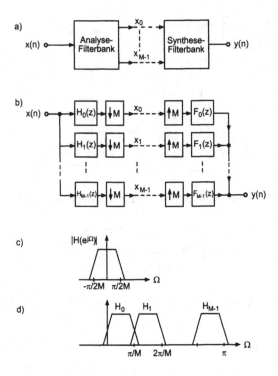

Bild 9.15 Pseudo-QMF Filterbank

Bandpassfilter ist auf das jeweilige untere und obere Filterband beschränkt. Die Überlappung erstreckt sich bis hin zur Mittenfrequenz der benachbarten Bandpassfilter. Das
hieraus resultierende Aliasing nach der Abwärtstastung in dem Teilband wird durch
die Synthese-Filterbank mit den entsprechenden Synthesefilter wieder eliminiert. Die
Pseudo-QMF-Filterbank kann durch eine Kombination aus einer Polyphasen-Filter-
struktur mit nachfolgender diskreter Cosinus-Transformation realisiert werden [Rot83,
Vai93, Kon94].

Zur Erhöhung der Frequenzauflösung ist für den Layer III innerhalb der 32 Teilbänder
eine weitere Zerlegung in maximal 18 äquidistante Subbänder pro Teilband vorge-
sehen (s. Bild 9.17). Diese Zerlegung erfolgt durch eine überlappende Transformation von gefensterten Teilbandabtastwerten. Grundlage ist eine modifizierte diskrete
Cosinus-Transformation MDCT, die auch unter der Bezeichnung TDAC-Filterbank
(Time Domain Aliasing Cancellation) und MLT (Modulated Lapped Transform) in
der Literatur geführt wird. Genaue Beschreibungen hierzu befinden sich in [Pri86,
Pri87, Mal92, Glu93]. Diese erweiterte Filterbank wird als Polyphasen/MDCT Hybrid-
Filterbank bezeichnet [Bra94]. Die höhere Frequenzauflösung dieser Filterbank ermög-
licht einen höheren Codierungsgewinn; sie hat aber den Nachteil einer schlechteren
Zeitauflösung, die sich in Störungen bei impulsartigen Signalen bemerkbar macht.
Zur Minimierung dieser Artefakte kann die Anzahl der Subbänder pro Teilband von
18 auf 6 adaptiv umgeschaltet werden. Signalangepasste Teilbandzerlegungen lassen

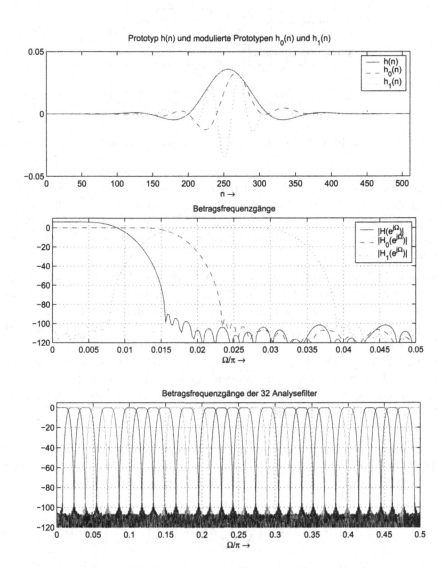

Bild 9.16 Impulsantworten und Betragsfrequenzgänge der Pseudo-QMF-Filterbank

sich durch spezielle Fensterfunktionen mit überlappenden Transformationen erreichen [Edl89, Edl95]. Die Äquivalenz von überlappenden Transformationen und Filterbänken wird in [Mal92, Glu93, Vai93, Edl95, Vet95] behandelt.

9.4.2   Psychoakustische Modelle

Für die Layer I bis III des ISO-MPEG1-Standards sind 2 psychoakustische Modelle entwickelt worden, die beide unabhängig voneinander für alle 3 Layer benutzt wer-

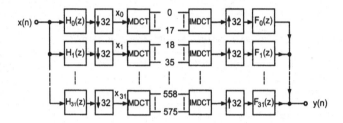

Bild 9.17 Polyphasen/MDCT Hybrid-Filterbank

den können. Das psychoakustische Modell 1 kommt hauptsächlich für die Layer I und
II zum Einsatz, während für den Layer III das psychoakustische Modell 2 benutzt
wird. Aufgrund der Vielzahl von Anwendungen der Layer I und II auf der Basis des
psychoakustischen Modells 1 wird im Folgenden dieses Modell aus [ISO92] näher beschrieben.

Psychoakustisches Modell 1. Die Bitzuweisung für die 32 Teilbänder wird aufgrund
des Signal-Mithörschwellenabstands für alle Teilbänder vorgenommen. Dieser basiert
auf der minimalen Mithörschwelle und dem maximalen Signalpegel innerhalb eines Teilbandes. Zur Berechnung des Signal-Mithörschwellenabstands wird parallel zur Analyse-
Filterbank eine Schätzung des Leistungsdichtespektrums mit Hilfe der FFT durchgeführt. Hiermit erreicht man eine höhere Frequenzauflösung für die Schätzung des Leistungsdichtespektrums gegenüber der Frequenzauflösung der Analyse-Filterbank mit 32
Teilbändern. Die Bestimmung des Signal-Mithörschwellenabstands für jedes Teilband
wird in den folgenden Bearbeitungsstufen erläutert:

1. Berechnung des Leistungsdichtespektrums eines Blocks von Abtastwerten mit
   Hilfe der FFT: Nach einer Fensterung eines Blocks von $N = 512$ ($N = 1024$ bei
   Layer II) Abtastwerten mit $h(n)$ wird das Leistungsdichtespektrum

$$X(k) = 10 \log_{10} \left| \frac{1}{N} \sum_{n=0}^{N-1} h(n)x(n)e^{-jnk2\pi/N} \right|^2 \text{ in dB} \qquad (9.22)$$

   bestimmt. Anschließend wird das Fenster um 384 (12·32) Abtastwerte verschoben
   und der nächste Block bearbeitet.

2. Bestimmung des Schalldruckpegels in jedem Teilband: Der Schalldruckpegel wird
   aus dem berechneten Leistungsdichtespektrum und der Bestimmung eines Ska-
   lenfaktors SCF im jeweiligen Teilband gemäß

$$L_S(i) = \text{MAX}[X(k), 20 \log_{10}[\text{SCF}_{max}(i) \cdot 32768] - 10] \qquad \text{in dB} \qquad (9.23)$$

   abgeleitet. Für $X(k)$ wird der Maximalwert der Spektrallinien innerhalb des Teilbandes i benutzt. Der Skalenfaktor SCF(i) für das Teilband i wird aus dem
   Betragsmaximum von 12 aufeinanderfolgenden Teilbandabtastwerten bestimmt.

Hierbei wird eine nichtlineare Quantisierung auf insgesamt 64 Stufen vorgenommen (Layer I). Bei Layer II wird aus insgesamt 36 Teilbandabtastwerten der größte der daraus abgeleiteten drei Skalenfaktoren zur Bestimmung des Schalldruckpegels herangezogen.

3. Berücksichtigung der absoluten Hörschwelle: Für die unterschiedlichen Abtastraten ist die absolute Hörschwelle $LT_q(m)$ tabellarisch in [ISO92] spezifiziert. Der Frequenzindex m basiert auf einer Reduktion der relevanten $N/2$ Frequenzwerte mit dem FFT-Index k (s. Bild 9.18).

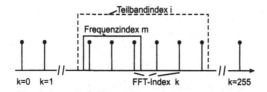

Bild 9.18 Nomenklatur der Frequenzindizes

4. Ermittlung von tonalen $X_{tm}(k)$ oder rauschartigen $X_{nm}(k)$ Maskierern und Bestimmung der relevanten Maskierer (für Details s. [ISO92]): Diese werden mit $X_{tm}[z(j)]$ und $X_{nm}[z(j)]$ gekennzeichnet. Mit dem Index j werden die tonalen und rauschartigen Maskierer gekennzeichnet. Die variable Tonheit $z(m)$ ist tabellarisch für die reduzierten Frequenzindizes m in [ISO92] aufgelistet. Sie erlaubt eine feinere Auflösung der 24 Frequenzgruppen mit dem Frequenzgruppen-Index z.

5. Berechnung der einzelnen Mithörschwellen: Für die Mithörschwellen von tonalen und rauschartigen Maskierern $X_{tm}[z(j)]$ und $X_{nm}[z(j)]$ gelten die folgenden Zusammenhänge:

$$LT_{tm}[z(j), z(m)] = X_{tm}[z(j)] + a_{v_{tm}}[z(j)] + v_f[z(j), z(m)] \quad \text{in dB} \quad (9.24)$$

$$LT_{nm}[z(j), z(m)] = X_{nm}[z(j)] + a_{v_{nm}}[z(j)] + v_f[z(j), z(m)] \quad \text{in dB}. \quad (9.25)$$

Hierbei gilt für den Maskierungsindex für tonale Maskierer

$$a_{v_{tm}} = -1.525 - 0.275 \cdot z(j) - 4.5 \quad \text{in dB} \quad (9.26)$$

und den Maskierungsindex für rauschartige Maskierer

$$a_{v_{nm}} = -1.525 - 0.175 \cdot z(j) - 0.5 \quad \text{in dB}. \quad (9.27)$$

Die Maskierungsfunktion $v_f[z(j), z(m)]$ ist mit dem Frequenzgruppenabstand $\Delta z = z(m) - z(j)$ gegeben durch

$$v_f = \begin{cases} 17 \cdot (\Delta z + 1) - (0.4 \cdot X[z(j)] + 6) & -3 \le \Delta z < -1 \\ (0.4 \cdot X[z(j)] + 6) \cdot \Delta z & -1 \le \Delta z < 0 \\ -17 \cdot \Delta z & 0 \le \Delta z < 1 \\ -(\Delta z - 1) \cdot (17 - 0.15 \cdot X[z(j)]) - 17 & 1 \le \Delta z < 8 \\ \text{in dB} & \text{in Bark} \end{cases} .$$

Diese Maskierungsfunktion $v_f[z(j), z(m)]$ beschreibt die Maskierung an dem Frequenzindex $z(m)$ durch den Maskierer mit dem Frequenzindex $z(j)$.

6. Berechnung der globalen Mithörschwelle: Für den m-ten Frequenzwert werden die Leistungen der absoluten Hörschwelle und alle Leistungsanteile der tonalen und rauschartigen Maskierer gemäß

$$
\begin{aligned}
LT_g(m) \;=\; & 10\log_{10}[10^{LT_q(m)/10} \\
& + \sum_{j=1}^{T_m} 10^{LT_{tm}[z(j),z(m)]/10} \\
& + \sum_{j=1}^{R_m} 10^{LT_{nm}[z(j),z(m)]/10}] \quad \text{in dB}
\end{aligned}
\tag{9.28}
$$

aufaddiert. Die Gesamtanzahl der tonalen Maskierer wird mit T_m bezeichnet und die Gesamtanzahl von rauschartigen Maskierern mit R_m. Für ein gegebenes Teilband i werden nur die Maskierer im Bereich von -8 bis +3 Bark berücksichtigt. Außerhalb dieses Bereichs werden die Maskierer nicht berücksichtigt.

7. Bestimmung der minimalen Mithörschwelle in jedem Teilband:

$$
LT_{min}(i) = \text{MIN}[LT_g(m)] \quad \text{in dB} \quad .
\tag{9.29}
$$

Pro Teilband können mehrere Mithörschwellen $LT_g(m)$ auftreten, sofern m innerhalb des Teilbands i liegt.

8. Berechnung des Signal-Mithörschwellenabstands SMR(i) in jedem Teilband:

$$
\text{SMR}(i) = L_S(i) - LT_{min}(i) \quad \text{in dB} \quad .
\tag{9.30}
$$

Der Signal-Mithörschwellenabstand gibt den zu quantisierenden Dynamikbereich im jeweiligen Teilband an, damit der Maximalpegel des Quantisierungsrauschens unterhalb der Mithörschwelle liegt. Der Signal-Mithörschwellenabstand ist Grundlage des Bitzuweisungsverfahrens zur Quantisierung der Teilbandsignale.

9.4.3 Dynamische Bitzuweisung und Codierung

Dynamische Bitzuweisung. Die dynamische Bitzuweisung wird benötigt, um die gerade notwendige Bitanzahl für die Teilbänder festzulegen, damit eine transparente Wahrnehmung möglich ist. Die minimale Anzahl von Bits im Teilband i kann aus der Differenz zwischen dem Skalenfaktor SCF_i und der absoluten Hörschwelle $LT_q(i)$ gemäß $b(i) = SCF(i) - LT_q(i)$ bestimmt werden. Mit dieser Methode bleibt das Quantisierungsrauschen unterhalb der Hörschwelle. Die bandübergreifenden Maskierungseffekte werden für die Realisierung nach ISO-MPEG1 ausgenutzt, um dem jeweiligen Teilband die zur Maskierung des Quantisierungsrauschens notwendigen Bits zuzuweisen.

Für die gegebene Übertragungsrate wird die maximal mögliche Bitanzahl B_g zur Codierung der Teilbandsignale und Skalierungsfaktoren ermittelt:

$$B_g = \sum_{i=1}^{32} b(i) + SCF(i) \quad + \text{Zusatzinformation}. \tag{9.31}$$

Die Bitzuweisung erfolgt hierbei über den Zuweisungsrahmen, der bei Layer I aus insgesamt 12 Teilbandabtastwerten ($384 = 12 \cdot 32$ PCM-Abtastwerte) und bei Layer II aus 36 Teilbandabtastwerten ($1152 = 36 \cdot 32$ PCM-Abtastwerten) besteht.

Die dynamische Bitzuweisung für die Teilbänder wird in einem iterativen Prozess durchgeführt. Die Anzahl der Bits pro Teilband wird zu Beginn auf Null gesetzt. Zunächst wird der Mithörschwellen-Rauschabstand

$$\text{MNR}(i) = \text{SNR}(i) - \text{SMR}(i) \tag{9.32}$$

für jedes Teilband bestimmt. Der Signal-Mithörschwellenabstand $\text{SMR}(i)$ ist Ergebnis des psychoakustischen Modells. Der Signal-Rauschabstand $\text{SNR}(i)$ entstammt einer Tabelle, in der für eine definierte Bitanzahl ein Signal-Rauschabstand gegeben ist [ISO92]. Die Bitanzahl muss solange erhöht werden, bis der Mithörschwellen-Rauschabstand größer gleich Null ist. Der iterative Bitzuweisungvorgang läuft nach folgenden Schritten ab:

1. Bestimmung des Teilbandes mit dem minimalen $\text{MNR}(i)$.

2. Erhöhung der Bitanzahl dieses Teilbands auf die nächste Stufe des MPEG1-Standards. Zuweisung von 6 Bit für den Skalenfaktor dieses Teilbands bei der erstmaligen Erhöhung der Bitanzahl des Teilbandes.

3. Erneute Berechnung des $\text{MNR}(i)$ in diesem Teilband.

4. Berechnung der notwendigen Bits für alle Teilbänder und Skalenfaktoren und Vergleich mit der maximalen Anzahl. Wenn die Bitanzahl kleiner als die Maximalanzahl ist, beginnt die nächste Iterationsschleife bei Schritt 1.

Quantisierung und Codierung der Teilbandsignale. Die Quantisierung in den Teilbändern erfolgt gemäß der Bitzuweisung für das entsprechende Teilband. Hierzu werden die 12 (36) Teilbandabtastwerte durch den jeweiligen Skalenfaktor dividiert und danach linear quantisiert und codiert (Details s. [ISO92]). Daran anschließend erfolgt die Rahmenbildung. Auf der Decoderseite wird dieses Vorgehen invertiert. Die dann mit unterschiedlicher Wortbreite decodierten Teilbandsignale werden mit Hilfe der Synthesefilterbank zu einem breitbandigen PCM-Signal umgesetzt (s. Bild 9.14). Die MPEG-1 Audio-Codierung arbeitet mit einem einkanaligen Modus oder einem zweikanaligen Stereo-Modus mit den Abtastfrequenzen 32, 44,1, 48 kHz und einer Bitrate von 128 kBit/s pro Kanal.

9.5 MPEG-2 Audio-Codierung

Ziel der Einführung der MPEG-2 Audio-Codierung (1994) war die Erweiterung von MPEG-1 zu geringeren Abtastraten und zur Mehrkanal-Codierung [Bos97]. Die Rückwärtskompatibilität zu existierenden MPEG-1-Systemen wird durch die Version MPEG-2 BC (Backward Compatible) und die Einführung zu niedrigeren Abtastfrequenzen von 16, 22,05, 24 kHz mit der Version MPEG-2 LSF (Lower Sampling Frequencies) erreicht. Für MPEG-2 BC beträgt die Bitrate für eine fünfkanalige Übertragung mit voller Bandbreite für alle Kanäle 640-896 kBit/s.

9.6 MPEG-2 Advanced Audio Coding

Zur Verbesserung der Codierung von Mono-, Stereo- und Mehrkanal-Signalen wurde 1997 der MPEG-2 AAC (Advanced Audio Coding) Standard spezifiziert. Dieses neue Codierungsverfahren ist nicht rückwärtskompatibel zum MPEG-1 Standard und ist im Kern auf neue erweiterte Codierungstandards ausgelegt (siehe MPEG-4). Die erzielbare Bitrate für eine fünfkanalige Codierung beträgt 320 kBit/s. Im Folgenden werden die wichtigsten Signalverarbeitungsblöcke des MPEG-2 AAC Codierungsverfahrens vorgestellt und die prinzipiellen Funktionsweisen erläutert. Eine umfassende Darstellung findet sich in [Bos97, Bra98, Bos02]. Der MPEG-2 AAC Coder ist in Bild 9.19 dargestellt. Der zugehörige Decoder führt die dargestellten Funktionsblöcke in der umgekehrten Reihenfolge mit den zugehörigen Decodierungsblöcken aus.

Vorverarbeitung: In der Vorverarbeitung wird das Eingangssignal gemäß der zur Verarbeitung eingestellten Abtastfrequenz bandbegrenzt und weiterverarbeitet. Diese Stufe kommt nur in einem *Scalable Sampling Rate Profile* zum Einsatz [Bos97, Bra98, Bos02].

Filterbank: Zur Zeit-Frequenzzerlegung des Eingangssignals in $M = 1024$ Teilbänder wird eine überlappende Modifizierte Diskrete Cosinus-Transformation (MDCT) [Pri86, Pri87] genutzt, die Blöcke des Eingangssignals mit $N = 2048$ Abtastwerten nutzt. Hier soll eine Darstellung in Form einer schrittweisen Implementierungsanweisung vorgestellt werden. Eine grafische Visualisierung der einzelnen Schritte ist in Bild 9.20 dargestellt. Die einzelnen Verfahrensschritte sind wie folgt:

1. Partitionierung des Eingangssignals $x(n)$ mit dem Zeitindex n in überlappende Blöcke

$$x_m(r) = x(mM + r) \quad r = 0, \dots, N-1; -\infty \le m \le \infty \qquad (9.33)$$

   der Länge N mit einer Überlappung (Vorschub, Hop size) von $M = \frac{N}{2}$. Der Laufindex innerhalb eines Blockes wird mit r bezeichnet. Die Variable m bezeichnet den Laufindex für die Blöcke.

2. Fensterung der Blöcke mit der Fensterfunktion $w(r) \rightarrow x_m(r) \cdot w(r)$.

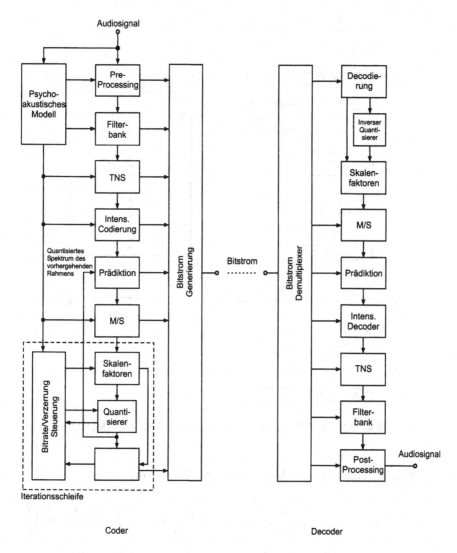

Bild 9.19 MPEG-2 AAC Coder und Decoder

3. MDCT (Modified Discrete Cosine Transform)

$$X(m,k) = \sqrt{\frac{2}{M}} \sum_{r=0}^{N-1} x_m(r)w(r) \cos\left(\frac{\pi}{M}\left(k+\frac{1}{2}\right)\left(r+\frac{M+1}{2}\right)\right) \quad (9.34)$$

$$k = 0,\ldots,M-1$$

liefert alle M Eingangsabtastwerte $M = N/2$ Spektralkoeffizienten aus N gefensterten Eingangsabtastwerten.

4. Quantisierung der Spektralkoeffizienten $X(m,k)$ führt auf quantisierte Spektralkoeffizienten $X_Q(m,k)$ basierend auf einem psychoakustischen Modell.

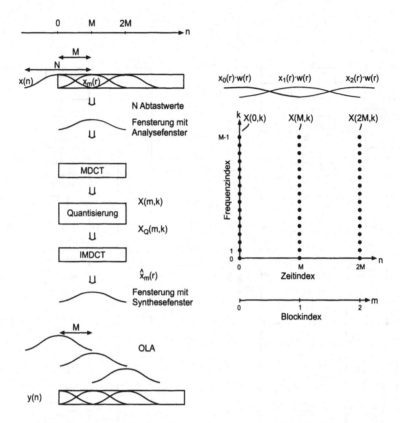

Bild 9.20 Zeit-Frequenz-Zerlegung mit der MDCT/IMDCT

5. IMDCT (Inverse Modified Discrete Cosine Transform)

$$\hat{x}_m(r) = \sqrt{\frac{2}{M}} \sum_{k=0}^{M-1} X_Q(m,k) \cos\left(\frac{\pi}{M}\left(k + \frac{1}{2}\right)\left(r + \frac{M+1}{2}\right)\right) \quad (9.35)$$
$$r = 0, \ldots, N-1$$

liefert im Abstand von M Eingangsabtastwerten N Ausgangsabtastwerte im Block $\hat{x}_m(r)$.

6. Fensterung der rücktransformierten Blöcke $\hat{x}_m(r)$ mit der Fensterfunktion $w(r)$.

7. Rekonstruktion des Ausgangssignals $y(n)$ durch die Overlap-Add-Operation

$$y(n) = \sum_{m=-\infty}^{\infty} \hat{x}_m(r)w(r), \quad r = 0, \ldots, N-1 \quad (9.36)$$

der gefensterten Ausgangsblöcke mit der Überlappung M.

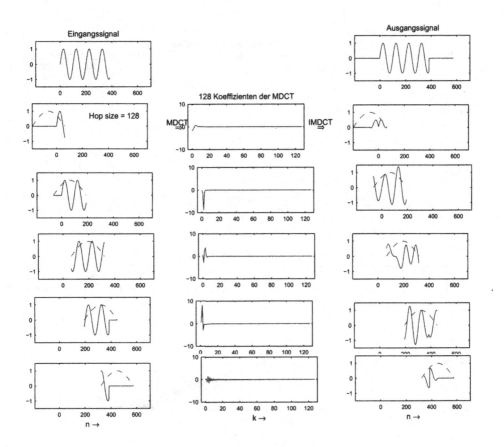

Bild 9.21 Signale bei der MDCT/IMDCT

Zur Verdeutlichung der Verfahrensschritte wird die MDCT/IMDCT eines Sinus-Pulses in Bild 9.21 durchgeführt. In der linken Spalte befinden sich von oben nach unten das Eingangssignal und die Partitionierung des Eingangssignals mit der Blocklänge $N = 256$. Als Fensterfunktion wird ein Sinus-Fenster benutzt. Die korrespondierenden MDCT-Koeffizienten sind in der mittleren Spalte für $M = 128$ dargestellt. Die IMDCT liefert die Signale in der rechten Spalte. Man erkennt, dass die Rücktransformation mit der IMDCT nicht den Eingangsblock rekonstruiert. Vielmehr setzt sich der Ausgangsblock aus dem Eingangsblock und einer speziellen Überlagerung mit dem zeitinvertierten und dann zirkular um $M = N/2$ verschobenen Eingangsblock zusammen, was man als Zeit-Aliasing bezeichnet [Pri86, Pri87, Edl89]. Durch die Overlap-Add-Operation der einzelnen Ausgangsblöcke wird das Ausgangssignal, welches in der rechten Spalte oben dargestellt ist, ideal rekonstruiert. Die Eliminierung des Zeit-Aliasing durch die Overlap-Add-Operation wird als *Time Domain Aliasing Cancellation* (TDAC) bezeichnet [Pri86, Pri87, Edl89]. Hierzu muss die Fensterfunktion $w(n)$ zur Analyse und Synthese die Bedingung $w^2(r) + w^2(r + M) = 1, \quad r = 0, \dots, M - 1$ für eine exakte Rekonstruktion des Ausgangssignals erfüllen.

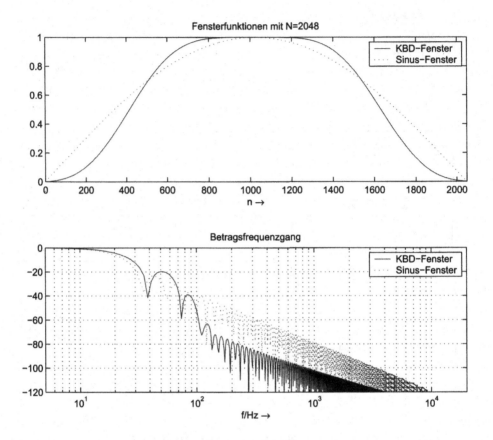

Bild 9.22 Kaiser-Bessel-Derived-Fenster und Sinus-Fenster für $N = 2048$ und Betragsfrequenzgänge der normierten Fensterfunktionen

Zum Einsatz kommen das Kaiser-Bessel-Derived-Fenster [Bos02] und das Sinus-Fenster $h(n) = \sin\left((n + \frac{1}{2})\frac{\pi}{N}\right)$ mit $n = 0, \ldots, N-1$ [Mal92]. Bild 9.22 zeigt die beiden Fensterfunktionen für $N = 2048$ und die zugehörigen Betragsfrequenzgänge bei einer Abtastfrequenz von $f_A = 44100$ Hz. Das Sinus-Fenster besitzt eine geringere Bandbreite des Durchlassbereiches, hat aber eine langsam abfallende Sperrdämpfung. Demgegenüber ist der Durchlassbereich des KBD-Fensters etwas breiter und die Sperrdämpfung steigt schneller an.

Zur Darstellung der Filterbankeigenschaften und insbesondere der Frequenzzerlegung mit der MDCT werden die modulierten Bandpassimpulsantworten der Fensterfunktion (Prototypimpulsantwort $w(n) = h(n)$) mit

$$h_k(n) = 2 \cdot h(n) \cdot \cos\left(\frac{\pi}{M}\left(k + \frac{1}{2}\right)\left(n + \frac{M+1}{2}\right)\right) \qquad (9.37)$$
$$k = 0, \ldots, M-1; \quad n = 0, \ldots, N-1.$$

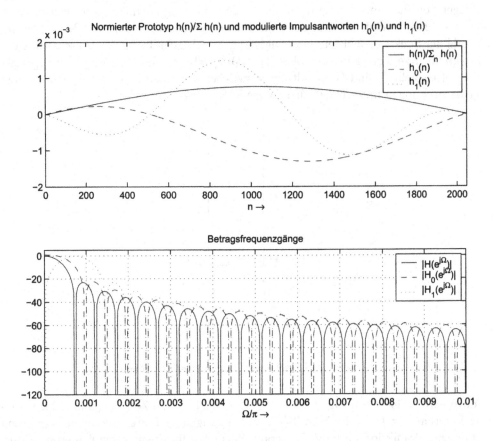

Bild 9.23 Normierte Impulsantwort des Sinus-Fensters für $N = 2048$ und modulierte Bandpassimpulsantworten und deren Betragsfrequenzgänge

bestimmt. Bild 9.23 zeigt die normierte Prototypimpulsantwort des Sinus-Fensters und die ersten beiden modulierten Bandpassimpulsantworten $h_0(n)$ und $h_1(n)$ dieser normierten Prototypimpulsantwort. Entsprechend sind im unteren Bild die zugehörigen Betragsfrequenzgänge dargestellt. Neben der erhöhten Frequenzauflösung mit $M = 1024$ Bandpässen ist die reduzierte Sperrdämpfung der Filterfunktionen zu erkennen. Ein Vergleich dieser Frequenzgänge der MDCT mit der Frequenzauflösung der Pseudo-QMF-Filterbank mit $M = 32$ in Bild 9.16 verdeutlicht die unterschiedlichen Eigenschaften der beiden Teilbandzerlegungen.

Zur Anpassung der Zeit- und Frequenzauflösung an die Eigenschaften des Signals sind mehrere Verfahren untersucht worden. Ein signaladaptives Audio-Codierverfahren basierend auf der Wavelet-Transformation findet sich in [Sin93, Ern00]. Bei der MDCT und IMDCT kann durch eine geeignete Fensterumschaltung ebenso eine zeitvariante Zeit- und Frequenzauflösung erreicht werden. Für stationäre Signalausschnitte wird eine hohe Frequenzauflösung und eine geringe Zeitauflösung benötigt. Dies bedeutet die Nutzung einer großen Fensterlänge mit $N = 2048$. Für die Codierung von Anschlägen von Instrumenten wird sowohl die Zeitauflösung (Reduktion der Fensterlänge auf $N = 256$) erhöht als aber auch die Frequenzauflösung reduziert (Reduktion der Anzahl der Spektralkoeffizienten). Eine detaillierte Beschreibung der Umschaltung der Zeit-Frequenzzerlegung bei der MDCT/IMDCT wird in [Edl89, Bos97, Bos02] angegeben. Beispielhaft sind Umschaltungen zwischen verschiedenen Fensterfunktion und Fensterfunktionen unterschiedlicher Länge in Bild 9.24 dargestellt.

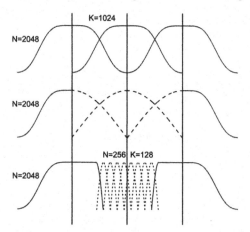

Bild 9.24 Umschaltung der Fensterfunktionen

Temporal Noise Shaping. Eine weitere Möglichkeit, die Zeit-Frequenzzerlegung einer Filterbank und hier der MDCT/IMDCT der Signalcharakteristik anzupassen, kann durch eine Prädiktion über die Spektralkoeffizienten im Frequenzbereich erreicht werden [Her96, Her99]. Dieses Verfahren wird als *Temporal Noise Shaping* (TNS) bezeichnet. Hiermit wird die Einhüllende des Zeitsignals geformt. Die Notwendigkeit dieser Formung der zeitlichen Einhüllenden wird in Bild 9.25 deutlich. In Bild 9.25a ist der Signalausschnitt eines Kastagnettenanschlags zu sehen. Zur Vereinfachung der Darstellung wird die diskrete Cosinus-Transformation [Rao90]

$$X^{C(2)}(k) = \sqrt{\frac{2}{N}} c_k \sum_{n=0}^{N-1} x(n) \cos\left(\frac{(2n+1)k\pi}{2N}\right), \quad k = 0, \ldots, N-1 \quad (9.38)$$

und die inverse Cosinus-Transformation

$$x(n) = \sqrt{\frac{2}{N}} \sum_{k=0}^{N-1} c_k X^{C(2)}(k) \cos\left(\frac{(2n+1)k\pi}{2N}\right), \quad n = 0, \ldots, N-1 \quad (9.39)$$

$$\text{mit } c_k = \begin{cases} 1/\sqrt{(2)} & k = 0 \\ 1 & \text{sonst} \end{cases}$$

herangezogen. Die Spektralkoeffizienten einer diskreten Cosinus-Transformation (DCT) dieses Signalausschnitts sind in Bild 9.25b dargestellt. Nach der Quantisierung die-

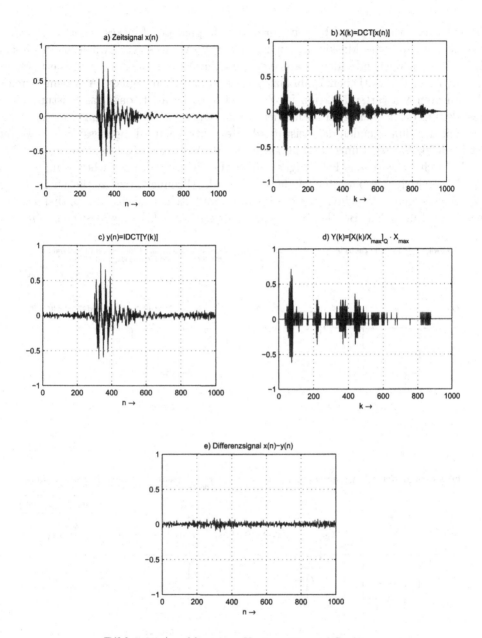

Bild 9.25 Anschlag einer Kastagnette und Spektren

ser Spektralkoeffizienten auf 4 Bit (Bild 9.25d) und der inversen diskreten Cosinus-Transformation (IDCT) der quantisierten Spektralkoeffizienten ergibt sich das Zeitsignal (Bild 9.25c) und das Differenzsignal (Bild 9.25e) zwischen Eingang und Ausgang. Man erkennt im Ausgangssignal und im Differenzsignal die zeitliche Verteilung des Fehlers über die gesamte Blocklänge hinweg. Dies bedeutet, dass bevor der

Anschlag der Kastagnette beginnt, das Rauschsignal des Blockes schon wahrnehmbar ist. Die zeitliche Maskierung in Form der Vorverdeckung [Zwi90] ist in diesem Fall nicht ausreichend. Ideal wäre eine zeitliche Verteilung des Quantisierungsfehlers in Form der zeitlichen Einhüllenden des eigentlichen Signals. Aus dem Bereich der linearen Vorwärtsprädiktion im Zeitbereich ist bekannt, dass das Leistungsdichtespektrum des Fehlersignal nach einem Codierungs- und Decodierungsvorgang spektral mit der Einhüllenden des Leistungsdichtespektrums des Eingangssignals bewertet ist [Kam96, Var97]. Führt man nun eine lineare Vorwärtsprädiktion im Frequenzbereich durch, so wird das Fehlersignal im Zeitbereich mit der zeitlichen Einhüllenden des Eingangssignals bewertet [Her96]. Zur Verdeutlichung dieser zeitlichen Formung des Fehlersignals betrachten wir die Vorwärtsprädiktion zunächst im Zeitbereich anhand von Bild 9.26a. Bei dem Codierungsvorgang wird das Eingangssignal $x(n)$ mit

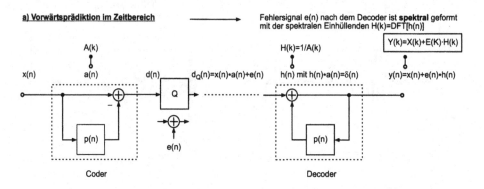

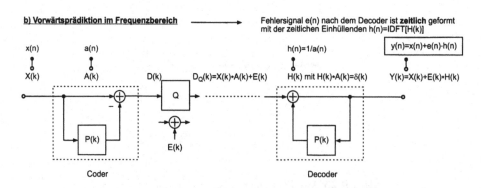

Bild 9.26 Vorwärtsprädiktion im Zeit- und Frequenzbereich

einem Prädiktor der Impulsantwort $p(n)$ geschätzt. Das Ausgangssignals des Prädiktors wird vom Eingangssignal $x(n)$ subtrahiert und liefert das Signal $d(n)$, welches mit einem Quantisierer auf die notwendige Wortbreite reduziert wird. Der Quantisierer liefert das Signal $d_Q(n) = x(n) * a(n) + e(n)$, welches aus der Faltung des Signals $x(n)$ mit der Impulsantwort $a(n)$ und dem additiven Quantisierungsfehler $e(n)$ besteht. Für das Leistungsdichtespektrum des Coder-Ausgangssignals gilt $S_{D_Q D_Q}(e^{j\Omega}) = S_{XX}(e^{j\Omega}) \cdot |A(e^{j\Omega})|^2 + S_{EE}(e^{j\Omega})$. Durch den Decodierungsvorgang wird das Signal $d_Q(n)$ mit der Impulsantwort $h(n)$ des zum Coder inversen Systems gefaltet. Hierzu muss $a(n) * h(n) = \delta(n)$ gelten und somit $H(e^{j\Omega}) = 1/A(e^{j\Omega})$. Hiermit ergibt sich das Ausgangssignal $y(n) = x(n) + e(n) * h(n)$ und die zugehörige diskrete Fourier-Transformierte $Y(k) = X(k) + E(k) \cdot H(k)$. Für das Leistungsdichtespektrum des Decoder-Ausgangssignals gilt $S_{YY}(e^{j\Omega}) = S_{XX}(e^{j\Omega}) + S_{EE}(e^{j\Omega}) \cdot |H(e^{j\Omega})|^2$. Hierin erkennt man die spektrale Bewertung des Quantisierungsfehlers mit der spektralen Einhüllenden des Eingangssignals, welche durch $|H(e^{j\Omega})|$ repräsentiert wird.

Dieselbe Vorwärtsprädiktion wird nun im Frequenzbereich mit den Spektralkoeffizienten $X(k) = \text{DCT}[x(n)]$ für einen Block von Eingangsabtastwerten $x(n)$ anhand von Bild 9.26b verdeutlicht. Für das Ausgangssignal des Decoders folgt mit $A(k) * H(k) = \delta(k)$ der Ausdruck $Y(k) = X(k) + E(k) * H(k)$ und somit lautet das korrespondierende Zeitbereichssignal $y(n) = x(n) + e(n) \cdot h(n)$. Hier zeigt sich die zeitliche Bewertung des Quantisierungsfehlers mit der entsprechenden zeitlichen Einhüllenden des Eingangssignals, welche durch den Betrag $|h(n)|$ der Impulsantwort $h(n)$ repräsentiert ist. Der Zusammenhang zwischen der zeitlichen Signaleinhüllenden (Betrag des analytischen Signals) und der Autokorrelationsfunktion des analytischen Spektrums wird in [Her96] behandelt. Die Dualitäten zwischen der Vorwärtsprädiktion im Zeit- und Frequenzbereich sind in Tabelle 9.2 zusammengefasst. Bild 9.27 zeigt noch einmal das Verfahren des Temporal Noise Shaping, bei dem die Prädiktion über die Spektralkoeffizienten durchgeführt wird. Die Koeffizienten der Vorwärtsprädiktion müssen hierbei zum Decoder übertragen werden.

Tabelle 9.2 Vorwärtsprädiktion im Zeit- und Frequenzbereich

Prädiktion im Zeitbereich			Prädiktion im Frequenzbereich		
$y(n)$	$=$	$x(n) + e(n) * h(n)$	$y(n)$	$=$	$x(n) + e(n) \cdot h(n)$
$Y(k)$	$=$	$X(k) + E(k) \cdot H(k)$	$Y(k)$	$=$	$X(k) + E(k) * H(k)$

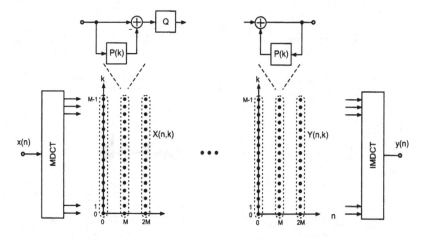

Bild 9.27 Vorwärtsprädiktion im Frequenzbereich

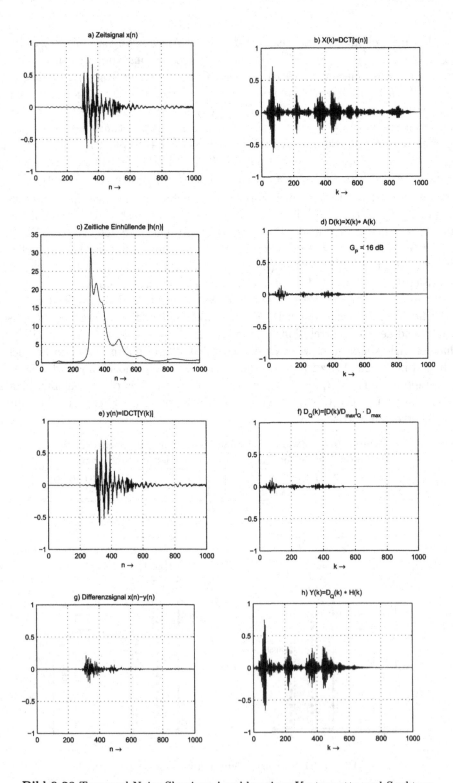

Bild 9.28 Temporal Noise Shaping: Anschlag einer Kastagnette und Spektren

Die zeitliche Bewertung des Quantisierungsfehlers wird exemplarisch in Bild 9.28 deutlich. Hierzu werden die Signale der Vorwärtsprädiktion im Frequenzbereich dargestellt. Bild 9.28a/b zeigt den Signalausschnitt $x(n)$ eines Kastagnettenanschlags und die zugehörigen Spektralkoeffizienten $X(k)$ einer DCT. Die Vorwärtsprädiktion liefert das Signal $D(k)$ in Bild 9.28d und das quantisierte Signal $D_Q(k)$ in Bild 9.28f. Nach dem Decoder wird das Signal $Y(k)$ in Bild 9.28h durch die inverse Übertragungsfunktion rekonstruiert. Die IDCT des Ausgangssignals $Y(k)$ liefert schließlich das Ausgangssignal $y(n)$ in Bild 9.28e. Das Differenzsignal $x(n) - y(n)$ in Bild 9.28g zeigt die zeitliche Bewertung des Fehlersignals mit der zeitlichen Einhüllenden aus Bild 9.28c. Bei dem dargestellten Beispiel ist die Filterordnung des Prädiktors zu 20 gewählt [Bos97] und die Prädiktion erfolgt über alle Spektralkoeffizienten $X(k)$ mit der Burg-Methode [Kam02]. Für den dargestellten Signalausschnitt ergibt sich ein Prädiktionsgewinn im Spektralbereich von $G_p = 16$ dB (s. Bild 9.28d).

Frequenzbereich-Prädiktion. Zur weiteren Kompression der Bandpasssignale werden diese einer weiteren Prädiktion, aber nun im Bandpassbereich unterzogen. Hierzu wird eine Rückwärtsprädiktion [Kam96] der einzelnen Bandpasskanäle auf der Coderseite durchgeführt (s. Bild 9.29). Bei Einsatz der Rückwärtsprädiktion müssen die Prädiktionskoeffizienten nicht zum Decoder übertragen werden, da die Schätzung des Eingangsabtastwertes beim Coder aus dem quantisierten Signal erfolgt. Beim Decoder erfolgt die Berechnung der Koeffizienten $p(n)$ der Rückkopplung ebenfalls aus dem quantisierten Eingangssignal. Aufgrund der geringen Bandbreite der Bandpasssignale ist ein Prädiktor 2. Ordnung ausreichend [Bos97].

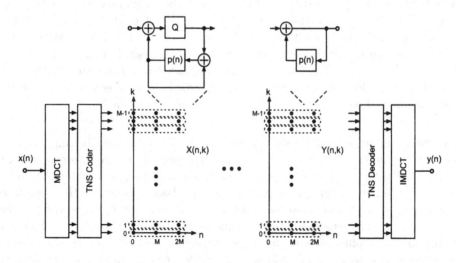

Bild 9.29 Rückwärtsprädiktion im Bandpassbereich

M/S-Codierung. Bei der Codierung von Stereosignalen mit dem rechten Signal $x_R(n)$ und dem linken Signal $x_L(n)$ kann bei hoher Korrelation zwischen beiden Signalen vereinfacht ein Monosignal $x_M(n) = (x_L(n) + x_R(n))/2$ und ein Differenzsignal (Seitensignal) $x_S(n) = (x_L(n) - x_R(n))/2$ codiert und übertragen werden. Aufgrund der geringen Leistung im Seitensignal reduziert sich die benötigte Bitrate für dieses Signal. Bei der Decodierung werden das linke Signal $x_L(n) = x_M(n) + x_S(n)$ und das rechte Signal $x_R(n) = x_M(n) - x_S(n)$ wieder exakt rekonstruiert, wenn keine Quantisierung und Codierung für die Übertragung erfolgt. Diese M/S-Codierung erfolgt bei MPEG-2 AAC [Bra98, Bos02] mit den Spektralkoeffizienten eines Stereosignals (s. Bild 9.30).

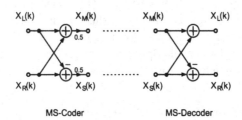

Bild 9.30 MS-Codierung im Spektralbereich

Intensitätsstereo-Codierung. Bei der Intensitätsstereo-Codierung werden ein Monosignal $x_M(n) = x_L(n) + x_R(n)$ und die zeitlichen Einhüllenden $e_L(n)$ und $e_R(n)$ des rechten und linken Signals codiert und übertragen. Bei der Decodierung werden das linke Signal $y_L(n) = x_M(n) \cdot e_L(n)$ und das rechte Signal $y_R(n) = x_M(n) \cdot e_R(n)$ aus dem Monosignal und den beiden Einhüllenden rekonstruiert. Diese Rekonstruktion ist verlustbehaftet. Die Intensitätsstereo-Codierung bei MPEG-2 AAC [Bra98] erfolgt durch Summation der Spektralkoeffizienten der beiden Signale und durch Codierung von Skalenfaktoren zur Repräsentation der Einhüllenden der beiden Signale (s. Bild 9.31). Diese Form der Stereocodierung ist nur für die höheren Frequenzbänder sinnvoll, da das Gehör für Frequenzen oberhalb von 2 kHz phasenunempfindlich ist.

Quantisierung und Codierung. In der letzten Stufe der Verarbeitung erfolgt die Quantisierung und Codierung der Spektralkoeffizienten. Die Quantisierer, die bei den Bildern zur Prädiktion über die Spektralkoeffizienten in Frequenzrichtung (Bild 9.27) und die Prädiktion im Frequenzbereich über die Bandpasssignale (Bild 9.29) zum Verständnis eingebaut waren, werden hier zu einem einzigen Quantisierer pro Spektralkoeffizient zusammengefasst. Dieser Quantisierer ist ein nichtlinearer Quantisierer, der eine Art Gleitkomma-Quantisierung vornimmt (s. Kap. 2), so dass ein annähernd konstanter Signal-Rauschabstand über einen großen Amplitudenbereich erreicht wird. Diese Gleitkomma-Quantisierung wird mit sogenannten Skalenfaktoren für eine Anzahl von Frequenzbändern durchgeführt, in denen jeweils für mehrere Spektralkoeffizienten gemeinsam ein Skalenfaktor in einer Iterationsschleife ermittelt wird (s. Bild 9.19). Anschließend erfolgt eine Huffman-Codierung der quantisierten Spektralkoeffizienten. Eine umfassende Darstellung findet sich in der entsprechenden Literatur [Bos97, Bra98, Bos02].

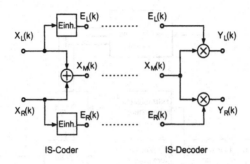

Bild 9.31 IS-Codierung im Spektralbereich

9.7 MPEG-4 Audio-Codierung

Der MPEG-4 Audio-Codierungsstandard besteht aus einer Familie von Audio- und Sprach-Codierungsverfahren für unterschiedliche Bitraten und vielfältige Applikationen im Multimedia-Bereich [Bos02, Her02]. Neben einer höheren Codierungseffizienz werden neue Funktionalitäten wie Skalierbarkeit, objekt-orientierte Repräsentation der Signale und interaktiver Synthese der Signale nach dem Decoder integriert. Die sogenannte natürliche Audio-Codierung und Decodierung wird ergänzt durch Verfahren zur synthetischen Audio-Signalgenerierung. Der MPEG-4 Audiostandard besteht aus Verfahren zur Sprach- und Audio-Codierung, die im Folgenden im Überblick kurz zusammengefasst sind:

- Sprachcoder

    - CELP: Code Excitated Linear Prediction (Bitrate 4–24 kBit/s)

    - HVXC: Harmonic Vector Excitation Coding (Bitrate 1.4–4 kBit/s)

- Audiocoder

    - Parametric Audio: Darstellung des Signals als Summe von Sinussignalen, harmonischen Signalanteilen und sogenannten Rauschanteilen (Bitrate 4–16 kBit/s).

    - Structured Audio: Synthetische Signalgenerierung beim Decoder (Erweiterung des MIDI-Standards[1]) (200 Bit – 4 kBit/s).

    - Generalized Audio: Erweiterung von MPEG-2 AAC mit weiteren zusätzlichen Verfahren in der Zeit-Frequenzebene. Die Grundstruktur besitzt die in Bild 9.19 dargestellten Funktionalitäten. (Bitrate 6–64 kBit/s).

Bezüglich der Sprachcoder wird auf die Grundlagen zur Sprach-Codierung in [Var98] verwiesen. Die spezifizierten Audiocoder erlauben neben der Codierung mit sehr geringen Bitraten (Parametric Audio und Structured Audio) auch die Codierung mit hoher Qualität bei geringerer Bitrate im Vergleich zu MPEG-2 AAC.

---

[1]`http://www.midi.org/`

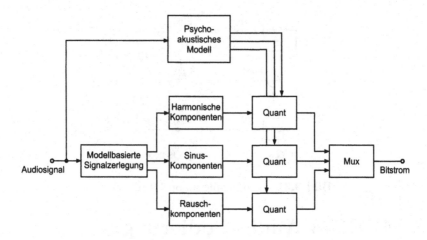

Bild 9.32 Parametrischer Coder für MPEG-4

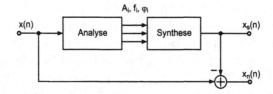

Bild 9.33 Parameterextraktion mit einer Analyse/Synthese

Gegenüber den bisher vorgestellten Audio-Codierungsverfahren in den MPEG-1 und MPEG-2 Standards ist insbesondere die parametrische Audio-Codierung als Erweiterung zu den bisher betrachteten Filterbank-Verfahren von besonderem Interesse [Pur99, Edl00]. Ein parametrischer MPEG-4 Coder ist in Bild 9.32 dargestellt. Hier wird eine Analyse des Signals auf sinusartige, harmonische und rauschartige Komponenten vorgenommen und basierend auf einem psychoakustischen Modell eine Quantisierung und Codierung der Anteile durchgeführt [Pur02a]. Hierbei wird in einem Analyse/Synthese-Ansatz (s. Bild 9.33) das Audiosignal in der parametrischen Form

$$x(n) = \sum_{i=1}^{M} A_i(n) \cos\left(2\pi \frac{f_i(n)}{f_A} n + \varphi_i(n)\right) + x_n(n) \tag{9.40}$$

dargestellt [McA86, Ser89, Smi90, Geo92, Geo97, Rod97, Mar00a]. Der erste Summandenterm beschreibt eine Summe von Sinussignalen mit den zeitvarianten Parametern Amplitude $A_i(n)$, Frequenz $f_i(n)$ und Phase $\varphi_i(n)$. Der zweite Term ist ein Rauschanteil $x_n(n)$, der mit einer zeitlichen Einhüllenden bewertet ist. Der Rauschanteil $x_n(n)$ wird hierbei durch Subtraktion des synthetisierten Sinusanteils vom Eingangssignal gewonnen. Mit Hilfe eines weiteren Extraktionsschrittes können aus dem additiven Sinusmodell weitere harmonische Komponenten, die eine Grundfrequenz und Vielfache dieser Grundfrequenz besitzen, identifiziert und zu einzelnen harmonischen

Anteilen gruppiert werden. Die Extraktion der determinierten und stochastischen Anteile wird ausführlich in [Alt99, Hai03, Kei01, Kei02, Mar00a, Mar00b, Lag02, Lev98, Lev99, Pur02b] behandelt. Hierbei ist neben der Extraktion der Sinusanteile die Modellierung von Rauschanteilen und transienten Anteilen von Bedeutung [Lev98, Lev99]. Bild 9.34 zeigt exemplarisch ein Audiosignal und dessen Zerlegung in eine Summe von Sinussignalen $x_s(n)$ und ein Rauschsignal $x_n(n)$. Das Spektrogramm in Bild 9.35 stellt die Kurzzeitspektren der Sinussignale dar. Die Extraktion der Sinussignale erfolgte mit einem modifizierten FFT-Verfahren nach [Mar00a] mit der Transformationslänge $N = 2048$ und einem Vorschub des Analysefensters (Hop size) von $R_A = 512$.

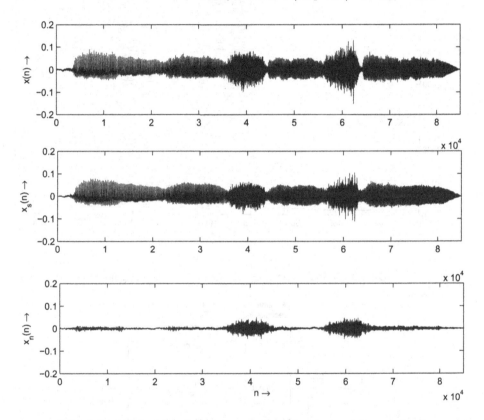

Bild 9.34 Originalsignal, Summe von Sinussignalen und Rauschsignal

Der entsprechende parametrische MPEG-4 Decoder ist in Bild 9.36 gezeigt [Edl00, Mei02]. Die Syntheseverfahren für die drei Signalanteile können sowohl mit der inversen FFT und dem Overlap-Add-Verfahren als aber auch direkt im Zeitbereich durchgeführt werden [Rod97, Mei02]. Ein wesentlicher Vorteil der parametrischen Audio-Codierung ist der Zugriff auf der Decoderseite auf die drei Signalanteile, welche eine effektive Nachbearbeitung zur Erzeugung verschiedenster Audioeffekte erlaubt [Zöl02]. Effekte wie die Zeit- und Frequenzskalierung, virtuelle Quellen im 3D-Raum und die Kreuzsynthese von Signalen (Karaoke) sind nur einige Beispiele für eine interaktive Nachbearbeitung auf der Decoderseite.

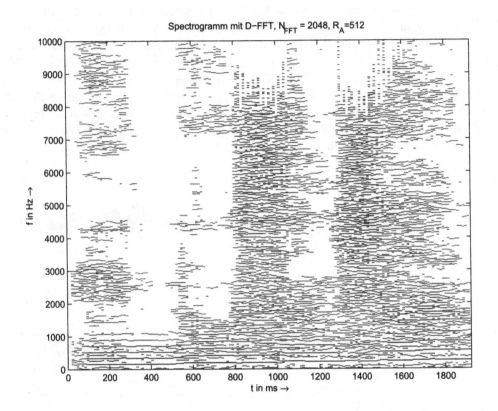

Bild 9.35 Spektrogramm der Summe von Sinussignalen

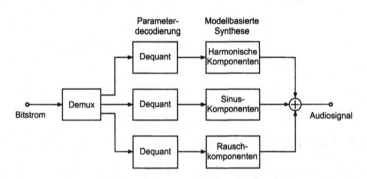

Bild 9.36 Parametrischer Decoder für MPEG-4

9.8 Spectral Band Replication

Zur weiteren Reduktion der Bitrate wurde zunächst für MPEG-1 Layer 3 ein Verfahren mit der Bezeichnung MP3pro eingesetzt [Die02, Zie02]. Es handelt sich hierbei um ein Verfahren mit der Bezeichnung *Spectral Band Replication* (SBR), welches eine

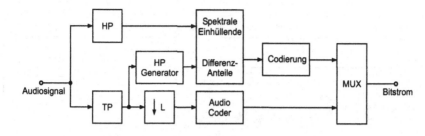

Bild 9.37 SBR-Coder

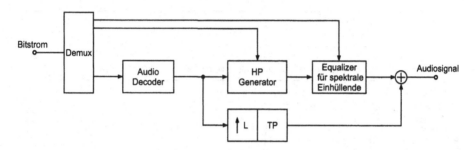

Bild 9.38 SBR-Decoder

Hochpass- und Tiefpasszerlegung des Audiosignals vornimmt und den Tiefpassanteil mit einem Standardverfahren (z.B. MPEG-1 Layer 3) codiert und den Hochpassanteil durch seine spektrale Einhüllende und einen Differenzanteil repräsentiert [Eks02,Zie03]. Bild 9.37 zeigt die Funktionseinheiten eines SBR-Coders. Zur Analyse des Differenzanteils wird aus dem Tiefpasssignal ein Hochpasssignal rekonstruiert (HP-Generator) und mit dem eigentlichen Hochpasssignal verglichen. Die Differenz wird codiert und übertragen. Bei der Decodierung (s. Bild 9.38) wird aus dem decodierten Tiefpassanteil eines Standarddecoders der Hochpassanteil mit einem HP-Generator rekonstruiert. Die zusätzlichen codierten Differenzanteile werden bei der Decodierung wieder hinzugefügt. Ein Equalizer sorgt für die Rekonstruktion der spektralen Einhüllenden des Hochpassanteils. Die spektrale Einhüllende des Hochpasssignals kann mit Hilfe einer Filterbank durch Bildung der Effektivwerte der Bandpasssignale ermittelt werden [Eks02, Zie03]. Die Rekonstruktion der Hochpassanteile (HP-Generator) kann ebenfalls mit einer Filterbank und durch Substitution der Bandpasssignale für die höheren Frequenzen durch Nutzung der Bandpasssignale aus dem Tiefpassanteil erzielt werden [Schu96, Her98]. Zur Codierung des Differenzanteils im Hochpasssignal können für tonale Anteile additive Sinusmodelle eingesetzt werden, wie sie bei der MPEG-4 Codierung mit parametrischen Verfahren zum Einsatz kommen.

Bild 9.39 zeigt die prinzipielle Funktionsweise des SBR-Verfahrens im Frequenzbereich. Zunächst wird aus dem Kurzzeit-Spektrum die spektrale Einhüllende ermittelt (Bild 9.39a). Die spektrale Einhüllende kann basierend auf der FFT, einer Filterbank, des Cepstrums oder linearer Prädiktion berechnet werden [Zöl02]. Das bandbegrenzte Tiefpasssignal kann abwärts getastet werden und einem Standardcoder, der bei der

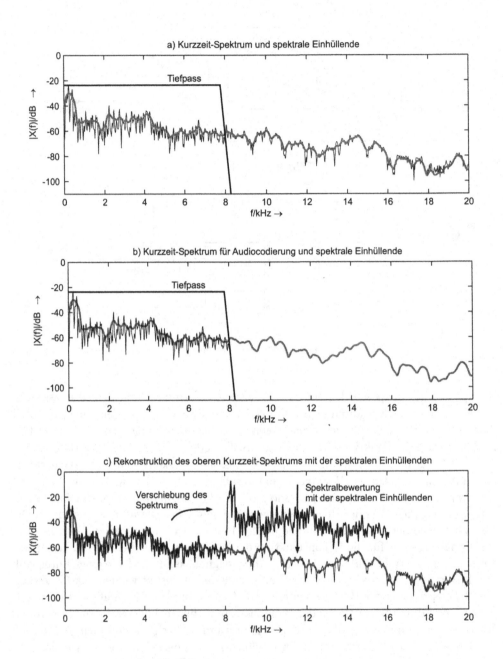

Bild 9.39 Prinzipielle Funktionsweise des SBR-Verfahrens

reduzierten Abtastfrequenz arbeitet, zugeführt werden. Zusätzlich muss die spektrale Einhüllende codiert werden (Bild 9.39b). Auf der Decoderseite erfolgt die Rekonstruktion des oberen Spektrums durch Frequenzverschiebung des Tiefpassanteils oder Teilen des Tiefpassanteils und Bewertung dieser verschobenen Anteile mit der spektralen

Einhüllenden des Hochpassanteils (Bild 9.39c). Eine effiziente Realisierung der zeitvarianten Einhüllendenermittlung und der zeitvarianten Spektralbewertung des Hochpassanteils beim Decoder mit einer komplexwertigen QMF-Filterbank wird in [Eks02] angegeben.

Literaturverzeichnis

[Alt99]   R. Althoff, F. Keiler, U. Zölzer: *Extracting Sinusoids from Harmonic Signals*, Proc. DAFX-99 Workshop on Digital Audio Effects, pp. 97–100, Trondheim, Norway, 1999.

[Blo95]   T. Block: *Untersuchung von Verfahren zur verlustlosen Datenkompression von digitalen Audiosignalen*, Studienarbeit, TU Hamburg-Harburg, 1995.

[Bos87]   M. Bosi, K. Brandenburg, S. Quackenbush, L. Fielder, K. Akagiri, H. Fuchs, M. Dietz, J. Herre, G. Davidson, Y. Oikawa: *ISO/IEC MPEG-2 Advanced Audio Coding*, J. Aud. Eng. Soc., Vol. 45, No. 10, pp. 789–814, October 1997.

[Bos02]   M. Bosi, R.E. Goldberg: *Introduction to Digital Audio Coding and Standards*, Kluwer Academic Publishers, 2002.

[Bra92]   K. Brandenburg, J. Herre: *Digital Audio Compression for Professional Applications*, Proc. 92nd AES Convention, Preprint No. 3330, Vienna 1992.

[Bra94]   K. Brandenburg, G. Stoll: *The ISO-MPEG-1 Audio: A Generic Standard for Coding of High Quality Digital Audio*, J. Aud. Eng. Soc., Vol. 42, No. 10, pp. 780–792, October 1994.

[Bra98]   K. Brandenburg: *Perceptual Coding of High Quality Digital Audio*, in M. Kahrs, K. Brandenburg: *Applications of Digital Signal Processing to Audio and Acoustics*, Kluwer Academic Publishers, 1998.

[Cel93]   C. Cellier, P. Chenes, M. Rossi: *Lossless Audio Data Compression for Real-Time Applications*, Proc. 95th AES Convention, Preprint No. 3780, New York 1993.

[Cra96]   P. Craven, M. Gerzon: *Lossless coding for audio discs*, J. Audio Eng. Soc., Vol. 44, No. 9, pp.706–720, 1996.

[Cra97]   P. Craven, M. Law, and J. Stuart: *Lossless compression using IIR prediction*, Proc. 102nd AES Convention, Preprint No. 4415, Munich, Germany, 1997.

[Die02]   M. Dietz, L. Liljeryd, K. Kjörling, O. Kunz: *Spectral Band Replication: A Novel Approach in Audio Coding* Proc. 112th AES Convention, Preprint No. 5553, Munich 2002.

[Edl89]   B. Edler: *Codierung von Audiosignalen mit überlappender Transformation und adaptiven Fensterfunktionen*, Frequenz, Vol. 43, pp. 252–256, 1989.

[Edl00]   B. Edler, H. Purnhagen: *Parametric Audio Coding*, 5th International Conference on Signal Processing (ICSP 2000), Beijing, August 2000.

[Edl95]   B. Edler: *Äquivalenz von Transformation und Teilbandzerlegung in der Quellencodierung*, Dissertation, Universität Hannover, 1995.

[Eks02]   P. Ekstrand: *Bandwidth Extension of Audio Signals by Spectral Band Replication*, Proc. 1st IEEE Benelux Workshop on Model-based Processing and Coding of Audio (MPCA-2002), Leuven, Belgium, 2002.

[Ern00]   M. Erne: *Signal Adpative Audio Coding Using Wavelets and Rate Optimization*, Dissertation, ETH Zrich, 2000.

[Fli93]   N. Fliege: *Multiraten-Signalverarbeitung*, B.G. Teubner, Stuttgart 1993.

[Geo92]   E.B. George, M.J.T. Smith: *Analysis-by-Synthesis/Overlap-Add Sinusoidal Modeling applied to the Analysis and Synthesis of Musical Tones*, Journal of the Audio Engineering Society, Vol. 40, No. 6, pp. 497–516, June 1992.

[Geo97]   E.B. George, M.J.T. Smith: *Speech Analysis/Synthesis and Modification using an Analysis-by-Synthesis/Overlap-Add Sinusoidal Model*, IEEE Transactions on Speech and Audio Processing, Vol. 5, No. 5, pp.389–406, September 1997.

[Glu93]   R. Gluth: *Beiträge zur Beschreibung und Realisierung digitaler, nichtrekursiver Filterbänke auf der Grundlage linearer diskreter Transformationen*, Dissertation, Ruhr-Universität Bochum, 1993.

[Hai03]   S. Hainsworth, M. Macleod: *On Sinusoidal Parameter Estimation*, Proc. DAFX-03 Conference on Digital Audio Effects, London, UK, September 2003.

[Han98]   M. Hans: *Optimization of Digital Audio for Internet Transmission*, PhD Thesis, Georgia Inst. Technol., Atlanta, 1998.

[Han01]   M. Hans, R.W. Schafer: *Lossless Compression of Digital Audio*, IEEE Signal Processing Magazine, Vol. 18, No. 4, pp. 21–32, July 2001.

[Hel72]   R.P. Hellman: *Asymmetry in Masking Between Noise and Tone*, Perception and Psychophys., Vol. 11, pp. 241–246, 1972.

[Her02]   J. Herre, B. Grill: *Overview of MPEG-4 Audio and its Applications in Mobile Communications*, Proc. 112th AES Convention, Preprint No. 5553, Munich 2002.

[Her96]   J. Herre, J.D. Johnston: *Enhancing the Performance of Perceptual Audio Coders by Using Temporal Noise Shaping (TNS)*, Proc. 101st AES Convention, Preprint No. 4384, Los Angeles, 1996.

[Her99]   J. Herre: *Temporal Noise Shaping, Quantization and Coding Methods In Perceptual Audio Coding: A Tutorial Introduction*, Proc. AES 17th International Conference on High Quality Audio Coding, Florence, September 1999.

[Huf52]   D.A. Huffman: *A Method for the Construction of Minimum-Redundancy Codes*, Proc. of the IRE, pp. 1098–1101, 1952.

[ISO92]   ISO/IEC 11172-3: *Coding of Moving Pictures and Associated Audio for Digital Storage Media at up to 1.5 Mbits/s - Audio Part*, International Standard, 1992.

[Jay84]   N.S. Jayant, P. Noll: *Digital Coding of Waveforms*, Prentice-Hall, New Jersey, 1984.

[Joh88a] J.D. Johnston: *Transform Coding af Audio Signals Using Perceptual Noise Criteria*, IEEE Journal on Selected Areas in Communications, Vol. 6, No. 2, pp. 314–323, February 1988.

[Joh88b] J.D. Johnston: *Estimation of Perceptual Entropy Using Noise Masking Criteria*, Proc. ICASSP-88, pp. 2524–2527, 1988.

[Kam96]   K.D. Kammeyer: *Nachrichtenübertragung*, 2. Aufl., B.G. Teubner, 1996.

[Kam02]   K.D. Kammeyer, K. Kroschel: *Digitale Signalverarbeitung*, 5. Aufl., B.G. Teubner, 2002.

[Kap92]   R. Kapust: *A Human Ear Related Objective Measurement Technique Yields Audible Error and Error Margin*, Proc. 11th Int. AES Conference - Test&Measurement, Portland, pp. 191-202, 1992.

[Kei01]   F. Keiler, U. Zölzer: *Extracting Sinusoids from Harmonic Signals*, Journal of New Music Research, Special Issue: Musical Applications of Digital Signal Processing", Guest Editor: Mark Sandler, Vol. 30, No. 3, pp. 243–258, September 2001.

[Kei02]   F. Keiler, S. Marchand: *Survey on Extraction of Sinusoids in Stationary Sounds*, Proc. DAFX-02 Conference on Digital Audio Effects, pp. 51–58, Hamburg, 2002.

[Kon94]   K. Konstantinides: *Fast Subband Filtering in MPEG Audio Coding*, IEEE Signal Processing Letters, Vol. 1, No. 2, pp. 26–28, February 1994.

[Lag02]   M. Lagrange, S. Marchand, J.-B. Rault: *Sinusoidal Parameter Extraction and Component Selection in a Non Stationary Model*, Proc. DAFX-02 Conference on Digital Audio Effects, pp. 59–64, Hamburg, 2002.

[Lev98]   S. Levine: *Audio Representations for Data Compression and Compressed Domain Processing*, PhD Thesis, Stanford University, 1998.

[Lev99]   S. Levine, J.O. Smith: *Improvements to the Switched Parametric & Transform Audio Coder*, Proc. 1999 IEEE Workshop on Applicatrions of Signal Proceassing to Audio and Acoustics, New Paltz, October 1999.

[Lie02]   T. Liebchen: *Lossless Audio Coding Using Adaptive Multichannel Prediction*, Proc. 113th AES Convention, Preprint No. 5680, Los Angeles, 2002.

[Mar00a] S. Marchand: *Sound Models for Computer Music*, PhD Thesis, University of Bordeaux, October 2000.

[Mar00b] S. Marchand: *Compression of Sinusoidal Modeling Parameters*, Proc. DAFX-00 Conference on Digital Audio Effects, pp. 273–276, Verona, Italy, December 2000.

[Mal92]   H.S. Malvar: *Signal Processing with Lapped Transforms*, Artech House, Norwood, 1992.

[McA86]   R. McAulay, T. Quatieri: *Speech Transformations Based in a Sinusoidal Representation*, IEEE Trans. Acoustics, Speech, Signal Processing, Vol. 34, No. 4, pp. 744–754, 1989.

[Mas85]   J. Masson, Z. Picel: *Flexible Design of Computationally Efficient Nearly Perfect QMF Filter Banks*, Proc. ICASSP-85, pp. 541-544, 1985.

[Mei02]   N. Meine, H. Purnhagen: *Fast Sinusoid Synthesis For MPEG-4 HILN Parametric Audio Decoding*, Proc. DAFX-02 Conference on Digital Audio Effects, pp. 239–244, Hamburg, September 2002.

[Pen93]   W.B. Pennebaker, J.L. Mitchell: *JPEG Still Image Data Compression Standard*, Van Nostrand Reinhold, New York, 1993.

[Pri86]   J.P. Princen, A.B. Bradley: *Analysis/Synthesis Filter Bank Design Based on Time Domain Aliasing Cancellation*, IEEE Trans. on Acoustics, Speech, and Signal Processing, Vol. 34, No. 5, pp. 1153–1161, October 1986.

[Pri87]   J.P. Princen, A.W. Johnston, A.B. Bradley: *Subband/Transform Coding Using Filter Bank Designs Based on Time Domain Aliasing Cancellation*, Proc. ICASSP-87, pp. 2161-2164, 1987.

[Pur97]   M. Purat, T. Liebchen, and P. Noll: *Lossless Transform Coding of Audio Signals*, Proc. 102nd AES Convention, Preprint No. 4414, Munich, Germany, 1997.

[Pur99]   H. Purnhagen: *Advances in Parametric Audio Coding*, Proc. 1999 IEEE Workshop on Applicatrions of Signal Processing to Audio and Acoustics, New Paltz, October 1999.

[Pur02a] H. Purnhagen, N. Meine, B. Edler: *Sinusoidal Coding Using Loudness-Based Component Selection*, Proc. ICASSP-2002, May 13-17, Orlando, USA, 2002.

[Pur02b] H. Purnhagen: *Parameter Estimation and Tracking For Time-Varying Sinusoids*, Proc. 1st IEEE Benelux Workshop on Model Based Processing and Coding of Audio, Leuven, Belgium, November 2002.

[Raa02] M. Raad, A. Mertins: *From Lossy to Lossless Audio Coding Using SPIHT*, Proc. DAFX-02 Conference on Digital Audio Effects, pp. 245–250, Hamburg, 2002.

[Rao90] K.R. Rao, P. Yip: *Discrete Cosine Transform – Algorithms, Advantages, Applications*, Academic Press, Inc., San Diego, 1990.

[Rob94] T. Robinson: *SHORTEN: Simple lossless and near-lossless waveform compression*, Technical Report CUED/F-INFENG/TR.156, Cambridge University Engineering Department, Cambridge, UK, December 1994.

[Rod97] X. Rodet: *Musical Sound Signals Analysis/Synthesis: Sinusoidal+Residual and Elementary Waveform Models*, Proceedings of the IEEE Time-Frequency and Time-Scale Workshop (TFTS-97), University of Warwick, Coventry, UK, August 1997.

[Rot83] J.H. Rothweiler: *Polyphase Quadrature Filters - A New Subband Coding Technique*, Proc. ICASSP-87, pp. 1280-1283, 1983.

[Sauv90] U. Sauvagerd: *Bitratenreduktion hochwertiger Musiksignale unter Verwendung von Wellendigitalfiltern*, VDI-Verlag, Düsseldorf 1990.

[Schr79] M.R. Schroeder, B.S. Atal, J.L. Hall: *Optimizing Digital Speech Coders by Exploiting Masking Properties of the Human Ear*, J. Acoust. Soc. Am., Vol. 66, No. 6, pp. 1647-1652, December 1979.

[Sch02] G.D.T. Schuller, Bin Yu, Dawei Huang, B. Edler: *Perceptual Audio Coding Using Adaptive Pre- and Post-Filters and Lossless Compression*, IEEE Transactions on Speech and Audio Processing, Vol. 10, No. 6 , pp. 379-390, Sept. 2002.

[Schu96] D. Schulz: *Improving Audio Codecs by Noise Substitution*, J. Aud. Eng. Soc., Vol. 44, No. 7/8, pp. 593–598, July/August 1996.

[Ser89] X. Serra: *A System for Sound Analysis/Transformation/Synthesis based on a Deterministic plus Stochastic Decomposition*, PhD Thesis, Stanford University, 1989.

[Sin93] D. Sinha, A.H. Tewfik: *Low bit rate Transparent Audio Compression Using Adapted Wavelets*, IEEE Transactions on Signal Processing, Vol. 41, pp. 3463-3479, 1993.

[Smi90]   J.O. Smith, X. Serra: *Spectral Modeling Synthesis: A Sound Analysis/Synthesis System based on a Deterministic plus Stochastic Decomposition*, Computer Music Journal, Vol. 14, No. 4, pp. 12–24, 1990.

[Sqa88]   EBU-SQAM: *Sound Quality Assessment Material*, Recordings for Subjective Tests, CompactDisc, 1988.

[Ter79]   E. Terhardt: *Calculating Virtual Pitch*, Hearing Res., Vol. 1, pp. 155-182, 1979.

[Thei88]   G. Theile, G. Stoll, M. Link: *Low Bit-Rate Coding of High-quality Audio Signals*, EBU Review, No. 230, pp. 158-181, August 1988.

[Vai93]   P.P. Vaidyanathan: *Multirate Systems and Filter Banks*, Prentice-Hall, Englewood Cliffs, 1993.

[Var97]   P. Vary, U. Heute, W. Hess: *Digitale Sprachsignalverarbeitung*, B.G. Teubner, Stuttgart 1997.

[Vet95]   M. Vetterli, J. Kovacevic: *Wavelets and Subband Coding*, Prentice-Hall, Englewood Cliffs, 1995.

[Zie02]   T. Ziegler, A. Ehret, P. Ekstrand, M. Lutzky: *Enhancing mp3 with SBR: Features and Capabilities of the new mp3PRO Algorithm*, Proc. 112th AES Convention, Preprint No. 5560, Munich 2002.

[Zie03]   T. Ziegler, M. Dietz, K. Kjörling, A. Ehret: *aacPlus-Full Bandwidth Audio Coding for Broadcast and Mobile Applications*, International Signal Processing Conference, Dallas, 2003.

[Zöl02]   U. Zölzer (Ed.): *DAFX -Digital Audio Effects*, J. Wiley & Sons, Chichester, 2002.

[Zwi82]   E. Zwicker: *Psychoakustik*, Springer-Verlag, Berlin, 1982.

[Zwi90]   E. Zwicker, H. Fastl: *Psychoacoustics*, Springer-Verlag, Berlin, 1990.

Index

Teubner Lehrbücher: einfach clever

Walke, Bernhard
Mobilfunknetze und ihre Protokolle

Band 1 Grundlagen, GMS, UMTS und andere zellulare Mobilfunknetze
Band 2 Bündelfunk, schnurlose Telefonsysteme, W-ATM, HIPERLAN, Satellitenfunk, UPT

Band 1: 3. überarb. u. akt. Aufl. 2001.
XXIV, 553 S., mit 226 Abb. u. 84 Tab.
Geb. € 54,00
ISBN 3-519-26430-7
Band 2: 3., erg. u. akt. Aufl. 2001. XXIV, 569 S,. mit 304 Abb. u. 78 Tab. Geb. € 54,00
ISBN 3-519-26431-5

(Informationstechnik, hrsg. von Martin Bossert und Norbert Fliege)

Eberspächer, J./ Vögel, H.-J.
GSM Global System for Mobile Communication

Vermittlung, Dienste und Protokolle in digitalen Mobilfunknetzen

3., überarb. u. erw. Aufl. 2001. XVIII, 422 S.
(Informationstechnik, hrsg. von Martin Bossert und Norbert Fliege)
Geb. € 39,90
ISBN 3-519-26192-8

Jung, Peter
Analyse und Entwurf digitaler Mobilfunksysteme

1997. XI, 416 S., mit 97 Abb.
(Informationstechnik, hrsg. von Martin Bossert und Norbert Fliege) Geb. € 34,90
ISBN 3-519-06190-2

Hasslinger, G. / Klein, Th.
Breitband-ISDN und ATM-Netze

Multimediale (Tele-)Kommunikation mit garantierter Übertragungsqualität

1999. XII, 352 S., mit 140 Abb.
(Informationstechnik, hrsg. von Martin Bossert und Norbert Fliege)
Geb. € 39,90
ISBN 3-519-06251-8

Stand Juli 2004.
Änderungen vorbehalten.
Erhältlich im Buchhandel
oder beim Verlag.

Teubner

B. G. Teubner Verlag
Abraham-Lincoln-Straße 46
65189 Wiesbaden
Fax 0611.7878-400
www.teubner.de

Teubner Lehrbücher: einfach clever

Moeller, F./Fricke, H./ Frohne, H./
Löcherer, K.-H./Scheithauer R.(Hrsg.)
Grundlagen der
Elektrotechnik
Ein Standardwerk des
Elektroingenieurs

Bearbeitet von Heinrich Frohne, Karl-Heinz
Löcherer, Hans Müller,
19., korr. u. durchges. Aufl. 2002.
XVIII, 662 S., mit 383 teils mehrfarb. Abb.,
36 Tafeln u. 172 Beisp. (Leitfaden der
Elektrotechnik) Geb. € 42,90
ISBN 3-519-56400-9

Linse, Hermann / Fischer, Rolf
Elektrotechnik für
Maschinenbauer
Grundlagen und Anwendungen

11., durchges. u. akt. Aufl. 2002. 372 S.,
mit 411 Abb. u. 109 Beisp. Br. € 34,00
ISBN 3-519-36325-9

Flosdorff, René / Hilgarth, Günther
Elektrische Energieverteilung

8., akt. u. erg. Aufl. 2003. XIV, 389 S.,
mit 275 Abb., 47 Tab. u. 75 Beisp.
Br. € 34,90
ISBN 3-519-26424-2

Strassacker, Gottlieb
Rotation, Divergenz und das
Drumherum
Eine Einführung in die
elektromagnetische Feldtheorie

5., überarb. u. erw. Aufl. 2003.
XI, 284 S., mit 151 Abb., 17 Tab. u. 70 Beisp.
Br. € 28,00
ISBN 3-519-40101-0

Stand Juli 2004.
Änderungen vorbehalten.
Erhältlich im Buchhandel
oder beim Verlag.

B. G. Teubner Verlag
Abraham-Lincoln-Straße 46
65189 Wiesbaden
Fax 0611.7878-400
www.teubner.de